Berthold Schuppar

Elementare Numerische Mathematik

Berthold Schuppar

Elementare Numerische Mathematik

Eine problemorientierte
Einführung für Lehrer
und Studierende

Dr. Berthold Schuppar
Universität Dortmund
Fachbereich Mathematik
44221 Dortmund

Alle Rechte vorbehalten
© Friedr. Vieweg & Sohn Verlagsgesellschaft mbH, Braunschweig/Wiesbaden, 1999

Der Verlag Vieweg ist ein Unternehmen der Bertelsmann Fachinformation GmbH.

http://www.vieweg.de

Umschlaggestaltung: Ulrike Weigel, Wiesbaden

Gedruckt auf säurefreiem Papier

ISBN-13:978-3-528-06984-1   e-ISBN-13:978-3-322-80307-8
DOI: 10.1007/978-3-322-80307-8

Vorwort

> *Da in den Anwendungen nur die Approximations-*
> *mathematik eine Rolle spielt, kann man, etwas kraß*
> *ausgedrückt, auch sagen, daß man eigentlich nur*
> *diese Disziplin „braucht", während die Präzisions-*
> *mathematik bloß zum intellektuellen Vergnügen de-*
> *rer, die sich mit ihr beschäftigen, da ist und im übri-*
> *gen für die Entwicklung der Approximationsmathe-*
> *matik eine wertvolle und wohl kaum entbehrliche*
> *Stütze abgibt.*
>
> *Felix Klein* [1]

Dieses Buch handelt vom Umgang mit fehlerbehafteten Größen und gerundeten Zahlen, von der näherungsweisen Berechnung elementarer Funktionen sowie von numerischen Lösungsverfahren für Gleichungen. Es ist aus einer Vorlesung „Einführung in die Numerische Mathematik" für Lehramtsstudenten der Sekundarstufe I entstanden und richtet sich vornehmlich an (angehende und praktizierende) Lehrer *beider* Sekundarstufen, denn die genannten Themen sind auch für die Sekundarstufe II relevant. Ebensogut eignet es sich als Einführung in die Probleme des numerischen Rechnens für andere Interessenten mit mathematischer Grundbildung.

Was ist nun „Elementare Numerische Mathematik"?
Ihre Inhalte sind nicht so klar zu umreißen wie bei dem Forschungs- und Anwendungsgebiet „Numerische Mathematik". Ganz generell kann man die Elementarmathematik nicht als Reduktion oder als „homomorphes Bild" der „Höheren" Mathematik verstehen, wie manchmal behauptet wird. Statt dessen bezieht sie ihre Ziele, Inhalte und didaktischen Prinzipien aus ihrer Rolle als Hintergrund des Unterrichts. Aus dem allgemeinbildenden Anspruch der Schule ergibt sich nicht nur die Forderung nach Vereinfachung, sondern vor allem nach einer breiteren Auswahl der Themen und Methoden, nach anderen Zugängen und anderen Rechenwerkzeugen.

Leider ist die numerische Mathematik (noch) nicht so fest im Curriculum verankert wie z.B. Arithmetik, Geometrie und Analysis. Jedoch wird immer wieder gefordert, auch numerische Aspekte stärker im Unterricht zu berücksichtigen, einerseits wegen ihrer großen praktischen Bedeutung (für Handwerk, Technik, Wissenschaft), andererseits aus innermathematischen Erwägungen; das Zitat von Felix Klein über die komplementären Rollen der „Präzisions- und Approximationsmathematik", die zusammen erst ein ausgewogenes Bild der Mathematik ergeben, ist wohl das bekannteste Beispiel. Zudem erscheinen heute viele Probleme in einem neuen Licht, denn Taschenrechner und Computer sind inzwischen auch in der Schule als mathematische Werkzeuge nicht mehr wegzudenken.

---

[1] Vgl. KLEIN , Bd. 1 , S. 39

So fragt man sich doch manchmal, was eigentlich passiert, wenn man auf dem Taschenrechner die Wurzel- oder Sinus-Taste drückt; noch eklatanter ist es bei den grafischen Taschenrechnern (besser „Taschencomputer" zu nennen), mit denen man auf Tastendruck Nullstellen, Extremwerte, Integrale von Funktionen berechnen kann. Daher ist z.B. dem Thema *Berechnung elementarer Funktionen* ein eigenes Kapitel gewidmet (Kap. 2), in dem verschiedene Verfahren diskutiert werden; dabei kommt es m.E. nicht so sehr darauf an, welche Methode ein TR *wirklich* benutzt, sondern wie man dieses Problem grundsätzlich (auch mit elementaren Mitteln) lösen kann und welche numerischen Probleme dabei auftauchen. Jedoch sind nicht nur die „modernen" Verfahren von Interesse, denn auch in der Antike gab es die numerische Mathematik, und ein historischer Rückblick kann reizvolle Kontraste eröffnen. Beispielsweise berechnete Ptolemäus mit geometrischen Mitteln seine „Sehnentafeln", Vorläufer der trigonometrischen Tabellen, die für seine astronomischen Berechnungen eminent wichtig waren. (An dieser Stelle ist vielleicht auch erwähnenswert, dass das heute noch gebräuchliche Verfahren zur Quadratwurzel-Berechnung uralt ist!)

Das einführende Kapitel 0 ist der *Berechnung von* π gewidmet; in einem Überblick von Archimedes bis heute werden antike und moderne Verfahren unter numerischen Aspekten betrachtet. Zwar ist die π-Berechnung nicht unbedingt ein zentrales numerisches Problem, sie weckt aber immer wieder allgemeines Interesse, und man kann in diesem „Mikrokosmos" viele typische Fragen entwickeln. Dieses Kapitel ist eher zum Lesen gedacht als zum systematischen Durcharbeiten; zahlreiche Details werden später an geeigneter Stelle aufgegriffen.

Kapitel 1 enthält einige grundsätzliche Überlegungen zur Genauigkeit von Zahlenangaben in realen Situationen, sowie grundlegende Begriffe zu Fehlermaßen und Fehlertypen; weiter wird die Fehlerfortpflanzung untersucht. Ein wichtiges Thema ist das Lösen nichtlinearer Gleichungen (Kapitel 3); hier wird insbesondere die Fixpunkt-Iterationsmethode behandelt, und zwar nicht nur wegen ihrer Nützlichkeit, sondern auch weil sie Anlass zu zahlreichen Experimenten mit reellen Zahlenfolgen bietet. Zum Thema *Numerische Integration* (Kapitel 4) werden Rechteck- und Trapezsummen untersucht, wobei man aufgrund ihrer Fehleranalyse zu verschiedenen Verbesserungen geführt wird. Kapitel 5 ist den *Linearen Gleichungssystemen* gewidmet, die zwar algebraisch relativ unkompliziert sind, aber doch ihre numerischen Tücken haben.

Es gibt sicher noch weitere interessante Themen, auch in diesem elementaren Kontext, etwa Differentialgleichungen oder Interpolation. Ich habe jedoch keine Vollständigkeit im Sinne einer umfassenden Einführung in die Numerische Mathematik angestrebt, wie man sie in der einschlägigen Literatur findet (diese setzen in aller Regel mehr mathematische Kenntnisse voraus).

Der elementare Charakter der im vorliegenden Buch behandelten Numerik zeigt sich auch und besonders in dem Verhältnis von Theorie und Beispielen. Ich denke, dass sich das eigentliche Verständnis für die Probleme und Verfahren erst mit der Analyse von typischen Beispielen entwickelt; somit ist die Interpretation von Tabellen und Grafiken eine höchst wichtige Aktivität. Die Beispiele sind nicht nur illustrierendes Beiwerk für die Theorie, sondern geradezu eine notwendige Bedingung für einen aktiven und forschenden Umgang mit der Materie. In diesem Sinne sind auch die Aufgaben (mit ausführlichen Lösungen) als integraler Bestandteil des Textes zu verstehen; der Lösungsteil enthält z.T. Kommentare zu den Aufgaben und weitere Anregungen.

Zur Erstellung von Tabellen und Grafiken wird ausgiebig von einem *Tabellenkalkulationsprogramm* Gebrauch gemacht, denn viele der hier diskutierten Verfahren sind damit einfach zu realisieren, und man kommt schnell zu aussagekräftigen Daten. Deswegen sind Grundkenntnisse über derartige Software sehr empfehlenswert (im Anhang gibt es eine kurzgefasste Gebrauchsanweisung für das hier benutzte Programm Microsoft Excel). Selbstverständlich braucht man daneben auch einen Taschenrechner, am besten einen grafischen TR (TI-85 o.ä.). Weiterhin werden manche Algorithmen auch als BASIC-Prozeduren formuliert, daher sollte man BASIC-Programme zumindest *lesen* können. Außerdem wurde für Funktionsgraphen und geometrische Zeichnungen noch ein Computer-Algebra-System (Mathematica) sowie dynamische Geometrie-Software (The Geometer's Sketchpad) verwendet; diese Programme sind jedoch für das Verständnis des Textes nicht unbedingt erforderlich. Funktionsgraphen zu zeichnen ist zwar notwendig, aber dazu reicht auch ein grafischer Taschenrechner oder andere Software.

Die mathematischen Voraussetzungen umfassen im wesentlichen elementare Analysis und lineare Algebra (mindestens im Umfang eines Sek.II-Leistungskurses) sowie einige Kenntnisse über Elementargeometrie. Dabei steht die Analysis mit Absicht an erster Stelle; einige der behandelten Themen könnte man durchaus als Interpretation der Analysis unter numerischen Aspekten ansehen. In diesem Sinne eignen sich manche Kapitel auch als ergänzendes Material zu einem Analysis-Kurs.

Zum Schluss möchte ich all denen herzlich danken, die mich bei der Arbeit an diesem Buch unterstützt haben, vor allem E. Ch. Wittmann und J. Blankenagel für die Durchsicht des Textes und für viele kritische Anmerkungen und nützliche Anregungen.

Dortmund, im Oktober 1998

Berthold Schuppar

Inhalt

Kapitel 0   Die Berechnung von π

0.1   Wie viele Dezimalstellen braucht der Mensch?

Die Kreiszahl π gehört zweifellos zu den bekanntesten Zahlen. Das liegt zum einen daran, dass Kreise, Kugeln, Zylinder, Kegel usw. häufig in Natur und Technik vorkommen, und zu ihrer Berechnung braucht man eben π ; jeder Praktiker kennt die Formeln „Pi mal Durchmesser" für den Kreisumfang sowie „Pi mal Daumen" für irgendeine grobe Schätzung. Zum andern geht eine beinahe mystische Faszination von dieser Zahl aus, denn die schlichte Form des Kreises erweist sich als ziemlich widerspenstig, wenn es um seine Berechnung geht. Das sprichwörtliche Problem der „Quadratur des Kreises", also aus einem Kreis ein flächengleiches Quadrat mit Zirkel und Lineal zu konstruieren, blieb zwei Jahrtausende lang ungelöst, bis der Nachweis der Unlösbarkeit gelang. In der Dezimalbruchentwicklung von π ist das einzig Regelmäßige die Unregelmäßigkeit; die Ziffernfolge kann ohne weiteres als Würfel-Ersatz für Zufallsversuche herangezogen werden. Weiterhin trifft man π in zahlreichen mathematischem Zusammenhängen an, die absolut nichts mit Kreisen zu tun haben. Das alles stachelt die Neugier an und führt zu immer neuen Rekorden in der π-Berechnung; der letzte Rekord ging im August 1997 sogar durch die Tagesnachrichten: 51 Milliarden Stellen! (Stellen Sie sich vor, diese Ziffern werden hintereinander auf einen Papierstreifen geschrieben. Wie lang wird der Streifen ungefähr?)

Wofür braucht man eigentlich so viele Stellen? Diese Frage stellt man sich unwillkürlich beim Lesen der Nachricht. Bevor wir uns der Frage zuwenden, wie man π berechnen kann, werden wir kurz die Frage untersuchen: Welche Genauigkeit ist erforderlich, wenn man in verschiedenen Kontexten mit π rechnet?

— Für grobe Näherungen und Überschlagsrechnungen reicht der Wert $\pi \approx 3$ völlig aus; der relative Fehler ist dann $\dfrac{3-\pi}{\pi} \approx \dfrac{-0{,}14}{3{,}14} \approx -0{,}045$, also dem Betrage nach etwa 5% . Gegebenenfalls kann man Endergebnisse etwas nach oben runden. (Beispiele in Aufgabe 1)

— Im Bereich Technik/Handwerk braucht man in der Regel nicht mehr als 3 bis 5 Stellen:

$\pi \approx 3{,}14$ für geringe Genauigkeit, bzw.

$\pi \approx 3{,}1416$ für höhere Genauigkeit.

Beispiel: Welches Volumen hat ein zylindrischer Tank von 8m Länge und 2m Durchmesser? (Siehe Aufgabe 2.)

Beachten Sie, dass Maßangaben allemal mit Fehlern behaftet sind: Ein Fehler von ± 1 mm in der Messung von Länge oder Durchmesser muss hier wohl toleriert werden; dadurch ergeben sich weit größere Unterschiede als durch einen gerundeten π-Wert.

Auf Taschenrechnern[1] hat man π mit mindestens 8 , manchmal sogar 14 Stellen zur Verfügung. Das ist in diesem Kontext mehr als genug. Auf Billigrechnern ohne π-Konstante kann man die obigen dezimalen oder auch *rationale* Näherungen benutzen:

$$\pi \approx \frac{22}{7} \quad \text{oder} \quad \pi \approx \frac{355}{113} \quad \text{(die letztere ist verblüffend genau!)}.$$

— Im wissenschaftlichen Bereich sind die Anforderungen sicherlich höher, aber:
Die Entfernung Erde-Sonne beträgt ungefähr 150 Millionen km. Wäre die Bahn der Erde um die Sonne ein exakter Kreis mit diesem Radius, so könnte man dessen Umfang mit den 12 Stellen eines guten TR auf ± 1 m genau berechnen, also genauer als physikalisch sinnvoll.

Noch extremer: Die größte mit heutigen Methoden beobachtbare Entfernung im Weltall beträgt ca. 9 Milliarden Lichtjahre; 1 Lichtjahr sind $9,5 \cdot 10^{17}$ cm , also beträgt dieser „Radius des Weltalls" ca. 10^{28} cm . Der Durchmesser eines Atomkerns liegt in der Größenordnung von 10^{-14} cm . Würde man also eine Kugel mit dem größten beobachtbaren Radius in der kleinsten beobachtbaren Längeneinheit berechnen, so wären 42 Dezimalstellen notwendig. Selbst wenn man für π vorsichtshalber 3 Stellen mehr nimmt, braucht man nicht mehr als 45 Stellen. 35 davon waren bereits im 17. Jahrhundert bekannt, und heutzutage berechnet ein Computer-Algebra-System 1000 Stellen von π in Sekundenbruchteilen. Hier sind die ersten 51:
$$\pi \approx 3{,}14159265358979323846264338327950288419716939937510\ldots$$
Wer die Realität mathematisch erfassen möchte, braucht also von den 51 Milliarden bekannten Stellen mit Sicherheit nicht mehr als diese wenigen.

Nun zur Kreisberechnung: Die ersten Quellen stammen aus der Zeit um 2000 v. Chr.
(Babylonier: $\pi = 3\frac{1}{8} = 3{,}125$; Ägypter: $\pi = \left(\frac{16}{9}\right)^2 = 3{,}16$; verschiedene andere Quellen benutzen $\pi = 3$). Die Entstehung dieser Näherungen ist unklar, aber die Vermutung liegt nahe, dass sie durch *Messen* gefunden wurden, nachdem man erkannt hatte, dass das Verhältnis von Umfang zu Durchmesser bei allen Kreisen das gleiche ist (zweifellos ist das die Erkenntnisleistung, die der Bestimmung von π vorangehen musste).

Wie genau kann man denn π durch Messungen erhalten?
Der Kaffeepott auf meinem Schreibtisch hat die Maße $U = 245$ mm , $D = 78$ mm :
$$\frac{U}{D} = \frac{245}{78} = 3{,}141025641$$

---

[1] Im Folgenden werden wir Taschenrechner mit **TR** abkürzen.

Das Resultat stimmt in 4 Dezimalstellen mit π überein, scheint also verblüffend genau zu sein. Aber: Wenn wir π nicht kennen würden, wie viele Stellen dürften wir dann als gültig akzeptieren? Mit Lineal oder Maßband kann man die Längenmaße höchstens auf $0,5$ mm genau ablesen, also müsste man angeben: $U = 245 \pm 0,5$ mm , $D = 78 \pm 0,5$ mm . Der größtmögliche bzw. kleinstmögliche Quotient beträgt dann:

$$\frac{245,5}{77,5} = 3,1677 \quad \text{bzw.} \quad \frac{244,5}{78,5} = 3,1146$$

Wir müssen also π in diesem Intervall annehmen; die genauestmögliche Angabe ist, sinnvoll gerundet:

$$3,114 \leq \pi \leq 3,168 \quad \text{oder} \quad \pi = 3,141 \pm 0,027 \quad \text{oder einfacher} \quad \pi = 3,14 \pm 0,03$$

Das heißt: Nicht einmal die dritte Stelle (2. Nachkommastelle) ist sicher; die Messung hat nur zwei gültige Stellen ergeben. Immerhin beträgt der maximale Fehler weniger als 1% des mittleren Wertes. Fazit:

— Unser scheinbar sehr genaues Ergebnis mit 4 übereinstimmenden Dezimalstellen war ein Zufallsprodukt.

— Die „schlechten" Näherungen der Babylonier und Ägypter sind mit den damals möglichen groben Messmethoden kaum zu verbessern. (Man beachte, dass die Näherungen auch zweckmäßig, also *einfach* sein sollten!)

Zur eigentlichen Berechnung von π waren zwei Jahrtausende lang *geometrische* Methoden vorherrschend. Die bekannteste stammt von Archimedes (3. Jahrhundert v. Chr.): Er approximierte den Kreis durch regelmäßige Polygone und fand die Abschätzung

$$3\frac{10}{71} < \pi < 3\frac{1}{7}$$

(Näheres im folgenden Abschnitt). Noch im Jahr 1592 benutzte Ludolph van Ceulen die Archimedische Methode, um 32 Nachkommastellen von π zu berechnen.

Erst im 17. Jahrhundert, als sich die Analysis entwickelte, entdeckte man grundsätzlich neue Darstellungen von π als Grenzwert von *rationalen* Zahlenfolgen, die zumeist relativ einfach gebaut waren. Einige Beispiele:

$$(1) \qquad \frac{\pi}{2} = \frac{2}{1}\cdot\frac{2}{3}\cdot\frac{4}{3}\cdot\frac{4}{5}\cdot\frac{6}{5}\cdot\frac{6}{7}\cdots \qquad\qquad \text{(Wallis 1655)}$$

$$(2) \qquad \frac{4}{\pi} = 1 + \cfrac{1^2}{2 + \cfrac{3^2}{2 + \cfrac{5^2}{2 + \cfrac{7^2}{2 + \dots}}}} \qquad\qquad \text{(Brouncker 1655)}$$

$$(3) \quad \frac{\pi}{6} = \frac{1}{2} + \frac{1}{2\cdot 3\cdot 2^3} + \frac{1\cdot 3}{2\cdot 4\cdot 5\cdot 2^5} + \frac{1\cdot 3\cdot 5}{2\cdot 4\cdot 6\cdot 7\cdot 2^7} + \dots \qquad \text{(Newton 1665)}$$

$$(4) \quad \frac{\pi}{4} = 1 - \frac{1}{3} + \frac{1}{5} - \frac{1}{7} + \frac{1}{9} - + \dots \qquad \text{(Leibniz 1674)}$$

$$(5) \quad \frac{\pi^2}{6} = \frac{1}{1^2} + \frac{1}{2^2} + \frac{1}{3^2} + \frac{1}{4^2} + \frac{1}{5^2} + \dots \qquad \text{(Euler 1736)}$$

Die Methoden wurden immer weiter verbessert, um die Berechnung zu vereinfachen und zu beschleunigen, so dass im Jahre 1705 erstmals der aus dem Archimedischen Zeitalter stammende Rekord von 35 Stellen gebrochen wurde. Die damals erzielte Genauigkeit von 72 Stellen stand schon jenseits aller praktischen Erfordernisse; nichtsdestoweniger ging die Rekordjagd weiter, getrieben von der Suche nach Gesetzmäßigkeiten in der Ziffernfolge: Ist der Dezimalbruch periodisch, also π rational? (Nein.) Gibt es andere Regelmäßigkeiten? (Bis heute hat man keine gefunden.)

Aufgaben:

1. Beispiele für grobe Näherungen und Überschlagsrechnungen mit π (mit Kopfrechnen zu lösen):
   a) Wieviel Meter Karnickeldraht braucht man, um ein kreisrundes Beet von 8 m Durchmesser einzuzäunen?
   b) Wieviel wiegt ein Baumstamm von 15 m Höhe und einem mittleren Umfang von 1,20 m ?
   c) Welchen Durchmesser hat ein kugelförmiger Tank mit 1000 l Inhalt?
   Finden Sie selbst weitere Beispiele!

2. Welches Volumen hat ein zylindrischer Tank von 8m Länge und 2m Durchmesser?
   a) Berechnen Sie das Volumen einerseits mit der Taschenrechner-Konstanten für π , andererseits mit den Näherungen 3,14 bzw. 3,1416 ! Wie groß ist der Unterschied?
   b) Wie wirkt sich ein Unterschied von 1 mm in der Länge bzw. im Durchmesser auf das Volumen aus? Vergleichen Sie mit den obigen Unterschieden aufgrund der genäherten π-Werte!

3. Nehmen Sie mindestens zehn zylindrische Gegenstände (Tassen, Flaschen, Keksdose, Papierkorb) und messen Sie jeweils den Umfang U (mit einem Maßband) sowie den Durchmesser D (mit Schublehre, Lineal oder Zollstock). Berechnen Sie die Quotienten U/D . Vergleichen Sie die Ergebnisse.

4. Zur Messung der Kaffeetasse (U = 245 mm , D = 78 mm):

   a) Welches Intervall ergibt sich, wenn man den maximalen Messfehler gutwillig mit ±0,2 mm ansetzt?

   b) Wie genau müsste man U und D messen, um π auf 4 Stellen genau zu bestimmen? (Was heißt eigentlich „auf 4 Stellen genau"?)

   c) Welche Rolle spielt die Größe des gemessenen Gegenstandes? (Was ergibt sich, wenn man eine Regentonne mit der gleichen Genauigkeit ausmisst?)

5. Berechnen Sie jeweils 5-10 Glieder der im Text genannten unendlichen Produkte, Kettenbrüche oder Reihen mit einem TR! (Mit einem Tabellenkalkulationsprogramm kann man leicht noch weiter gehen.) Welche Darstellung eignet sich wohl am besten zur effizienten Berechnung von π ?

0.2   Archimedes und seine Nachfolger

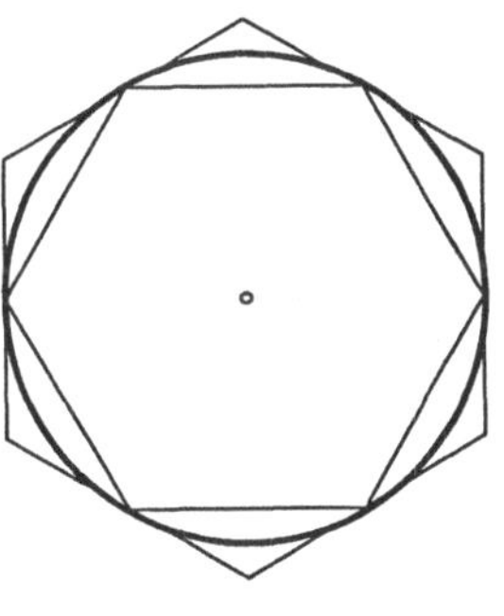

Archimedes berechnete die Seitenlängen von regelmäßigen Polygonen, die dem Kreis um- und einbeschrieben werden, und zwar ausgehend vom Sechseck durch sukzessive Verdopplung der Eckenzahl bis hin zum 96-Eck. Genauer: er berechnete *Abschätzungen* für die *Verhältnisse* des Kreisdurchmessers zu den Seitenlängen und erhielt daraus eine obere und eine untere Schranke für das Verhältnis vom Umfang zum Durchmesser, eben für π .

Für die *obere* Schranke ging er so vor (vgl. Skizze):

Es sei $\angle AOC = 30°$, dann ist AC die halbe Seite des umbeschriebenen Sechsecks, und es gilt:

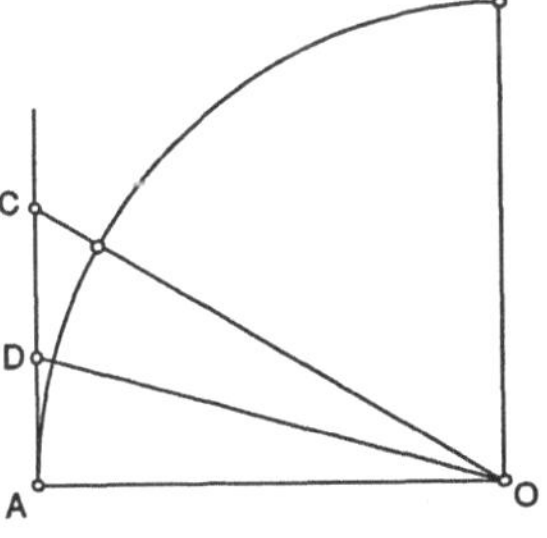

$$OA : AC = \sqrt{3} : 1 > 265 : 153$$
$$OC : AC = \ \ 2 : 1 \ = 306 : 153$$

Das ist der Anfang der Abschätzung. Halbiert man $\angle AOC$ (die Winkelhalbierende schneide AC in D), so ist AD die halbe Seite des umbeschriebenen Zwölfecks.

Es gilt der Satz: In jedem Dreieck teilt eine Winkelhalbierende die Gegenseite im Verhältnis der anliegenden Seiten. Da heißt in diesem Fall (für das Dreieck AOC):

$$OC : OA = CD : DA$$

Daraus folgt:

$$(OC + OA) : OA = (CD + DA) : DA = AC : DA$$

Durch Umstellen dieser Verhältnisgleichung und Einsetzen der obigen Werte ergibt sich:

(1) $\quad$ OA : AD $\;=\;$ (OC + OA) : AC

$\qquad\qquad\qquad > \;$ (306 + 265) : 153 $\;=\; 571 : 153$

Damit könnte man schon den Umfang des Zwölfecke abschätzen. Als Startwert für die nächste Eckenverdopplung braucht man jedoch noch eine Abschätzung für OD : AD . Diese ergibt sich mit dem Satz des Pythagoras im rechtwinkligen Dreieck ODA :

$$OD^2 : AD^2 \;=\; (OA^2 + AD^2) : AD^2$$
$$> \; (571^2 + 153^2) : 153^2$$
$$= \; 349450 : 1453^2$$

(2) $\quad$ OD : AD $\;=\; \sqrt{OD^2 + AD^2} : AD \;>\; 591\tfrac{1}{8} : 153 \;,$

denn $\sqrt{349450} = 591{,}143... > 591\tfrac{1}{8}$.

Halbiert man jetzt $\angle$AOD , so erhält man genauso die Abschätzungen für die entsprechenden Verhältnisse beim 24-Eck, usw.; Archimedes berechnete in 4 Schritten die folgenden Werte (beachte: OA ist der Kreisradius r). Die Tabelle enthält zusätzlich die daraus resultierenden Näherungen für π : Ist S_n die Seitenlänge des umbeschriebenen n-Ecks (z.B. $S_6 = 2 \cdot$AC , $S_{12} = 2 \cdot$AD), so gilt:

$$\pi \;<\; \frac{n \cdot S_n}{2r} = \frac{n \cdot S_n / 2}{r} \;.$$

Zu Vereinfachung wurde der letzte Bruch noch nach oben abgeschätzt zu

$$\pi \;<\; 3\tfrac{1}{7} = 3{,}142857...$$

Noch einmal zurück zur geometrischen Herleitung dieser Abschätzung:

n	$r : S_n/2 \;>$	$\pi \;<$
6	265 : 153	$\dfrac{6 \cdot 153}{265} = 3{,}464151$
12	571 : 153	$\dfrac{12 \cdot 153}{571} = 3{,}215441$
24	$1162\tfrac{1}{8} : 153$	$\dfrac{24 \cdot 153}{1162\tfrac{1}{8}} = 3{,}159729$
48	$2334\tfrac{1}{4} : 153$	$\dfrac{48 \cdot 153}{2334\tfrac{1}{4}} = 3{,}146193$
96	$4673\tfrac{1}{2} : 153$	$\dfrac{96 \cdot 153}{4673\tfrac{1}{2}} = 3{,}142827$

Ist $\alpha = \angle$AOC und $\dfrac{\alpha}{2} = \angle$AOD , dann gilt in moderner trigonometrischer Notation:

$$\tan(\alpha) = \frac{AC}{OA} \;, \quad \sin(\alpha) = \frac{AC}{OC} \;, \quad \tan\!\left(\frac{\alpha}{2}\right) = \frac{AD}{OA}$$

Aus der Formel (1) wird in dieser Schreibweise die genial einfache *Halbwinkelformel:*

(1a) $\qquad\qquad \dfrac{1}{\tan\!\left(\dfrac{\alpha}{2}\right)} \;=\; \dfrac{1}{\tan(\alpha)} + \dfrac{1}{\sin(\alpha)}$

Und hinter (2) verbirgt sich eine Umrechnungsformel von $\tan$ zu $\sin$ (mit $\beta = \dfrac{\alpha}{2}$):

$$(2a) \qquad \frac{1}{\sin(\beta)} = \sqrt{\frac{1}{\tan(\beta)^2}+1}$$

Beide gelten für beliebige Winkel α, β, nicht nur für die hier betrachteten speziellen Werte. (Vgl. Aufgabe 1)

Ganz ähnlich leitete Archimedes eine *untere Schranke* für π ab, nämlich so: Es sei $\angle BAC = 30°$, damit ist BC die Seite des einbeschriebenen Sechsecks. Halbiert man $\angle BAC$ (die Winkelhalbierende schneide den Kreis in D), dann ist BD die Seite des einbeschriebenen Zwölfecks. Die Winkel bei C und D betragen nach dem Thalessatz je $90°$. Sind

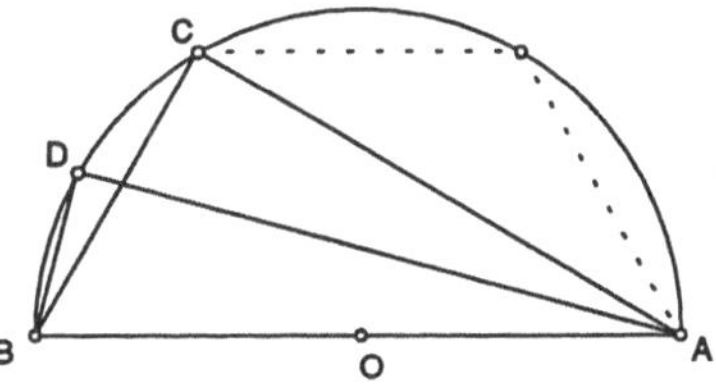

$$\frac{1}{\tan(30°)} = AC : BC \quad \text{und} \quad \frac{1}{\sin(30°)} = AB : BC$$

bekannt, so kann man mit (1a) und (2a) die entsprechenden Werte für $15°$ ausrechnen. Dann wird der Winkel wie oben sukzessive halbiert.

Archimedes startete mit

$$AC : BC = \sqrt{3} : 1 < 1351 : 780$$
$$AB : BC = \ 2 : 1 \ = 1560 : 780$$

und erhielt nach 4 Schritten die Werte in der nebenstehenden Tabelle.

(Beachten Sie: Um eine *untere* Schranke für π zu erhalten, muss jetzt in der anderen Richtung abgeschätzt werden!)
Auch hier enthält die Tabelle die resultierenden Näherungen für π: Ist s_n die Seitenlänge des einbeschriebenen n-Ecks,

so ist $\pi > \dfrac{n \cdot s_n}{d}$.

n	$d : s_n \leq$	$\pi >$
6	$2 : 1$	$\dfrac{6 \cdot 1}{2} = 3$
12	$3013\frac{3}{4} : 780$	$\dfrac{12 \cdot 780}{3013\frac{3}{4}} = 3{,}105765$
24	$1838\frac{9}{11} : 240$	$\dfrac{24 \cdot 240}{1838\frac{9}{11}} = 3{,}132447$
48	$1009\frac{1}{6} : 66$	$\dfrac{48 \cdot 66}{1009\frac{1}{6}} = 3{,}139224$
96	$2017\frac{1}{4} : 66$	$\dfrac{96 \cdot 66}{2017\frac{1}{4}} = 3{,}140910$

Der letzte Näherungsbruch wurde noch zur Vereinfachung nach unten abgeschätzt zu

$$\pi > 3\tfrac{10}{71} = 3{,}140845...$$

Typisch für die antike griechische Arithmetik ist der Umgang mit Größenverhältnissen (also mit rationalen Zahlen), wobei die Verhältniszahlen (Zähler und Nenner) entweder ganzzahlig oder einfache Brüche sind. Quadratwurzeln werden durch Brüche approximiert, wobei in diesem Fall konsequent entweder nur nach oben oder nur nach unten abgeschätzt wird. Die anfänglichen Abschätzungen für $\sqrt{3}$, nämlich

$$\frac{265}{153} < \sqrt{3} < \frac{1351}{780} ,$$

sind sogar *beste Approximationen* in folgendem Sinne: Es gibt keine rationale Zahl *mit kleinerem Nenner*, die eine bessere untere bzw. obere Schranke für $\sqrt{3}$ ergibt.

Bei jeder Eckenverdopplung tritt eine Quadratwurzel auf, die durch eine rationale Zahl approximiert wird. Außerdem soll das Endergebnis möglichst einfach sein, d.h. ein Bruch mit möglichst kleinen Zahlen als Zähler und Nenner. Die dabei auftretenden Fehler kann man als *Rundungsfehler* bezeichnen. Solche Fehler sind unvermeidlich, wenn die Rechnung nicht unnötig kompliziert werden soll. Ihr Einfluß darf jedoch nicht größer sein als der *Verfahrensfehler*, der dadurch entsteht, dass man den Kreisumfang durch Polygone approximiert. In diesem Fall besteht der Verfahrensfehler aus dem Unterschied des Kreisumfangs zu den Umfängen der ein- und umbeschriebenen 96-Ecke.

Um den Einfluß der Rundungsfehler bei Archimedes zu beurteilen, berechnen wir jetzt die entsprechenden Näherungen für π mit dem Computer. Wir benutzen dazu eine äquivalente, aber bequemere Darstellung, die im 17. Jahrhundert von Snellius, Gregory und Huygens formuliert worden ist.

Es seien U_n bzw. u_n die Umfänge der um- bzw. einbeschriebenen regelmäßigen n-Ecke. Dann gilt (mit dem Kreisradius 1):

$$U_6 = 4\sqrt{3} , \qquad u_6 = 6 ;$$
$$U_{2n} = \frac{2\,U_n\,u_n}{U_n + u_n} , \quad u_{2n} = \sqrt{u_n\,U_{2n}}$$

(Zur Herleitung vgl. WITTMANN.) Für solche rekursiven Verfahren sind Tabellenprogramme prädestiniert. Das hier verwendete Excel rechnet mit 15-stelliger Genauigkeit. Die angezeigten Werte sind üblicherweise auf 9 Stellen gerundet; wir können also davon ausgehen, dass sie im Rahmen der angezeigten Genauigkeit exakt sind. Die Tabelle unten enthält die mit Excel berechneten „exakten" Werte für $u_n/2$, $U_n/2$ und zum Vergleich die von Archimedes berechneten Werte aus den Tabellen auf S. 6 und 7 in dezimaler Näherung. Die übereinstimmenden Stellen sind hervorgehoben. (Zur Erstellung der Excel-Tabelle vgl. Anhang, 4. Beispiel.)

n	$u_n/2$ „exakt"	$u_n/2$ n. Arch.	$U_n/2$ „exakt"	$U_n/2$ n. Arch.
6	**3**	**3**	**3,46410**161	**3,464**151
12	**3,10582854**	**3,105**765	**3,21539030**	**3,215**441
24	**3,13262861**	**3,132**447	**3,15965994**	**3,159**729
48	**3,13935020**	**3,139**224	**3,14608621**	**3,146**193
96	**3,14103195**	**3,140**910	**3,14271460**	**3,142**827

Endergebnis nach Archimedes: $3\frac{10}{71} = 3{,}140845$ $3\frac{1}{7} = 3{,}142857$

Man sieht: Die Rundungsfehler machen sich bei Archimedes erst ab der 5. Dezimalstelle bemerkbar (die Vorkommastelle wird mitgezählt); dagegen beträgt der Verfahrensfehler maximal

$$U_{96}/2 - u_{96}/2 \; \approx \; 0{,}0017$$

Der Gesamtfehler von Archimedes beträgt maximal $3\tfrac{1}{7} - 3\tfrac{10}{71} \; = \; \dfrac{1}{7 \cdot 71} \; = \; \dfrac{1}{497} \; \approx \; 0{,}002$, er

liegt also in der 4. Dezimalstelle; die Rechengenauigkeit ist um eine Stelle höher als unbedingt notwendig. Somit hat Archimedes *optimal* gerechnet, im folgenden Sinne: Die Rechnung ist

a) genau genug, so dass die prinzipiell mögliche Genauigkeit auch erreicht wird,

b) nicht zu genau, so dass der Aufwand gering bleibt.

Außerdem sind die Abschätzungen in jedem Falle *korrekt*, d.h. die Archimedischen Werte für u_n sind immer *kleiner*, für U_n immer *größer* als die exakten Werte; auch im vereinfachten Endergebnis wurde richtig abgeschätzt.

Mit dem Verfahren von Archimedes war nun π beliebig genau berechenbar. Allerdings reichte

die Genauigkeit der einfachen Näherung $\pi \approx \dfrac{22}{7}$ für die meisten praktischen Anwendungen

aus; zuweilen wurde dieser Bruch sogar als *exakter* Wert für π angesehen. So dauerte es ziemlich lange, bis die Genauigkeit wesentlich gesteigert wurde: Im Jahre 1596 berechnete Ludolph van Ceulen[1] 20 Nachkommastellen von π, wenige Jahre später sogar 35 Stellen, und zwar mit nichts anderem als der antiken Archimedischen Methode.

Um den hierzu benötigten Aufwand abzuschätzen, berechnen wir jetzt zu den Näherungen $p_n = u_n/2$, $P_n = U_n/2$ die absoluten Fehler $\varepsilon_n = p_n - \pi$, $E_n = P_n - \pi$ und stellen die Folgen p_n und P_n graphisch dar. (Die Fehler sind auf 2 Dezimalstellen gerundet. Zu den Werten von p_n, P_n vgl. die obige Tabelle.)

Es fällt auf, dass sich die Folgen sehr regelmäßig ihrem gemeinsamen Grenzwert nähern, sie ziehen sich trichterförmig zusammen. Genauer:

n	ε_n	E_n
6	-0,14	0,32
12	-0,036	0,074
24	-0,0090	0,018
48	-0,0022	0,0045
96	-0,00056	0,0011

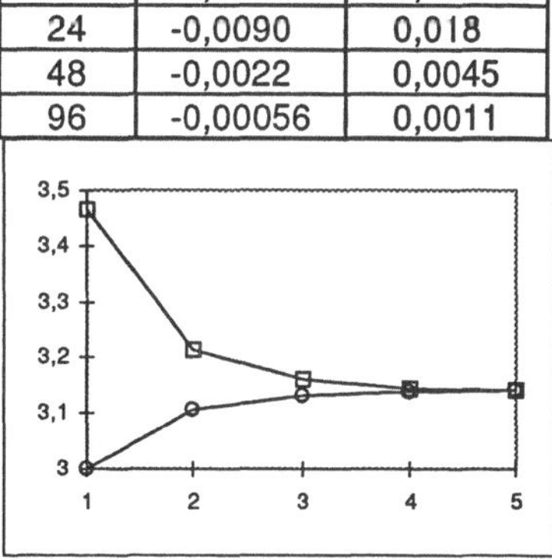

– Beide absoluten Fehler werden bei Verdopplung von n ungefähr geviertelt.

– Die Näherung p_n ist ungefähr doppelt so „gut" wie P_n, d.h. der absolute Fehler ε_n ist etwa halb so groß wie E_n (vom Vorzeichen abgesehen).

Wenn sich dieses Fehlerverhalten so fortsetzt, kann man schließen: In 5 Schritten wird der Fehler 5-mal gevier-

---

[1] Holländischer Mathematiker, 1540-1610, Professor der Kriegsbaukunst in Leiden. Ihm zu Ehren wurde π bis zum Ende des 19. Jahrhunderts die „Ludolphsche Zahl" genannt.

telt, also um einen Faktor von $\left(\dfrac{1}{4}\right)^5 \approx \dfrac{1}{1000}$ verkleinert. Mit anderen Worten: In 5 Schritten gewinnt man 3 Dezimalstellen an Genauigkeit.

Für 20 Nachkommastellen, 18 mehr als Archimedes, würde man dann ausgehend vom 96-Eck noch 30 Rekursionsschritte weitergehen müssen. (Tatsächlich soll van Ceulen dafür die Umfänge von Polygonen mit $60 \cdot 2^{29}$ Ecken berechnet haben.) Und für weitere 15 Stellen muss man noch einmal 25 Schritte draufsetzen, und zwar so, dass *alle Zwischenrechnungen* mit der höheren Genauigkeit ausgeführt werden (man kann also nicht einfach dort weiterrechnen, wo man aufgehört hat, sondern man muß die gewünschte Genauigkeit von Anfang an durchziehen). Ein immenser Aufwand.

Aus der Regelmäßigkeit der Fehler ergibt sich noch eine weitere Konsequenz: Die zweite Beobachtung besagt, dass p_n nur etwa halb so weit von π entfernt ist wie P_n, d.h. π würde das Intervall $[p_n, P_n]$ ungefähr dritteln. Wenn man nun die Zahl q_n so bestimmt, dass sie dieses Intervall *genau* drittelt, so wird q_n viel näher an π liegen als die Ausgangswerte. In der Tat: Es ist

$$q_n \;=\; p_n + \frac{1}{3}\cdot(P_n - p_n) \;=\; \frac{2\,p_n + P_n}{3} \;;$$

für $n = 96$ ergibt sich auf 10 Stellen gerundet: $q_{96} = 3{,}141592834$, also eine Näherung, die auf 7 Stellen genau ist, das bedeutet gegenüber den Ausgangswerten p_{96}, P_{96} einen beachtlichen Gewinn von 4 Dezimalstellen, erzielt durch eine einfache arithmetische Operation.

Allerdings können wir diese Steigerung der Genauigkeit nur deshalb so gut beurteilen, weil wir π bereits kennen. Wenn wir davon ausgehen, dass π der unbekannte, zu berechnende Grenzwert ist, so wissen wir nicht einmal, ob der obige Wert q_{96} größer oder kleiner als π ist. Wir können höchstens die Folge q_n ($n = 6, 12, 24, ...$) beobachten und daraus Schlüsse ziehen. Die Werte sind diesmal in der Tabelle mit maximaler Genauigkeit (15 Stellen) angezeigt.

n	q_n
6	3,15470053837925
12	3,14234913054466
24	3,14163905621999
48	3,14159554040839
96	3,14159283380880
192	3,14159266485025
384	3,14159265429352

– Vermutlich ist die Folge monoton fallend, also $q_n > \pi$.
– Es bleiben immer mehr Stellen unverändert; es ist anzunehmen, dass diese „stabilen" Stellen auch gültige Stellen von π sind.

Diese Beobachtungen dürfen aber nicht vorschnell als gesichert angesehen werden; zu einer Begründung wäre noch einiges zu tun.

Die erste wesentliche *methodische* Verbesserung geht auf Snellius zurück (1614). Er löste das allgemeinere Problem, die Bogenlänge zu einem gegebenen Winkel durch Strecken zu approximieren, durch die folgenden Konstruktionen:

Ein Kreis mit Mittelpunkt M und Radius r sei gegeben. AB sei ein Durchmesser sowie C ein weiterer Punkt auf dem Kreis. $\alpha = \angle AMC$ sei ein spitzer Winkel.

(1) Der Durchmesser AB wird um den Radius r über B hinaus verlängert, der Endpunkt D_1 dieser Strecke wird mit C verbunden. Die Gerade D_1C schneide die in A anliegende Tangente im Punkt F_1. Dann gilt:

$$AF_1 < \text{Bogen AC}$$

(Vgl. Skizze mit $r = 3\,cm$ und $\alpha = 60°$)

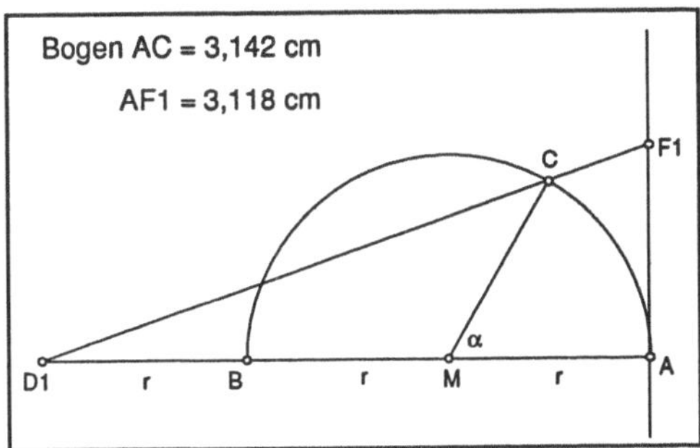

(2) Durch C wird eine Gerade g so gelegt, dass die Gerade AB und der Kreis eine Strecke der Länge r aus g ausschneiden (vgl. Skizze: $D_2E_2 = r$). Dann gilt:

$$AF_2 > \text{Bogen AC}$$

Diese Konstruktion ist übrigens nicht mit Zirkel und Lineal ausführbar, sondern nur mit einem „Einschiebelineal", auf

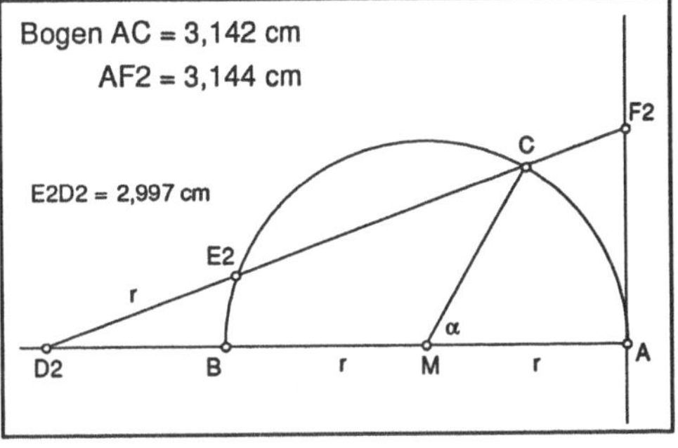

dem eine Strecke der Länge r markiert ist. Deshalb wurde in der Sketchpad-Konstruktion der obigen Skizze der Punkt D_2 so geschoben, dass D_2E_2 ungefähr gleich r (3cm) ist.

Beide Näherungen sind so gut, dass man bei nicht zu großen Winkeln schon sehr genau messen muss, um überhaupt im Rahmen der Zeichengenauigkeit einen Unterschied zwischen Bogenlänge und Länge der zugeordneten Strecke festzustellen.

Snellius hat übrigens seine Abschätzungen nicht beweisen können (bzw. sein Versuch war fehlerhaft); erst Huygens hat 1654 den Beweis nachgeliefert. Die erste Konstruktion wurde auch schon früher von Cusanus zur Approximation der Bogenlänge verwendet.

Um die Qualität der Näherungen besser zu beurteilen und vor allem um π zu bestimmen, berechnen wir jetzt die Streckenlängen trigonometrisch. Es gilt:

(a) $\quad AF_1 = \dfrac{3\sin(\alpha)}{2+\cos(\alpha)} \cdot r$

(b) $\quad AF_2 = \left(2\sin\left(\dfrac{\alpha}{3}\right)+\tan\left(\dfrac{\alpha}{3}\right)\right) \cdot r$

(Vgl. Aufgabe 2)

Für die folgenden Berechnungen setzen wir $r = 1$. Wegen $\pi = \dfrac{180°}{\alpha} \cdot (\text{Bogen AC})$ erhält man

aus den Schranken für die Bogenlänge auch Intervalle für π; ist insbesondere $\alpha = \dfrac{180°}{n}$ mit

einer ganzen Zahl $n > 3$, so ist $\pi = n \cdot (\text{Bogen AC})$, also $n \cdot AF_1 < \pi < n \cdot AF_2$.
Zur Berechnung der Fehler in der folgenden Excel-Tabelle wird die „eingebaute" Konstante für
π verwendet.

n	α	π aus AF_1	abs. Fehler	π aus AF_2	abs. Fehler
6	30	3,140237343	-0,00136	3,141740016	0,000147
12	15	3,141509994	-8,27E-05	3,141601788	9,14E-06
24	7,5	3,141587519	-5,14E-06	3,141593223	5,70E-07
48	3,75	3,141592333	-3,20E-07	3,141592689	3,56E-08
96	1,875	3,141592634	-2,00E-08	3,141592656	2,22E-09

Es zeigt sich:

– Schon bei $\alpha = 30°$ erreichen die Werte die Qualität der Archimedischen Näherung mit dem
  96-Eck.

– Die zweite Näherung ist sogar noch um eine Dezimalstelle besser als die erste.

– Bei $n = 96$ erzielt Snellius beachtliche 8 Stellen von π.

– Bei jeder Halbierung des Winkels werden die Näherungen um mindestens eine Stelle besser.

  Genauer: In beiden Fehler-Spalten verkleinern sich die Werte ungefähr um den Faktor $\frac{1}{16}$.

  Wenn das so weitergeht, dann erhält man mit fünf weiteren Schritten eine Verbesserung um

  dem Faktor $16^{-5} = 2^{-20} \approx 10^{-6}$, also 6 Dezimalstellen mehr. (Diese Regelmäßigkeit des

  Fehlers könnte man auch an der *Differenz* der beiden Näherungen ablesen, also ohne die ge-

  naue Kenntnis von π.)

  Gegenüber der Archimedischen Methode wird somit die Anzahl der Rekursionsschritte hal-

  biert; allerdings wird dieser Vorteil erkauft durch komplizierter gebaute Terme.

  (Wie viele Schritte müsste man vermutlich weiterrechnen, um den Rekord von van Ceulen

  mit 35 Nachkommastellen zu übertreffen?)

Damit hatte Snellius ein wesentlich effizienteres Verfahren zur π-Berechnung gefunden.
(Beachten Sie: Die Winkelfunktionen können aus den einfachen Werten für $\alpha = 30°$, $45°$ etc.
mit Hilfe trigonometrischer Formeln beliebig genau berechnet werden, dazu benötigt man nur
die Grundrechenarten und Quadratwurzeln; vgl. Kapitel 2.) Allerdings brauchte er zunächst die
Ergebnisse von Ludolph van Ceulen, um seine Methode zu verifizieren, denn er hatte keinen

Beweis; erst Huygens lieferte das theoretische Fundament. Gleichwohl hat niemand auf diese Art einen neuen Rekord in der π-Berechnung aufgestellt; die weitere Entwicklung war geprägt durch eine grundsätzlich neue Methode, die etwa gleichzeitig entstand, nämlich die Analysis. Die Geometrie hatte ihren Dienst getan.

Aufgaben

1. a) Leiten Sie die Formeln

$$(1) \qquad \frac{1}{\tan\left(\dfrac{\alpha}{2}\right)} = \frac{1}{\tan(\alpha)} + \frac{1}{\sin(\alpha)}$$

$$(2) \qquad \frac{1}{\sin(\alpha)} = \sqrt{\frac{1}{\tan(\alpha)^2} + 1}$$

aus den üblichen trigonometrischen Formeln her (u.a. aus der Halbwinkelformel für den Tangens)!

b) Berechnen Sie damit rekursiv eine Wertetabelle für $\dfrac{1}{\tan(\alpha)}$ und $\dfrac{1}{\sin(\alpha)}$ mit dem Startwert $\alpha = 30°$ und sukzessiver Winkelhalbierung. Vergleichen Sie die Werte für $\dfrac{1}{\tan(\alpha)}$ mit den Archimedischen Werten (2. Spalte der Tabelle auf S. 6).

2. Beweisen Sie die trigonometrischen Formeln zu den Konstruktionen von Snellius!
Tip zu (a): Zeichnen Sie in der ersten Konstruktion das Lot von C auf AB als Hilfslinie.

Tip zu (b): Zeigen Sie, dass in der zweiten Konstruktion gilt $\angle E_2 D_2 B = \dfrac{\alpha}{3}$. Zeichnen Sie die Parallele zu AB durch E_2 als Hilfslinie.

3. Berechnen Sie die Umfange U_n, u_n nach der obigen Rekursionsformel, und zwar ausgehend von den Quadraten, also $n = 4$.
(In einer Excel-Tabelle bräuchte man gegenüber dem Start bei $n = 6$ nur die Startwerte auszuwechseln. Aber auch mit einem normalen TR ist eine solche Tabelle leicht zu erstellen, wenn man den Speicher geschickt einsetzt.)

4. A.A. Kochansky gab in 1685 die folgende
   Näherungskonstruktion für π an:
   AE ist parallel zu BF ; $\angle$AME = 30° ;
   BF ist dreimal so lang wie der Kreisradius.
   Dann ist EF ungefähr halb so lang wie der
   Kreisumfang, mit r = 1 ist also EF $\approx \pi$.
   Wie gut ist die Näherung?

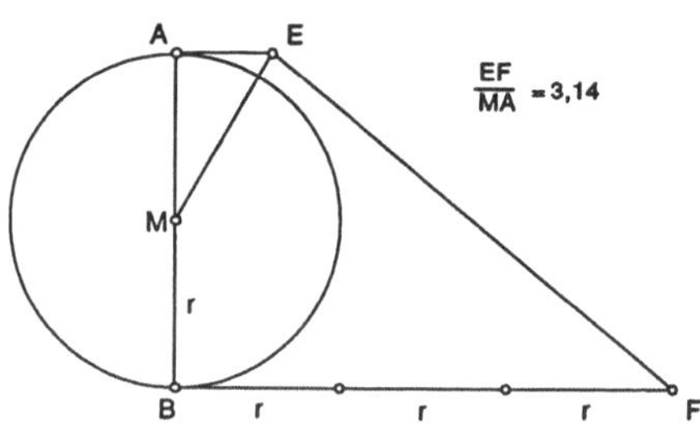

5. E.W. Hobson löste die Quadratur des Kreises
   näherungsweise wie folgt:
   AB sei Durchmesser eines Kreises mit Mittelpunkt M und Radius 1 . Weiter sei

   $$MD = \frac{3}{5} \ ; \ ME = \frac{1}{2} \ ; \ MF = \frac{3}{2} \ .$$

   Schlage über DE und AF die Halbkreise wie
   in der Skizze. Die Senkrechte auf AB in M
   schneide diese Halbkreise in G bzw. H . Dann
   ist GH $\approx \sqrt{\pi}$, das Quadrat über GH hat also
   ungefähr den gleichen Flächeninhalt wie der
   Kreis mit AB als Durchmesser.
   Berechnen Sie GH ! (Tip: Höhensatz.) Wie gut ist die Näherung $GH^2 \approx \pi$?

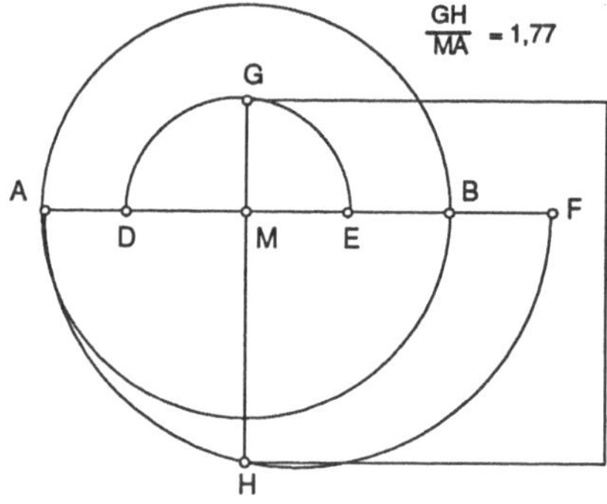

0.3 Analytische Methoden

Die Liste der klangvollen Namen, die mit analytischen Darstellungen von π verbunden sind (vgl. die Beispiele am Schluss von Abschnitt 0.1), ließe sich noch beliebig fortsetzen. Sie ist ein Beleg für die zentrale Bedeutung dieser Zahl. Zwar stand nicht immer die eigentliche Berechnung von π im Vordergrund, aber sie tauchte bei der Untersuchung von elementaren Funktionen, Potenzreihen, Integralen, ... immer wieder auf, manchmal in natürlicher Art und Weise, manchmal aber auch unerwartet. Beispiel Integralrechnung:

$$\int_{-1}^{1} \sqrt{1-x^2}\, dx = \frac{\pi}{2} \quad \text{ist klar, denn dieses Integral ist gleich der Fläche des Halbkreises.}$$

$$\int_{0}^{1} \frac{1}{1+x^2}\, dx = \frac{\pi}{4} \quad \text{ist nicht so klar, aber: Die Stammfunktion von } \frac{1}{1+x^2} \text{ ist } \arctan(x).$$

$$\int_{-\infty}^{\infty} \exp(-x^2)\, dx = \sqrt{\pi} \quad \text{ist gänzlich überraschend: Weit und breit keine Geometrie in Sicht!}$$

Häufig ergaben sich neue Berechnungsmethoden für π sozusagen als „Abfallprodukte" von analytischen Untersuchungen.

Welche der fünf Darstellungen aus 0.1 (S. 3f) eignet sich nun zur π-Berechnung?
Um das Ergebnis vorwegzunehmen: Bis auf Newtons Reihe (3) sind sie in der angegebenen Form völlig ungeeignet. (Das soll die Verdienste der anderen Autoren nicht schmälern; insbesondere Euler hat andere Reihen für π angegeben, die sehr schnell konvergieren.)

Beispiel (1): Das unendliche Produkt von Wallis $\frac{\pi}{2} = \frac{2}{1} \cdot \frac{2}{3} \cdot \frac{4}{3} \cdot \frac{4}{5} \cdot \frac{6}{5} \cdot \frac{6}{7} \cdots$ gilt als Durchbruch, weil es die erste Darstellung von π als Grenzwert einer Folge *rationaler* Zahlen war, also die lästigen Quadratwurzeln vermied. Die Konvergenz ist jedoch furchtbar schlecht („Entdeckung der Langsamkeit"); selbst im 1000. Schritt ändert sich noch die 3. Nachkommastelle.

Beispiel (4): Die Leibniz-Reihe ist ein Spezialfall der von Gregory entdeckten Potenzreihe

$$\arctan(x) = x - \frac{x^3}{3} + \frac{x^5}{5} - \frac{x^7}{7} + \frac{x^9}{9} - + \ldots,$$

denn für $x = 1$ ergibt sich $\arctan(1) = \frac{\pi}{4}$. Die Reihe konvergiert mit $x = 1$ nicht viel besser als das Wallis-Produkt, weil die Summanden nur sehr langsam abnehmen; auch beim 1000. Schritt ändert sich die Summe noch um $\frac{1}{1999} \approx 0{,}0005$. Gleichwohl bildet die arctan-Reihe die Grundlage für zahlreiche Rekorde (s. u.).

Beispiel (3): Bei der Newton-Reihe $\dfrac{\pi}{6} = \dfrac{1}{2} + \dfrac{1}{2\cdot3\cdot2^3} + \dfrac{1\cdot3}{2\cdot4\cdot5\cdot2^5} + \dfrac{1\cdot3\cdot5}{2\cdot4\cdot6\cdot7\cdot2^7} + \dots$, die

übrigens als Spezialfall für $x = \frac{1}{2}$ aus der Potenzreihe für $\arcsin(x)$ hervorgeht, nehmen die

Summanden a_n stark ab, insbesondere wegen der Zweierpotenzen im Nenner; daher ist eine

gute Konvergenz zu erwarten. Tatsächlich sind
mit 8 Summanden (n = 7) bereits 6 Stellen von
π erreicht.

n	a_n	s_n	$s_n \cdot 6 \approx \pi$
0	0,5	0,5	3,00000000
1	0,02083333	0,52083333	3,12500000
2	0,00234375	0,52317708	3,13906250
3	0,00034877	0,52352585	3,14115513
4	5,9340E-05	0,52358519	3,14151117
5	1,0924E-05	0,52359611	3,14157671
6	2,1183E-06	0,52359823	3,14158942
7	4,2617E-07	0,52359866	3,14159198

Ohne die Kenntnis von π wüßte man allerdings noch nicht, wie viele Stellen dieser Näherung gültig sind: Man müßte den *Abbrechfehler* abschätzen, der durch das Weglassen der höheren Summanden verursacht wird. Alternierende Reihen wie z.B. die Leibniz-Reihe, wo bei den Summanden das Vorzeichen wechselt, haben in dieser Hinsicht einen großen Vorteil: Je zwei benachbarte Partialsummen schließen den Grenzwert ein.

Zurück zur arctan-Reihe: Der einfachste Spezialfall, nämlich die Leibnizsche Reihe

$$\arctan(1) = \frac{\pi}{4} = 1 - \frac{1}{3} + \frac{1}{5} - \frac{1}{7} + \frac{1}{9} - + \dots ,$$

taugt nicht viel zur Berechnung; dennoch kann man durch geeignete Maßnahmen einiges an Information herausholen, etwa durch eine *Fehleranalyse:*

n	a_n	s_n	$t_n = 4\cdot s_n$
1	1	1	4
2	-0,333333	0,666666	2,66667
3	0,2	0,866666	3,46667
4	-0,142857	0,723809	2,89524
5	0,111111	0,834920	3,33968
6	-0,090909	0,744011	2,97605
7	0,076923	0,820934	3,28374
8	-0,066667	0,754268	3,01707
9	0,058823	0,813091	3,25237
10	-0,052632	0,760459	3,04184

In der Tabelle sind die ersten zehn Summanden a_n , die Partialsummen s_n sowie deren Vierfache als Näherungen für π ausgerechnet. Die Grafik zeigt den Verlauf der Folge $t_n = 4\cdot s_n$. Sie nähert sich ihrem Grenzwert im Zickzack (oszillierend), und zwar regelmäßig: Das Bild gleicht der *alternierenden harmonischen Folge* $1, -\dfrac{1}{2}, \dfrac{1}{3}, -\dfrac{1}{4}, \dfrac{1}{5}, \dots$ (untere Grafik);

wenn man diese um den (unbekannten) Grenzwert π nach oben verschieben würde, dann würde sie sich beinahe mit t_n decken. Wir gehen also jetzt von der Hypothese aus, dass

$$t_n \approx \pi \pm \frac{1}{n} ,$$

mit dem positiven Vorzeichen bei ungeraden, dem negativen bei geraden n . Aus zwei benachbarten Folgengliedern können wir dann eine bessere Näherung für π bestimmen: Ist etwa n gerade, dann gilt:

$$t_n \approx \pi - \frac{1}{n} \quad ; \quad t_{n+1} \approx \pi + \frac{1}{n+1}$$

Durch Addition dieser „Ungefähr-Gleichungen" und Auflösen nach π ergibt sich:

$$t_n + t_{n+1} \approx 2\pi - \frac{1}{n} + \frac{1}{n+1}$$

$$\pi \approx \frac{t_n + t_{n+1}}{2} + \frac{1}{2\,n\,(n+1)}$$

1	3,083333
2	3,15
3	3,139286
4	3,142460
5	3,141198
6	3,141797
7	3,141477
8	3,141663
9	3,141547

In Worten: Die bessere Näherung besteht aus dem arithmetischen Mittel der Nachbarglieder plus einem kleinen „Korrekturglied". (Bei ungeraden n ist dieses zu subtrahieren.) Die Tabelle zeigt das Ergebnis.

Vermutlich oszilliert diese Folge ebenfalls. Wenn man das nachweisen würde, dann könnte man aus den letzten beiden Tabellenwerten schließen, dass

$$3{,}14154 < \pi < 3{,}14167 \text{ , mit einem Maximalfehler von } 0{,}00013 .$$

Dagegen kann man mit den entsprechenden Partialsummen der Leibniz-Reihe nur die Abschätzung $3{,}04 < \pi < 3{,}26$ angeben (Maximalfehler $0{,}22$); die Fehleranalyse brächte also einen Gewinn von mehr als 3 Dezimalstellen.

Eine andere Möglichkeit, die arctan-Reihe zu nutzen, ist die *Verbesserung der Konvergenz*: Die Potenzreihe konvergiert um so schneller, je kleiner x ist. Wegen

$$\tan\left(\frac{\pi}{6}\right) = \frac{1}{\sqrt{3}} = 0{,}57735...$$

erhält man mit $x = \dfrac{1}{\sqrt{3}}$ und ein paar algebraischen Um-

formungen die Reihe:

$$\pi = 2\sqrt{3}\left(1 - \frac{1}{3\cdot 3} + \frac{1}{5\cdot 3^2} - \frac{1}{7\cdot 3^3} + \frac{1}{9\cdot 3^4} - + ...\right)$$

n	$\pi \approx$	Fehler
0	3,46410162	3,2E-01
1	3,07920144	-6,2E-02
2	3,15618147	1,5E-02
3	3,13785289	-3,7E-03
4	3,14260475	1,0E-03
5	3,14130879	-2,8E-04
6	3,14167431	8,2E-05
7	3,14156872	-2,4E-05
8	3,14159977	7,1E-06
9	3,14159051	-2,1E-06
10	3,14159330	6,5E-07

Nach dem 10. Schritt ergibt sich π damit bereits auf 6 Stellen genau.

Im Jahre 1705 berechnete der Astronom Abraham Sharp mit diesem Verfahren 72 Stellen von π ; das war der erste mit analytischen Mitteln erzielte Rekord. (Schätzen Sie: Wie viele Schritte hat er dazu gebraucht?)

Mit einem *algebraischen Trick* hat John Machin die Berechnung noch weiter beschleunigt und ein Jahr nach Sharp einen neuen Rekord aufgestellt, und zwar mit der folgenden Idee: Zu einer effizienten Berechnung der Potenzreihe sollte der x-Wert nicht nur möglichst klein, sondern auch *einfach* sein, d.h. ein einfacher Bruch oder Wurzelterm; außerdem sollte arctan(x) ein rationales Vielfaches von π sein. Solche x-Werte gibt es eigentlich nicht mehr, aber immerhin ist $\arctan\left(\dfrac{1}{5}\right) \approx \dfrac{\pi}{16}$, denn $\tan(\pi/16) = 0{,}1989...$; Machins Trick bestand nun darin, den Unterschied zwischen $4\arctan\left(\dfrac{1}{5}\right)$ und $\dfrac{\pi}{4}$ trigonometrisch zu berechnen.

Setzt man $\alpha = \arctan\left(\dfrac{1}{5}\right)$, d.h. $\tan(\alpha) = \dfrac{1}{5}$, so ist $4\alpha \approx \pi/4$. Man kann nun mit Hilfe trigonometrischer Formeln $\tan(4\alpha)$ exakt ausrechnen:

$$\tan(2\alpha) = \frac{2\tan(\alpha)}{1-\tan(\alpha)^2} = \frac{5}{12}$$

$$\tan(4\alpha) = \frac{2\tan(2\alpha)}{1-\tan(2\alpha)^2} = \frac{120}{119}$$

Das liegt wie erwartet nahe bei 1 . Weiter gilt nach dem Additionstheorem für $\tan$:

$$\tan\left(4\alpha - \frac{\pi}{4}\right) = \frac{\tan(4\alpha)-1}{1+\tan(4\alpha)} = \frac{1}{239}$$

Also ist $\arctan\dfrac{1}{239} = 4\alpha - \dfrac{\pi}{4}$ und damit letztendlich

$$\boxed{\frac{\pi}{4} = 4\arctan\left(\frac{1}{5}\right) - \arctan\left(\frac{1}{239}\right)}$$

Man hat somit *zwei* Potenzreihen auszuwerten, aber das zahlt sich aus, denn für die erste sind die Potenzen von $x = \dfrac{1}{5} = \dfrac{2}{10}$ im Dezimalsystem sehr leicht zu berechnen, zum andern hat die zweite Potenzreihe ein so kleines x , dass sie rasend schnell konvergiert, also nur ein kleines Korrekturglied darstellt. (Vgl. Tabelle: Bereits nach 9 Schritten sind 15 Dezimalstellen von π erreicht.)

n	$\pi \approx$
0	3,18326359832636
1	3,14059702932606
2	3,14162102932503
3	3,14159177218218
4	3,14159268240440
5	3,14159265261531
6	3,14159265362355
7	3,14159265358860
8	3,14159265358984
9	3,14159265358979

Machin berechnete damit 100 Stellen von π .
(Wie viele Schritte hat er wohl dazu benötigt?)

Noch im Jahre 1949 wurde die Formel von Machin benutzt, um mit dem legendären ENIAC-Computer über 2000 Stellen von π zu berechnen; dieser neue Rekord markierte dann auch den Eintritt der π-Berechnung ins Computerzeitalter. Die gesamte Rechenzeit hierfür betrug ca. 70 Stunden.

Im 18. Jahrhundert wurde die Idee von Machin noch weiter verfeinert; Euler und andere fanden eine ganze Reihe ähnlicher Darstellungen von π , die mit der arctan-Reihe mehr oder weniger trickreich ausgewertet werden konnten, aber keine qualitativen Verbesserungen erbrachten. Das Interesse verlagerte sich in der Folgezeit mehr auf theoretische Fragestellungen; Höhepunkte der Entwicklung bildeten zweifellos die Eulersche Gleichung (1748)

$$e^{i\pi} + 1 = 0$$

sowie der Beweis, dass π eine transzendente Zahl ist (Lindemann 1882; damit war das zwei Jahrtausende alte Problem der Quadratur des Kreises als unlösbar erkannt).

Gleichwohl bot die magische Zahl π immer noch die Gelegenheit, mit purer Rechenleistung in die Geschichte einzugehen (dass die Rechenkünstler immer wieder π und nicht $\sqrt[11]{111}$ oder $\ln(187)$ als Objekt wählten, ist zumindest merkwürdig). Höhepunkte: 1853 berechnete Shanks 530 Stellen mit Machins Formel, später 707 Stellen. Dieser Rekord wurde erst 1947 von Ferguson gebrochen, der mit einer mechanischen Rechenmaschine und der Formel

$$\frac{\pi}{4} = 3\arctan(\frac{1}{4}) + \arctan(\frac{1}{20}) + \arctan(\frac{1}{1985})$$

808 Stellen berechnete und damit die zweite Berechnung von Shanks ab der 527. Stelle als fehlerhaft entlarvte. (Immerhin: Der Gedanke, dass aufgrund dieses Fehlers keine einzige Brücke eingestürzt ist, wirkt beruhigend.) Ferguson konnte jedoch nicht lange von seiner Leistung profitieren, denn zwei Jahre später wurde das Computer-Zeitalter eingeläutet (s.o.).

In der Folgezeit, nach 1950, fielen die weiteren Rekorde wie reife Früchte vom Baum. Dafür war zum einen natürlich die rasante technische Entwicklung verantwortlich (π war immer wieder ein willkommenes Objekt, wenn neue, schnellere Computer getestet werden sollten); zum andern war aber auch die theoretische Entwicklung fortgeschritten (z.B. hatte Ramanujan in 1914 neue Reihendarstellungen und algebraische Approximationen für π angegeben).

Denn die arctan-Reihe, Grundlage für die meisten analytischen Verfahren, hat die Eigenschaft, dass die Anzahl signifikanter Stellen des Grenzwerts π mit der Anzahl der Iterationsschritte (hier der Summanden) *linear* zunimmt. Beispiel: In der Reihe von Sharp bringen zwei Summanden einen Gewinn von einer Dezimalstelle, die Methode von Machin benötigt 6 Schritte für 9 Dezimalstellen (vgl. die obige Tabellen). Ähnliches gilt übrigens auch für die Archimedische Methode, die in 5 Schritten 3 Stellen liefert (vgl. 0.2).

Eine *qualitativ* wesentlich bessere Methode ergibt die folgende Darstellung von π durch eine dreigliedrige Rekursion (BORWEIN/BORWEIN 1984):

Die Folgen a_n , b_n , p_n seien rekursiv definiert durch $a_0 = \sqrt{2}$, $b_0 = 0$, $p_0 = 2 + \sqrt{2}$ und

$$a_{n+1} = \frac{1}{2}\left(\sqrt{a_n} + \frac{1}{\sqrt{a_n}}\right) \ , \quad b_{n+1} = \sqrt{a_n} \cdot \frac{b_n + 1}{b_n + a_n} \ , \quad p_{n+1} = p_n \cdot b_{n+1} \cdot \frac{1 + a_{n+1}}{1 + b_{n+1}} \ ;$$

dann konvergiert die Folge p_n gegen π mit dem Fehler

$$|p_n - \pi| \leq \frac{1}{10^{2^n}} \, ,$$

d.h. bei jedem Schritt wird die Anzahl der signifikanten Stellen *verdoppelt*, oder anders gesagt: Diese Anzahl wächst *exponentiell*.

n	a_n	b_n	p_n
0	1,41421356237310	0,00000000000000	3,41421356237309
1	1,01505176512822	0,84089641525372	3,14260675394162
2	1,00002789912802	0,99932695352515	3,14159266096605
3	1,00000000009729	0,99999999520684	3,14159265358979

Die maximale mit Excel erreichbare Genauigkeit von 15 Stellen ist bereits nach 3 Schritten erreicht (s. Tabelle); die tatsächlich erzielte Genauigkeit ist also noch höher als durch die Fehlerabschätzung angegeben.

(Wie viele Schritte braucht man wohl, um mit diesem Verfahren 1 Million, 1 Milliarde oder 50 Milliarden Stellen von π zu berechnen?)

Solche extrem schnellen Algorithmen wurden erstmals in 1976 angegeben, obwohl der theoretische Hintergrund (elliptische Funktionen) schon zu Gauß' Zeiten bekannt war: „It is an interesting synthesis of classical mathematics with contemporary computational concerns that has provided us with these methods." (BORWEIN/BORWEIN 1984)

Die Konvergenzeigenschaften dieses Verfahrens sind übrigens nicht einfach zu beweisen. Seine Schnelligkeit bringt natürlich gegenüber den bisherigen Reihendarstellungen einen entscheidenden Fortschritt, aber eine Eigenschaft hat es mit den alten Methoden gemeinsam: Um die millionste Stelle zu berechnen, müssen *alle Zwischenrechnungen* mit der gewünschten Ziel-Genauigkeit von (mindestens) einer Million Stellen ausgeführt werden.

Diesen Nachteil zu beseitigen, wurde lange Zeit für unmöglich gehalten – bis die folgende Darstellung gefunden wurde (BAILEY/BORWEIN/PLOUFFE 1996):

$$\pi = \sum_{i=0}^{\infty} \frac{1}{16^i} \cdot \left(\frac{4}{8i+1} - \frac{2}{8i+4} - \frac{1}{8i+5} - \frac{1}{8i+6} \right)$$

Damit kann man tatsächlich mit vertretbarem Aufwand jede beliebige Stelle ohne Kenntnis der vorigen berechnen (und zwar mit normaler Rechengenauigkeit, also ohne spezielle Hochgenauigkeits-Arithmetik) – allerdings nur im 16er-System (auch Hexadezimalsystem genannt), für das Dezimalsystem ist (noch) keine analoge Darstellung bekannt. Die Ausführung der Rechnung ist im Detail immer noch recht komplex, deshalb sollen hier nur kurz die zwei wesentlichen Gründe aufgeführt werden, die die genannte Eigenschaft plausibel machen:

– Brüche sind in jedem Stellenwertsystem periodisch, also kann man jede beliebige Stelle in begrenzter Zeit ausrechnen, und zwar mit ganzzahliger (Kongruenzen-) Rechnung.

– Der Faktor $\dfrac{1}{16^i}$ bewirkt, dass der i-te Summand der Reihe im 16er-System mindestens bis zur (i–1)-ten Stelle nur Nullen hat; zu der 1000. Stelle der Summe leisten also höchstens 1000 Summanden einen Beitrag (eher weniger, da die Brüche in der Klammer mit wachsendem i immer kleiner werden).

Im Gegensatz zu der o.g. dreigliedrigen Rekursion von Borwein ist diese Formel mit elementarer Analysis beweisbar (vgl. PÖPPE), allerdings:
„This proof entirely conceals the route to discovery. We found the identity ... by a combination of inspired guessing and extensive searching ...“ (BAILEY/BORWEIN/PLOUFFE 1996).

Die letzten Beispiele zeigen, dass π jenseits aller praktischen Erfordernisse immer noch die Neugier weckt: π ist Testfall für neue mathematische Theorien und Techniken, und es gibt immer noch unerwartete Resultate. Das Thema ist wohl noch lange nicht beendet.

Einige Hinweise zur Literatur: Eine ausführliche, gut lesbare Darstellung der Geschichte von π vom Altertum bis heute findet man bei BECKMANN. Eine umfangreiche Sammlung der wichtigsten Original-Aufsätze zum Thema π bieten BERGGREN/BORWEIN/BORWEIN (1997), u.a. einen Ausschnitt aus den Werken des Archimedes in englischer Übersetzung sowie viele andere historisch bedeutende Beiträge.

Aufgaben

1. Beweisen Sie diese Formel vom Machin-Typ: $\quad \dfrac{\pi}{4} = \arctan\left(\dfrac{1}{2}\right) + \arctan\left(\dfrac{1}{3}\right)$

(Tip: Setze $\alpha = \arctan\left(\dfrac{1}{2}\right)$, $\beta = \arctan\left(\dfrac{1}{3}\right)$ und berechne $\tan(\alpha+\beta)$ mit dem Additionstheorem für den Tangens.)

2. Vieta hat im Jahre 1579 eine Darstellung von π als *unendliches Produkt* angegeben, die in der Literatur meistens wie folgt angegeben wird:

$$\frac{2}{\pi} = \sqrt{\frac{1}{2}} \cdot \sqrt{\frac{1}{2} + \frac{1}{2}\sqrt{\frac{1}{2}}} \cdot \sqrt{\frac{1}{2} + \frac{1}{2}\sqrt{\frac{1}{2} + \frac{1}{2}\sqrt{\frac{1}{2}}}} \cdot \ldots$$

Dieses Produkt besteht aus unendlich vielen Faktoren a_n, die nacheinander berechnet und aufmultipliziert werden (analog zu einer Reihe mit unendlich vielen Summanden):

$$\frac{2}{\pi} = a_1 \cdot a_2 \cdot a_3 \cdot \ldots$$

$$\text{mit } a_1 = \sqrt{\frac{1}{2}}; \quad a_2 = \sqrt{\frac{1}{2} + \frac{1}{2}\sqrt{\frac{1}{2}}}; \quad a_3 = \sqrt{\frac{1}{2} + \frac{1}{2}\sqrt{\frac{1}{2} + \frac{1}{2}\sqrt{\frac{1}{2}}}}; \ldots$$

a) Wie lautet der nächste (der zehnte) Faktor?

b) Diese Schreibweise ist nicht sehr handlich, was die Berechnung angeht; jedoch steckt offenbar eine Rekursion dahinter. Wie kann man die Faktoren a_n *rekursiv* berechnen?

c) Sind die Faktoren a_n bekannt, so kann man Näherungen für $\dfrac{2}{\pi}$ berechnen durch

$$p_n = a_1 \cdot a_2 \cdot \ldots \cdot a_n ;$$

ähnlich wie bei Reihen berechnet man p_n ebenfalls rekursiv mit

$$p_1 = a_1 ; \quad p_{n+1} = p_n \cdot a_n .$$

Berechnen Sie einige dieser Produkte und daraus Näherungen für π. Ist das Verfahren zur π-Berechnung brauchbar?

3. Ist die Reihe von BAILEY/BORWEIN/PLOUFFE zur „normalen" π-Berechnung geeignet? Versuchen Sie zunächst *qualitativ* zu beurteilen, wie schnell sie konvergiert.

Berechnen Sie die ersten Partialsummen. Wie viele Stellen von π hat man wohl nach 100 Summanden? Wie viele Summanden braucht man, um 1000 Stellen von π zu berechnen?

Kapitel 1   Genauigkeit und Fehler

1.1 Anmerkungen zur Genauigkeit

Der Mangel an mathematischer Bildung
gibt sich durch nichts so auffallend zu erkennen
wie durch maßlose Schärfe im Zahlenrechnen.
(C. F. Gauß)

In der Praxis sind Zahlenangaben sehr häufig ungenau: Messwerte irgendwelcher Größen sind mit Fehlern behaftet, große Anzahlen unterliegen unkontrollierbaren Schwankungen. Selbst bei Zahlen, die sich prinzipiell exakt ermitteln lassen, muss man sich manchmal fragen, inwieweit eine genaue Angabe überhaupt sinnvoll ist. Wenn man Berechnungen durchführt, muss man prüfen, welche Stellen des Ergebnisses etwas aussagen; gerade im Zeitalter des Taschenrechners, der immer gleich viele Stellen liefert, gewinnen solche Überlegungen an Bedeutung.

Prinzip: *Die mögliche, sinnvolle oder erforderliche Genauigkeit von Zahlenangaben ist* <u>*kontextabhängig*</u>.

Gefährlicher noch als zu ungenaue Zahlen sind zu genaue Zahlen. Denn die Ungenauigkeit ist offensichtlich, während man einer scheinbar genauen Angabe oberflächlich nicht ansehen kann, welche Dezimalstellen denn etwas aussagen und welche mehr oder weniger dem Zufall unterliegen. (Eine Fülle von schönen Beispielen zu dieser „Illusion der Präzision" enthält das 1. Kapitel von KRÄMER; darin zeigt er u.a., dass man sogar durch *bewusste* Übertreibung der Genauigkeit einen falschen Eindruck suggerieren, also Daten manipulieren kann.)

Einige Beispiele:

a) *Einwohnerzahlen*

„Dortmund hat 605 584 Einwohner", so die telefonische Auskunft des Presseamtes der Stadt Dortmund am 16. 4. 96. Diese Anzahl war mit Sicherheit zum Zeitpunkt des Anrufes schon wieder falsch, denn die Einwohnerzahl unterliegt natürlichen Schwankungen durch Umzug, Geburt und Tod:

(1) Eine Fluktuation von ± 300 *pro Tag* ist sicherlich möglich; wahrscheinlich gleichen sich aber Zu- und Abgänge stärker aus, so dass eine Schwankung der Anzahl von ± 50 realistisch erscheint. Man würde dann die Einwohnerzahl an einem festen Tag als 605 600 angeben.

(2) *Längerfristig*, etwa im Laufe eines Jahres, können erheblich größere Schwankungen auftreten, so dass eine Angabe von 606 000 sinnvoll erscheint.

(3) Als leicht zu merkende *Faustregel* gibt die Zahl 600 000 eine ausreichende Information über die Größe der Stadt.

Wie viele Stellen der Einwohnerzahl 605 584 sind also signifikant?

In (1): 4 Stellen   (auf Hunderter gerundet),

In (2): 3 Stellen   (auf Tausender gerundet),

In (3): 1 Stelle.

Als *signifikante Stellen (Ziffern)* einer Zahl bezeichnen wir vorläufig diejenigen Dezimalstellen (von links gezählt), die irgendeine Aussagekraft haben. Eine genaue Definition folgt später.

b) *Rechnen mit Größen*

– *Wie lang ist die Diagonale* d *eines Rechtecks mit den Seitenlängen* 1 *und* 2 ?
Hier heißt der Kontext „Geometrie", es ist keine reale Situation gegeben.

Pythagoras sagt $d = \sqrt{1^2 + 2^2} = \sqrt{5}$; der TR berechnet $\sqrt{5} \approx 2{,}2360679775$.

– *Wie lang ist die Diagonale* d *eines Rechtecks mit den Seitenlängen* 1 m *und* 2 m ?
Die Maßeinheiten deuten an, dass eine reale Situation gemeint sein *könnte*. Berechnet man $\sqrt{5}$ wie oben, so hat man d auf Nanometer genau angegeben, was sicher übertrieben ist. Eine sinnvolle Angabe wäre 2,236 m (auf Millimeter genau); damit wären wohl die meisten realen Probleme zu dieser Aufgabe lösbar.

– *Passt eine* 2,20 m *breite Platte durch einen* 1×2 m *großen Türrahmen?*
Für diese konkrete Frage reicht sogar der Überschlag $2{,}20^2 = 4{,}84 < 5$, also $2{,}20 < d$, um zu wissen, dass man einen Versuch wagen kann.

Selbst kleine Varianten der Fragestellung wirken sich auf den Sinn (oder Unsinn) der Genauigkeit von Zahlenangaben aus. Rechnet man mit Größen, so ist eine kritische Prüfung der Ergebnisse *immer* angesagt. Selten sind die Anforderungen so offensichtlich wie z.B. bei Geldbeträgen (maximal 2 Nachkommastellen), und selbst in diesem Kontext wird man sich nicht immer als „Pfennigfuchser" präsentieren. Was der TR angibt, ist meistens zu genau; in der Regel muss man eine Auswahl treffen. Man sollte vielleicht die Ergebnisse von TR-Berechnungen nicht als „richtig" verstehen, sondern als *Angebot* („nimm dir so viele Stellen, wie du brauchst").

(Vgl. auch die Überlegungen in 0.1, wie man mit π umgehen kann.)

c) *Entfernung Erde - Mond*

Eine Faustregel gibt an: 400 000 km. In Tabellen wird 384 400 km angegeben, jedoch ausdrücklich als *mittlere* Entfernung, denn die Bahn des Mondes um die Erde ist (grob gesagt) elliptisch. Außerdem muss man hier bereits berücksichtigen, dass wohl die Entfernung der *Mittelpunkte* von Erde und Mond gemeint ist. Eine noch genauere Angabe, etwa auf km genau, würde die Frage nach sich ziehen, wo denn diese Mittelpunkte liegen und wie man sie so genau bestimmt. Technisch ist die Entfernung eines festen Mondpunktes von einem festen Erdpunkt zu einem festen Zeitpunkt vielleicht auf $\pm 1\text{m}$ genau bestimmbar. Man muss sich aber fragen: Was bedeutet diese Angabe?

d) *Energiesparen:*

Wenn jeder Einwohner von Deutschland täglich 1 kWh elektrische Energie einsparen würde (eine nicht unrealistische Vorstellung), dann würde das bei 80 Millionen Einwohnern eine Ersparnis von $80 \cdot 10^6$ kWh pro Tag ausmachen. Das würde einer Kraftwerks-Leistung von

$$\frac{80 \cdot 10^6 \text{ kWh}}{24 \text{ h}} \approx 3 \cdot 10^6 \text{ kW}$$ entsprechen, also ca. 3000 MW . Das ist mehr als die Leistung des größten deutschen Kernkraftwerks. (Ob das viel oder wenig ist, hängt vom Standpunkt ab; man müsste wohl noch diese Zahl mit dem Gesamtverbrauch vergleichen.)

Hier kommt es darauf an, per *Überschlagsrechnung* mit den *Größenordnungen* umzugehen, um die Zahlen zueinander in Beziehung zu setzen.

Für den praktischen Umgang mit Zahlen unterscheiden wir also verschiedene Grade der Genauigkeit:

	Anzahl signifikanter Stellen	Art des Umgangs
Größenordnung	0 (nur Zehnerpotenzen)	Rechnen mit Zehnerpotenzen
Faustregel	1 - 2	Kopfrechnen
geringe Genauigkeit	2 - 4	schriftlich / TR
mittlere Genauigkeit	5 - 9	TR und
hohe Genauigkeit	10 - 16	Computer

Noch höhere Genauigkeit ist manchmal auch von Interesse, in der Praxis jedoch in aller Regel ohne Bedeutung. Welcher Grad jeweils sinnvoll ist, hängt vom Zweck der Zahlenangaben und von den verfügbaren Werkzeugen ab. (Beachten Sie, dass vor dem TR-Zeitalter in vielen Fällen die geringe Genauigkeit ausreichen musste, die man mit Rechenschiebern und Logarithmentafeln erzielte!)

Es gibt nun verschiedene Arten, die Genauigkeit zu beschreiben bzw. Fehler zu messen. Im folgenden sei $\tilde{a}$ ein Näherungswert für die reelle Zahl a .

Der *absolute Fehler* Δa ist definiert als die Differenz von Näherungswert und exaktem Wert:

$$\Delta a = \tilde{a} - a \quad , \qquad \text{also} \qquad \tilde{a} = a + \Delta a \ .$$

(Δa kann auch negativ sein, sollte also nicht mit dem „Absolutbetrag des Fehlers" verwechselt werden.)

Im allgemeinen ist Δa nicht exakt bekannt, so dass man sich mit der Angabe einer *Fehlerschranke* begnügen muss:

Eine Zahl $\varepsilon > 0$ heißt *absolute Fehlerschranke* für a , wenn $|\Delta a| \le \varepsilon$.
Man verwendet häufig die Schreibweise

$$a = \tilde{a} \pm \varepsilon \ ,$$

mit der Bedeutung $\tilde{a} - \varepsilon \le a \le \tilde{a} + \varepsilon$, d.h. $\tilde{a}$ weicht um höchstens ε von a ab.

Beispiele: $\pi = 3{,}14 \pm 0{,}002$ heißt: $3{,}138 \le \pi \le 3{,}142$

            $E = 605\,600 \pm 300$ heißt: $605\,300 \le E \le 605\,900$

In der Regel ist $|\Delta a|$ viel kleiner als $|a|$ (Schreibweise: $|\Delta a| \ll |a|$); dennoch muss man damit rechnen, dass Δa die gleiche Größenordnung wie a haben kann, in diesem Fall hätte die Näherung $\tilde{a}$ überhaupt keine Aussagekraft mehr.

Absolute Fehler (-schranken) für verschiedene Zahlen sind höchstens dann miteinander vergleichbar, wenn die Zahlen gleiche Größenordnungen haben. Zum Vergleich von Genauigkeiten sind daher die *relativen Fehler* ein besseres Indiz.

Ist $a \ne 0$ eine reelle Zahl und $\tilde{a}$ eine Näherung für a , so heißt

$$r = \frac{\Delta a}{a} = \frac{\tilde{a} - a}{a}$$

der *relative Fehler* von $\tilde{a}$; es gilt also: $\tilde{a} = a\,(1+r)$.
r wird häufig in Prozent angegeben.

In der Regel ist $|\Delta a| \ll |a|$, daher auch $\tilde{a} \ne 0$; und dann gilt:

$$\frac{\Delta a}{\tilde{a}} \approx \frac{\Delta a}{a} = r$$

In diesem Regelfall macht es also kaum einen Unterschied, ob man den relativen Fehler bezüglich a oder bezüglich $\tilde{a}$ misst.

Wie beim absoluten Fehler definiert man hier eine *relative Fehlerschranke* als eine Zahl $\rho > 0$, für die gilt: $|r| \le \rho$. ρ kann ebenso wie r in Prozent angegeben werden.

Aus einer absoluten Fehlerschranke ε ergibt sich die relative Fehlerschranke

$$\rho = \frac{\varepsilon}{a} \quad \text{bzw. bei kleinen Fehlern} \ (\varepsilon \ll |a|) \quad \rho = \frac{\varepsilon}{\tilde{a}} \ .$$

Zur Angabe einer relativen Fehlerschranke kann man die Schreibweise

$$a = \tilde{a} \ (1 \pm \rho)$$

im Sinne von $\tilde{a} \ (1 - \rho) \leq a \leq \tilde{a} \ (1 + \rho)$ verwenden, jedoch nur für $\rho \ll 1$. Man sollte diesen Ausdruck auch nicht als arithmetischen Term verstehen, sondern als Schreib-Konvention, als Abkürzung für die genannte Ungleichungskette. (Schreibweisen der Form $a = \tilde{a} \pm x\%$ sind missverständlich, sollten deshalb strikt vermieden werden.)

Die Anzahl *signifikanter Stellen* gibt ein grobes Maß für den *relativen* Fehler an, sozusagen die *Größenordnung* des relativen Fehlers.

Es sei $a \neq 0$ eine reelle Zahl mit der Näherung $\tilde{a}$. Wir sagen, $\tilde{a}$ habe s signifikante Stellen (Ziffern), wenn der absolute Fehler weniger als 5 Einheiten in der $(s+1)$-ten Stelle beträgt. Die Stellen werden dabei ab der höchsten von Null verschiedenen Stelle gezählt, d.h. bei Zahlen mit $|a| < 1$ werden führende Nullen nicht mitgezählt.

Beispiele:

1. $a = \sqrt{2} = 1{,}4142135\ldots$

   Die geläufige dezimale Näherung ist $\tilde{a} = 1{,}4142$; der absolute Fehler beträgt weniger als $0{,}00005$, also sind alle 5 Ziffern dieser Näherung signifikant.

   Gute rationale Näherungen für $\sqrt{2}$ sind $\dfrac{17}{12} = 1{,}41666\ldots$ und $\dfrac{99}{70} = 1{,}414285714\ldots$

   Schreibe $\tilde{a}$ und Δa stellenrichtig untereinander.
   Ist die höchste Stelle $\neq 0$ von Δa kleiner als 5,
   so sind alle höheren Stellen von $\tilde{a}$ signifikant.
   Ist die höchste Stelle $\neq 0$ von Δa größer oder
   gleich 5, so ist die nächsthöhere Stelle von $\tilde{a}$ nicht mehr signifikant.

$\tilde{a}$	1,41666...	1,414285...
Δa	0,00245...	0,000072...
	3 sign. Stellen	4 sign. Stellen

   Beachten Sie: Im letzten Beispiel stimmen 5 Stellen von $\tilde{a}$ mit a überein, trotzdem ist die Ziffer 2 an der 5. Stelle nicht mehr signifikant.

2. $a = \dfrac{2\pi}{360} = 0{,}01745329\ldots$ ist die Länge des Bogens zum

   Winkel $1°$ auf dem Einheitskreis. Die Näherung $\tilde{a} = 0{,}0175$ hat 3 signifikante Stellen (die führenden Nullen werden nicht mitgezählt). Aber nur zwei Stellen von $\tilde{a}$ stimmen mit a überein.

$\tilde{a}$	0,0175
Δa	0,000046

3. Das Verfahren lässt sich ebenso anwenden, wenn nur eine *Schranke* für den absoluten Fehler bekannt ist.

Ist etwa $a = 606500 \pm 200$, so sind *mindestens* 3 Stellen von $\tilde{a} = 606500$ signifikant.

Ist jedoch $a = 606500 \pm 900$, so kann man nur sagen: Mindestens *zwei* Stellen von $\tilde{a}$ sind signifikant.

Es sei noch einmal betont, dass die Anzahl signifikanter Ziffern von $\tilde{a}$ nicht immer gleich der Anzahl übereinstimmender Ziffern von a und $\tilde{a}$ ist.

Aufgaben

1. Welche Genauigkeiten sind sinnvoll bei den folgenden Größenangaben?
   a) Entfernungen zwischen Orten
   b) Fläche eines Sees
   c) Fläche eines Grundstücks
   d) Maße von Wohnräumen / Wohnfläche eines Hauses
   Hier kommt es u.a. darauf an die Fragen zu präzisieren, etwa in a): Regional, national oder global? Luftlinie, Straßen-Entfernung oder ... ? Zu d) vgl. auch Aufg. 3.

2. Rechnen mit Größenordnungen:
   a) Der Legende nach verlangte ein schachbegeisterter Weiser vom König den folgenden Lohn für einen weisen Rat:
      1 Weizenkorn auf das erste Feld des Schachbretts, 2 Weizenkörner auf das zweite, 4 auf das dritte, usw. immer doppelt so viele auf das nächste Feld.
      Der ahnungslose König stimmte zu. Wieviel Weizen hatte er zu liefern?
      Zum Vergleich: Die Weltjahresproduktion 1990 betrug 595 Mill. Tonnen.
      Schätzen Sie: Wieviel wiegt ein Weizenkorn?
   b) Um eine natürliche Zahl n auf Primzahleigenschaft zu testen, muss man alle Zahlen von 2 bis $\sqrt{n}$ durchprobieren, ob sie n teilen; wenn man darunter keinen Teiler findet, so ist n prim.
      Wie lange würde es dauern, eine 40-stellige Zahl als Primzahl zu entlarven, wenn man einen Computer benutzt, der 1000 Divisionen pro Sekunde ausführt?
      Solche Fragen der Faktorisierung großer Zahlen haben heutzutage durchaus praktische Bedeutung, nämlich für die Verschlüsselung geheimer Daten (RSA-Verfahren). Es gibt natürlich raffiniertere Verfahren als das obige, aber irgendwann scheitern auch diese.

3. Wie groß ist die Fläche eines Zimmers im Rohbau (vor dem Verputzen) und im fertigen
   Zustand, wenn der Putz 2 cm dick aufgetragen ist? Berechnen Sie den absoluten und den
   relativen Unterschied
   – für ein kleines Zimmer, mit 2×3 m Wohnfläche,
   – für ein mittleres Zimmer, mit 3×4 m Wohnfläche,
   – für ein großes Zimmer, mit 5×7 m Wohnfläche.
   (Übrigens wird die Wohnfläche *nach* dem Verputzen, aber *ohne* Fußleisten gemessen.)
   Schätzen Sie ab: Wie groß wird bei einer 4-Zimmer-Wohnung der Unterschied sein?

4. Die folgenden Brüche bzw. Dezimalbrüche sind als Näherungen für π geläufig:

$$\frac{22}{7} \; ; \; \frac{333}{106} \; ; \; \frac{355}{113} \; ; \; 3,14 \; ; \; 3,1416$$

   Wie genau sind die Näherungen jeweils (absolute und relative Fehler)?
   Wie viele signifikante Stellen haben sie?
   (Benutzen Sie zum Vergleich den TR-Wert für π .)

1.2 Intervallrechnung

Zahlen, die als Ausgangswerte für Berechnungen verwendet werden, können mit Ungenauig-
keiten verschiedener Herkunft behaftet sein (Messfehler, Unschärfe bei statistischen Daten,
Ergebnisse vorheriger ungenauer Berechnungen, Irrtümer usw.). An diesen Fehlern kann man
im Prinzip nichts ändern, aber man kann ihre Konsequenzen untersuchen: Wie wirken sie sich
im Laufe einer Rechnung aus?

Ehe wir dieses Problem der *Fehlerfortpflanzung* systematisch untersuchen, sei hier ein Prinzip
formuliert, das oftmals mißachtet wird:

Das Ergebnis einer Rechnung kann nicht genauer sein als die Eingabedaten.

Das muss natürlich genauer formuliert werden. Zunächst soll dies aber so stehenbleiben in dem
Sinne, dass man den Inhalt eines Weinfasses nicht auf mm^3 genau berechnen sollte. Zuviel
Präzision ist sinnlos.

Bei nicht zu komplexen Termen gibt es eine elementare aber wirkungsvolle Methode, für das
Ergebnis eine Fehlerschranke anzugeben, wenn für die Eingabedaten Fehlerschranken bekannt
sind, nämlich die *Intervallrechnung*. Ein Beispiel:

Ein quaderförmiger Goldbarren habe die Maße $60 \times 40 \times 24$ mm (Länge $\times$ Breite $\times$ Höhe). Misst man mit einem Zollstock, beträgt der Ablesefehler $\pm 0,5$ mm . Für das Volumen V lässt sich also ein größtmöglicher und ein kleinstmöglicher Wert ausrechnen:

$$V_{max} = 68,5 \cdot 40,5 \cdot 24,5 \text{ mm}^3 = 67969 \text{ mm}^3 = 67,97 \text{ cm}^3$$
$$V_{min} = 67,5 \cdot 39,5 \cdot 23,5 \text{ mm}^3 = 62657 \text{ mm}^3 = 62,65 \text{ cm}^3$$

(V_{min} wurde sicherheitshalber abgerundet). Also ist

$$V = 65,3 \pm 2,7 \text{ cm}^3 \; ,$$

wobei der Näherungswert für V als arithmetisches Mittel von V_{min} und V_{max} berechnet wurde.

Mehr Nachkommastellen im Endergebnis anzugeben, ist wegen der großen Fehlerschranke kaum sinnvoll; rechnet man allerdings weiter, kann eine Stelle mehr von Vorteil sein:

Der Barren wird nun gewogen; man liest ab: Die Masse beträgt $M = 1070$ g mit einer Ungenauigkeit von ± 5 g (die sprichwörtliche „Goldwaage" scheint es also nicht zu sein!).

Für die Dichte $D = \dfrac{M}{V}$ des Materials kann man ebenso einen größten und kleinsten Wert bestimmen, wobei allerdings D maximal ist, wenn M maximal und V *minimal* ist (und umgekehrt):

$$D_{max} = \frac{M_{max}}{V_{min}} = \frac{1075 \text{ g}}{62,65 \text{ cm}^3} = 17,16 \text{ g/cm}^3 \; ;$$

$$D_{min} = \frac{M_{min}}{V_{max}} = \frac{1065 \text{ g}}{67,97 \text{ cm}^3} = 15,66 \text{ g/cm}^3 \; ;$$

Also ist $D = 16,41 \pm 0,75$ g/cm^3 oder gerundet $D = 16,4 \pm 0,8$ g/cm^3 .
Für Gold gilt allerdings $D = 19,3$ g/cm^3 ; dieser Wert liegt deutlich oberhalb des berechneten Intervalls, also kann es sich bei dem Metall nicht um reines Gold handeln.

Würde man die Maße des Quaders mit einer Schublehre bestimmen, ließe sich eine Genauigkeit von $\pm 0,1$ mm erzielen; entsprechend könnte man mit einer genaueren Waage das Gewicht auf ± 1 g genau bestimmen. Für diese neuen Grenzen müsste man jetzt die Intervallrechnung erneut durchführen (man sollte die Ergebnisse dann auch um eine Stelle genauer angeben). Allerdings könnte man auch wie folgt schließen: Wenn die Genauigkeit der Messungen auf das Fünffache gesteigert wird, müsste auch die Genauigkeit des Ergebnisses auf das Fünffache steigen. In manchen Fällen kann man diese Überlegung durchaus rechtfertigen (vgl. Abschnitt 1.5).

Bei dem Verfahren der Intervallrechnung sind also die Eingabedaten durch Intervalle gegeben, und für das Ergebnis wird ebenfalls ein Intervall bestimmt. Man muss darauf achten, dass zur

Berechnung des maximalen bzw. minimalen Wertes die Grenzen der Eingabedaten *passend* eingesetzt werden. Also Vorsicht bei Quotienten und Differenzen; auch bei Funktionsauswertungen ist zu prüfen, ob die Funktion an der betreffenden Stelle wachsend oder fallend ist.

Diese Technik benötigt wenig theoretischen Aufwand und ist für einfache Berechnungen (mit TR!) gut geeignet. Für komplexere Rechnungen wird sie mit dem TR zu langwierig. Wenn man allerdings die Intervallrechnung *automatisiert*, kann man mit diesem einfachen Prinzip auch bei aufwendigen Berechnungen zuverlässige Ergebnisse erzielen. Zu diesem Zweck ist für den Bereich des wissenschaftlichen Rechnens die Programmiersprache PASCAL-XSC[1] entwickelt worden (vgl. KULISCH); ebenso gibt es Computer-Algebra-Systeme, die Intervallrechnung ermöglichen.

Aufgaben

1. Ein Stück Aluminiumrohr wurde wie folgt ausgemessen:

Außendurchmesser	$d_a = 22{,}0 \pm 0{,}1$ mm	(Messgerät: Schublehre)
Innendurchmesser	$d_i = 20{,}3 \pm 0{,}1$ mm	(Messgerät: Schublehre)
Länge	$L = 305 \pm 0{,}5$ mm	(Messgerät: Zollstock)
Masse	$M = 50 \pm 0{,}5$ g	(Messgerät: Briefwaage)

   a) Bestimmen Sie daraus mit Intervallrechnung die Dichte von Aluminium.

   b) Berechnen Sie die relativen Fehlerschranken für die gemessenen Werte und für das Ergebnis.

2. Eine Buchenholzkugel mit einem Durchmesser von $44 \pm 0{,}5$ mm hat eine zentrale Bohrung von $8{,}0 \pm 0{,}2$ mm Durchmesser und $22 \pm 0{,}5$ mm Tiefe. Sie wiegt $34{,}0 \pm 0{,}5$ g. Wie groß ist die Dichte von Buchenholz? (Hier auch Intervallrechnung!)

3. Beim Besuch eines Aussichtsturmes wurde die Falldauer eines kleinen Steines zu $\tilde{t} = 2{,}6$ s gestoppt. Die Messgenauigkeit für die Zeit wird mit $0{,}1$ s angesetzt, so dass also die Fallzeit $t = 2{,}6 \pm 0{,}1$ s beträgt.

   Aus der Falldauer t und der Erdbeschleunigung $g = 9{,}81$ ms^{-2} kann man die Höhe H des Turms bestimmen: $H = \dfrac{1}{2} g t^2$.

   a) Wie genau ist die Höhe des Turms bestimmbar? Berechnen Sie ein Intervall für H. Berücksichtigen Sie dabei auch, dass der Zahlenwert 9,81 für g gerundet ist, also mit einem Fehler von $\pm 0{,}005$ behaftet ist.

   b) Wie genau müßte man die Zeit messen, um die Höhe des Turms auf $\pm 0{,}5$ m genau zu bestimmen?

---

[1] PASCAL for eXtended Scientific Computation

c) In der gestoppten Zeit ist auch noch die Laufzeit des Schallsignals von der Erde bis zur Turmspitze enthalten. Man begeht also einen systematischen Fehler, wenn man diese Zeit einfach zur Falldauer hinzurechnet. Ist der Fehler erheblich? Wenn ja, versuchen Sie ihn auf einfache Weise zu korrigieren!

4. Ein Radrennfahrer fährt

   die 1. Etappe von $s_1 = 123$ km Länge in der Zeit $t_1 = 2h\ 30min$;

   die 2. Etappe von $s_2 = 225$ km Länge in der Zeit $t_2 = 4h\ 10min$.

Die absoluten Fehlerschranken seien

   $\varepsilon_s = 0,5$ km für s_1 und s_2 sowie $\varepsilon_t = 1$ min für t_1 und t_2 .

Berechnen Sie absolute Fehlerschranken für

(i) die (mittleren) Geschwindigkeiten v_1 bzw. v_2 auf den beiden Etappen:

(ii) die mittlere Geschwindigkeit v auf der Gesamtstrecke!

5. Die Koeffizienten p, q der quadratischen Gleichung $x^2 - 10x + 3$ seien mit einem absoluten Fehler von maximal $0,1$ bzw. $0,2$ behaftet, d.h. $p = -10 \pm 0,1$ und $q = 3 \pm 0,3$. Bestimmen Sie bestmögliche Fehlerschranken für die Lösungen x_1 und x_2 aus der pq-Formel mit Hilfe von Intervallrechnung!

1.3   Gleitkommadarstellung, Rundungsfehler

TR und Computer rechnen im allgemeinen mit einer festen Stellenzahl, und zwar in einer

Gleitkomma-Darstellung mit Zehnerexponenten (vgl. Tabelle, mit dem TI-85 erstellt; die Ergebnisse sind hier 12-stellig). Die ersten drei Zeilen zeigen plastisch, was „Gleitkomma" bedeutet. Der Zehner-Exponent wird nicht immer explizit angegeben, sondern nur bei sehr großen und sehr kleinen Zahlen.

Eingabe	Anzeige[1]
1,5^10	57,6650390625
1,5^20	3325,25673008
1,5^50	637621500,214
1,5^100	4,06561177535E17
0,5^100	7,88860905221E-31

Allgemein kann man jede reelle Zahl a darstellen durch Vorzeichen, Mantisse m und Zehnerexponenten e :

   $$a = \pm m \cdot 10^e \qquad \text{mit } m \in \mathbf{R},\ 1 \le m < 10 \ \text{ und } \ e \in \mathbf{Z}$$

Rundet man die Dezimalbruchentwicklung von m auf eine vorgegebene Länge von s Stellen

---

[1] Die TR-Anzeige schreibt üblicherweise einen Dezimal-*Punkt* (die englische Konvention). Wir schreiben trotzdem ein Komma.

(s–1 Nachkommastellen), so erhält man die *s-stellige Gleitkommadarstellung* von a :

$$\tilde{a} = \pm \tilde{m} \cdot 10^e$$

Für die *Rundung* auf s Stellen verwenden wir hier und im Folgenden die übliche Regel:
- Ist die nächste Ziffer kleiner als 5 , so wird abgeschnitten;
- beträgt sie mindestens 5 , so wird aufgerundet (s-te Ziffer um 1 erhöht).

Beispiele von 3-stelligen Gleitkommazahlen:

a	$\tilde{a}$	absoluter Fehler $\approx$	relativer Fehler $\approx$
$\pi = 3{,}1415926535...$	3,14	–0,0016	–0,00051
$22/7 = 3{,}14285714...$	3,14	–0,0028	–0,00089
$\sqrt{2} = 1{,}4142135...$	1,41	–0,0042	–0,0030
$\sqrt{20000} = 141{,}2135..$	$141 = 1{,}41 \cdot 10^2$	–0,42	–0,0030
605 584	$606\,000 = 6{,}06 \cdot 10^5$	416	0,0002
0,01745329	$0{,}0175 = 1{,}75 \cdot 10^{-2}$	0,000047	0,0027

Auch wenn der Zehnerexponent nicht explizit hingeschrieben wird (vgl. die letzten drei Beispiele), gilt die jeweilige Näherung als 3-stellige Gleitkommazahl; bei großen Zahlen wird dann implizit angenommen, dass die End-Nullen nicht exakt gelten, sondern gerundet sind.

Welcher Fehler entsteht nun bei der Rundung (vgl. Tabelle)? Der *absolute* Fehler hängt natürlich von der Größenordnung von a ab, sagt deshalb wenig aus. Der *relative* Fehler ist dagegen beschränkt:

Der absolute Fehler in der *Mantisse* m beträgt bei s-stelliger Rechnung höchstens 5 Einheiten in der nächstkleineren Stelle, d.h. in der s-ten Nachkommastelle:

$$m = \tilde{m} \pm 5 \cdot 10^{-s}$$

Also ist

$$|a| = m \cdot 10^e = (\tilde{m} \pm 5 \cdot 10^{-s}) \cdot 10^e = |\tilde{a}| \pm 5 \cdot 10^{-s} \cdot 10^e \, ,$$

d.h. die absolute Fehlerschranke beträgt $\varepsilon = 5 \cdot 10^{-s+e}$.

Für den relativen Fehler r gilt daher:

$$|r| \leq \frac{\varepsilon}{|a|} = \frac{5 \cdot 10^{-s+e}}{m \cdot 10^e} = \frac{5}{m} \cdot 10^{-s} \leq 5 \cdot 10^{-s}$$

Die relative Fehlerschranke $\rho = 5 \cdot 10^{-s}$ ist also von a unabhängig. Im Mittel liegt der relative Rundungsfehler jedoch in der Größenordnung von 10^{-s} ; die Abschätzung nimmt den ungünstigsten Fall m = 1 an.

Rechnen mit Rundungsfehlern (*Gleitkomma-Arithmetik*):

> *Bei s-stelliger Rechnung wird <u>nach jeder Rechenoperation</u> das Ergebnis auf s Stellen gerundet, also auch jedes Zwischenergebnis.*

Die Grundoperationen $+,-,\cdot,/$ werden erst mit mehr Stellen ausgeführt und dann gerundet. Einfache Funktionsauswertungen wie die Quadratwurzel gelten in diesem Sinne auch als Grundoperation.

Das hat zur Folge, dass die üblichen Rechengesetze, also Kommutativ-, Assoziativ- und Distributivgesetz, nur noch eingeschränkt gelten. Algebraisch äquivalente Terme können mit Gleitkomma-Arithmetik unterschiedliche Ergebnisse liefern. Zwei Beispiele mit 3-stelliger Rechnung:

a) $(11{,}7 + 1{,}84) + 2{,}43 \;=\; 13{,}5 + 2{,}43 \;=\; 15{,}9$

      $11{,}7 + (1{,}84 + 2{,}43) \;=\; 11{,}7 + 4{,}27 \;=\; 16{,}0$

Der exakte Wert ist $15{,}97$, gerundet $16{,}0$. Die zweite Rechnung liefert also ein besseres Ergebnis. Hier ist es besser, erst die kleinen Zahlen zu addieren, da die absoluten Fehler dabei in der gleichen Größenordnung liegen.

b) $8{,}70^2 - 0{,}220^2 \;=\; 75{,}7 - 0{,}0484 \;=\; 75{,}7$

      $(8{,}70 + 0{,}220) \cdot (8{,}70 - 0{,}220) \;=\; 8{,}92 \cdot 8{,}48 \;=\; 75{,}6$

Exakt ergibt sich $75{,}6416$, gerundet $75{,}6$. In der ersten Rechnung wird beim Quadrieren der Subtrahend so klein, dass er in der Differenz gar nicht mehr berücksichtigt wird.

Die Abweichungen sehen hier noch harmlos aus. Im Laufe langer Rechnungen können sich aber die Rundungsfehler anhäufen, und die Auswirkungen können katastrophal sein.

Hierzu ein längeres Beispiel, nämlich die ***Berechnung von*** π aus den Seiten regelmäßiger Polygone, die dem Einheitskreis einbeschrieben werden.
(Die Idee stammt von Archimedes, aber die hier durchgeführte Rechnung ist etwas anders als im Original; vgl. Abschnitt 0.2.)

Das regelmäßige n-Eck im Einheitskreis habe die Seitenlänge s_n ; dann gilt für den Umfang u_n :

$$u_n = n \cdot s_n < 2\pi \;, \qquad \lim_{n\to\infty} u_n = 2\pi \;.$$

Bekanntlich hat das Sechseck die Seitenlänge $s_6 = 1$, und

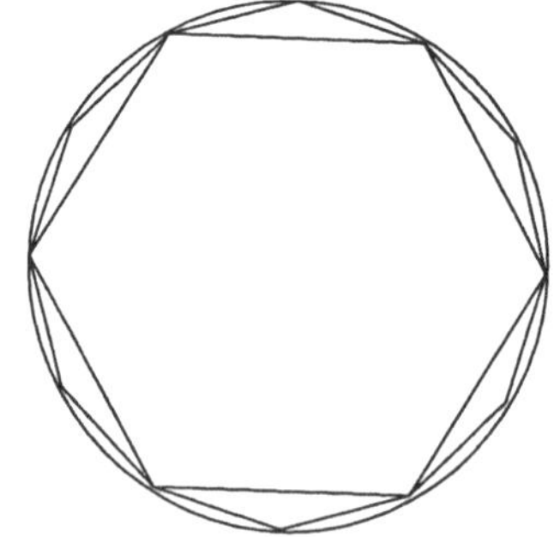

Sechseck und Zwölfeck im Einheitskreis

wir werden jeweils durch Verdopplung der Eckenzahl aus s_n die Seite s_{2n} berechnen, so dass man aus der Folge s_6 , s_{12} , s_{24} , ... immer bessere Näherungen für π erhält:

$$\pi \approx \frac{u_n}{2} = \frac{n \cdot s_n}{2} \ .$$

In der folgenden Skizze sei AB eine Seite des n-Ecks (Länge s_n); C halbiert den Bogen AB , also sind AC und BC Seiten des 2n-Ecks (Länge s_{2n}). AM , BM , CM sind Radien mit der Länge 1 . CM steht senkrecht auf AB .

Ist s_n bekannt, so kann man im Dreieck AMD die Kathete MD mit dem Satz des Pythagoras ausrechnen:

$$MD = \sqrt{1 - AD^2} = \sqrt{1 - \left(\frac{s_n}{2}\right)^2}$$

Wegen $DC = 1 - MD$ gilt dann (Pythagoras im $\triangle ADC$):

$$AC^2 = AD^2 + DC^2 = AD^2 + (1 - MD^2)$$

$$s_{2n}{}^2 = \left(\frac{s_n}{2}\right)^2 + 1 - 2\sqrt{1 - \left(\frac{s_n}{2}\right)^2} + 1 - \left(\frac{s_n}{2}\right)^2$$

$$s_{2n}{}^2 = 2 - 2\sqrt{1 - \left(\frac{s_n}{2}\right)^2} = 2 - \sqrt{4 - s_n{}^2}$$

(*) $$\boxed{\ s_{2n} = \sqrt{2 - \sqrt{4 - s_n{}^2}}\ }$$

Das ist eigentlich die gesuchte Formel, mit der man aus s_n das nächste Folgenglied s_{2n} berechnen kann. Jedoch greift man besser auf die Darstellung $s_{2n}{}^2 = 2 - \sqrt{4 - s_n{}^2}$ zurück, berechnet also rekursiv die *Quadrate* der Folgenglieder. Damit werden überflüssige Operationen vermieden, denn die äußere Quadratwurzel in (*) wird im nächsten Schritt durch Quadrieren gleich wieder aufgehoben.

Mit 3-stelliger Arithmetik ergibt sich die folgende Tabelle mit dem Startwert $s_6{}^2 = 1$, ergänzt um die daraus resultierenden Näherungen $\pi \approx n\sqrt{s_{2n}{}^2}$:

n	$s_n{}^2$	$4 - s_n{}^2$	$\sqrt{4 - s_n{}^2}$	$2 - \sqrt{4 - s_n{}^2}$ $= s_{2n}{}^2$	$\sqrt{s_{2n}{}^2} = s_{2n}$	$n\, s_{2n} \approx \pi$
6	1	3	1,73	0,27	0,52	3,12
12	0,27	3,73	1,93	0,07	0,265	3,18
24	0,07	3,93	1,98	0,02	0,141	3,38
48	0,02	3,98	1,99	0,01	0,1	4,8
96	0,01	3,99	2	0	0	0

Das Verfahren bricht nach 4 Schritten zusammen; Verbesserungen durch weitere Folgenglieder sind offenbar nicht mehr zu erwarten. Die Näherungen für π sind selbst mit Rücksicht auf die 3-stellige Darstellung unbrauchbar.

Der Grund liegt darin, dass in der 5. Spalte zwei ungefähr gleich große Zahlen subtrahiert werden; bei größeren n liegt die Differenz in der Größenordnung des Rundungsfehlers der Operanden. Dieses Phänomen nennt man *Auslöschung signifikanter Ziffern* oder kurz *Subtraktionskatastrophe*. Auffällig ist, dass das Ergebnis der Subtraktion (Spalte 5) ab der 2. Zeile eigentlich nur noch eine einzige Ziffer hat.

Abhilfe bietet eine algebraische Umformung, die die Subtraktion ungefähr gleichgroßer Zahlen vermeidet, nämlich eine geschickte Erweiterung:

$$s_{2n}^2 \;=\; \frac{(2-\sqrt{4-s_n^2})(2+\sqrt{4-s_n^2})}{2+\sqrt{4-s_n^2}} \;=\; \frac{4-(4-s_n^2)}{2+\sqrt{4-s_n^2}} \;=\; \frac{s_n^2}{2+\sqrt{4-s_n^2}}$$

Die analoge Tabelle mit 3-stelliger Rechnung sieht nun folgendermaßen aus:

n	s_n^2	$4-s_n^2$	$\sqrt{4-s_n^2}$	$2+\sqrt{4-s_n^2}$	$s_n^2/(2+\sqrt{4-s_n^2}) = s_{2n}^2$	$\sqrt{s_{2n}^2} = s_{2n}$	$n\,s_{2n} \approx \pi$
6	1	3	1,73	3,73	0,268	0,518	3,11
12	0,268	3,73	1,93	3,93	0,0682	0,261	3,13
24	0,0682	3,93	1,98	3,98	0,01781	0,131	3,14
48	0,0171	3,98	1,99	3,99	0,00429	0,0655	3,14
96	0,00429	4	2	4	0,00107	0,0327	3,14

Die Auslöschung wird vermieden; die Näherung für π bleibt schon ab n = 48 mit allen 3 Stellen stabil. Typisch ist, dass s_n^2 immer 3 signifikante Stellen hat.

Das Phänomen tritt bei beschränkter Stellenzahl *immer* auf, nicht nur bei 3-stelliger Rechnung. Die folgende Tabelle, mit Excel erstellt, führt dieselben Verfahren mit 15-stelliger Gleitkommarechnung aus. (Die Folgenglieder s_n^2 werden nicht mit allen Stellen angegeben, gerechnet wird jedoch durchgehend mit maximaler Stellenzahl).

Schritt	n	s_n^2 (1. Art)	$\pi \approx n\,s_n/2$	s_n^2 (2. Art)	$\pi \approx n\,s_n/2$
0	6	1	3,00000000000000	1	3,00000000000000
1	12	0,267949192	3,10582854123025	0,267949192	3,10582854123025
2	24	0,068148347	3,13262861328124	0,068148347	3,13262861328124
3	48	0,017110277	3,13935020304687	0,017110277	3,13935020304687
4	96	0,004282154	3,14103195089053	0,004282154	3,14103195089051
5	192	0,001070825	3,14145247228534	0,001070825	3,14145247228546
6	384	0,000267724	3,14155760791162	0,000267724	3,14155760791186
7	768	6,69322E-05	3,14158389214894	6,69322E-05	3,14158389214832

8	1536	1,67331E-05	3,14159046323676	1,67331E-05	3,14159046322805
9	3072	4,18328E-06	3,14159210604305	4,18328E-06	3,14159210599927
10	6144	1,04582E-06	3,14159251658815	1,04582E-06	3,14159251669216
11	12288	2,61455E-07	3,14159261864079	2,61455E-07	3,14159261936538
12	24576	6,53638E-08	3,14159264532122	6,53638E-08	3,14159264503369
13	49152	1,6341E-08	3,14159264532122	1,6341E-08	3,14159265145077
14	98304	4,08524E-09	3,14159264532122	4,08524E-09	3,14159265305504
15	196608	1,02131E-09	3,14159264532122	1,02131E-09	3,14159265345610
16	393216	2,55327E-10	3,14159230381174	2,55327E-10	3,14159265355637
17	786432	6,38318E-11	3,14159230381174	6,38318E-11	3,14159265358144
18	1572864	1,59579E-11	3,14158683965504	1,5958E-11	3,14159265358770
19	3145728	3,98948E-12	3,14158683965504	3,98949E-12	3,14159265358927
20	6291456	9,97424E-13	3,14167426502176	9,97373E-13	3,14159265358966
21	1,3E+07	2,49356E-13	3,14167426502176	2,49343E-13	3,14159265358976
22	2,5E+07	6,23945E-14	3,1430727401700 4	6,23358E-14	3,14159265358979
23	5E+07	1,55431E-14	3,13747509950278	1,55839E-14	3,14159265358979
24	1E+08	3,9968E-15	3,18198051533946	3,89599E-15	3,14159265358979
25	2E+08	8,88178E-16	3,00000000000000	9,73997E-16	3,14159265358979
26	4E+08	2,22045E-16	3,00000000000000	2,43499E-16	3,14159265358979
27	8,1E+08	0	0,00000000000000	6,08748E-17	3,14159265358979
28	1,6E+09	0	0,00000000000000	1,52187E-17	3,14159265358979

In der 1. Version (mit Auslöschung; Spalten 3 und 4 der Tabelle) bricht das Verfahren nach 27 Schritten zusammen. Auffällig ist, dass sich die Werte zwischendurch sogar *stabilisieren*: Bei den Schritten 12 bis 15 ändert sich die Näherung für π nicht mehr; würde man also nur 15 Schritte weit rechnen, so könnte man annehmen, dass diese Näherung sich auch *weiterhin* nicht mehr ändert, d.h. dass alle Stellen gültig sind. Allerdings sind die letzten 7 Stellen falsch (der 12-stellige TR-Wert ist 3,14159265359)! Im weiteren Verlauf nehmen die Werte in Spalte 4 wieder ab, obwohl sie theoretisch zunehmen müßten, da der Umfang der n-Ecke monoton wächst. Im 12. Schritt hat man also den besten Wert erzielt, der mit diesem Verfahren bei 15-stelliger Rechnung möglich ist, mit nur 8 signifikanten Stellen.

In der 2. Version (ohne Auslöschung, Spalten 5 und 6) verhält sich die Folge der Näherungen für π erwartungsgemäß monoton steigend, und ab dem 22. Schritt ändert sich nichts mehr. Daraus sollte man allerdings *nicht* schließen, dass diese 15 Stellen gültig sind (siehe oben!). Der Vergleich mit der TR-Konstanten macht uns allerdings zuversichtlich; gleichwohl fehlt noch ein endgültiger Nachweis.

Eine ausführliche Diskussion der Rundungsfehler-Problematik findet man bei WILKINSON.

Aufgaben

1. a) Berechnen Sie die Lösungen x_1, x_2 der quadratischen Gleichung $x^2 - 12x + 1 = 0$ mit 3-stelliger Rechnung, und zwar

(1)   nach der üblichen pq-Formel,

(2) x_1 (die Lösung mit dem größeren Absolutbetrag) nach der pq- Formel und

$$x_2 = \frac{q}{x_1} \,, \quad \text{d.h. mit dem Satz von Vieta.}$$

b) Ebenso mit der Gleichung $x^2 - 26x + 1 = 0$.

c) Ebenso mit der Gleichung $x^2 + 6543210x + 2 = 0$, aber jetzt nicht mit 3-stelliger Rechnung, sondern mit der vóllen Genauigkeit Ihres Taschenrechners.

d) Wie groß ist in a) und b) jeweils der relative Fehler in x_1, x_2 mit 3-stelliger Rechnung nach (1) bzw. (2)? Berechnen Sie dazu die „exakten" Lösungen mit TR-Genauigkeit.

2. a) Berechnen Sie $f(x) = \ln(x - \sqrt{x^2 - 1})$ für $x = 10$, 20 und 30 mit vierstelliger Gleitkomma-Arithmetik (alle Zwischenergebnisse auf 4 Stellen runden!). Wie viele signifikante Stellen haben die Funktionswerte jeweils? (Zum Vergleich die Werte mit voller TR-Genauigkeit berechnen).

b) Formen Sie den Funktionsterm so um, dass er auch mit vierstelliger Rechnung vernünftige Werte ergibt.

3. Man möchte den Term (1) mit dem Näherungswert 1,4 für $\sqrt{2}$ berechnen. Man hat die Wahl, den Näherungswert entweder in den ursprünglichen Term oder in einen der folgenden äquivalenten Ausdrücke einzusetzen:

(1) $(\sqrt{2} - 1)^6$ (5) $\dfrac{1}{(\sqrt{2} + 1)^6}$

(2) $(3 - 2\sqrt{2})^3$ (6) $\dfrac{1}{(3 + 2\sqrt{2})^3}$

(3) $(5\sqrt{2} - 7)^2$ (7) $\dfrac{1}{(7 + 5\sqrt{2})^3}$

(4) $99 - 70\sqrt{2}$ (8) $\dfrac{1}{99 + 70\sqrt{2}}$

a) Wieso sind die Terme äquivalent?

b) Welcher Ausdruck führt mit $\sqrt{2} \approx 1,4$ zum besten Resultat?

4. Wie genau rechnet Ihr TR?

a) Man kann davon ausgehen, dass der TR intern mit mehr Stellen rechnet als er auf dem Display anzeigt. Machen Sie einen Test:

   – Berechnen Sie $1000000/7$ (was erscheint nach dem Komma?)

   – Subtrahieren Sie 142857 (was erscheint jetzt nach dem Komma?)

b) Welcher Exponenten-Bereich wird bei Ihrem TR abgedeckt? Berechnen Sie große und kleine Potenzen, bis er einen ERROR meldet. (Schafft er z.B. $2\text{\textasciicircum}1000$?)

1.4 Abbrechfehler

Noch einmal zur π-Berechnung nach 1.3:

Laut Theorie ist $\pi = \lim\limits_{n \to \infty} \dfrac{n \cdot s_n}{2}$. Wir bestimmten Näherungen für π, indem wir die Teilfolge

s_6 , s_{12} , s_{24} , ... genügend weit ausrechneten. Daraus ergeben sich praktische Fragen:
 — Wie genau ist die Näherung für π z.B. nach 10 Schritten (also für $n = 6144$)?
 — Wie weit muß man gehen, um π z.B. auf 10 Stellen genau zu bestimmen?

Der Fehler, der beim Abbrechen einer solchen Folge nach endlich vielen Schritten entsteht,
heißt *Abbrechfehler*. Das Problem ist, eine *Abschätzung* für den Abbrechfehler zu finden, denn
man muß davon ausgehen, dass der zu berechnende Grenzwert *unbekannt* ist. Selbst die Tatsa-
che, dass sich Dezimalstellen bei wachsendem n nicht mehr ändern, ist allenfalls ein *Indiz* für
die Signifikanz dieser Stellen, aber noch längst kein *Nachweis*. Man braucht weitere theoretische Untersuchungen, in diesem Fall etwa wie folgt:

Für den Umfang des *einbeschriebenen* regelmäßigen n-Ecks im Einheitskreis gilt:
$$u_n < 2\pi = \text{Umfang des Einheitskreises};\quad u_n < u_{2n}\ .$$
D.h. die Folge $u_6, u_{12}, u_{24}, ...$ ist monoton *wachsend*.

Es sei S_n die Seite des dem Einheitskreis *umbeschriebenen* n-Ecks, dann gilt für dessen Umfang $U_n = n \cdot S_n$:
$$U_n > 2\pi\ ;\quad U_n > U_{2n}\ .$$
D.h. die Folge $U_6, U_{12}, U_{24}, ...$ ist monoton *fallend*.

Der gesuchte Wert liegt *zwischen* den Folgengliedern; berechnet man also sowohl u_n
als auch U_n und stimmen diese Zahlen auf 10
Stellen überein, so kann man sicher sein, dass
diese 10 Stellen auch für den Grenzwert gelten.

Berechnung von S_n (und damit U_n):
In der Skizze sei $AB = s_n$, $PQ = S_n$; PQ ist
also die Seite des umbeschriebenen n-Ecks.
Nach dem Strahlensatz ist (mit $CM = 1$):

$$\frac{S_n}{s_n} = \frac{PQ}{AB} = \frac{CM}{DM} = \frac{1}{DM}$$

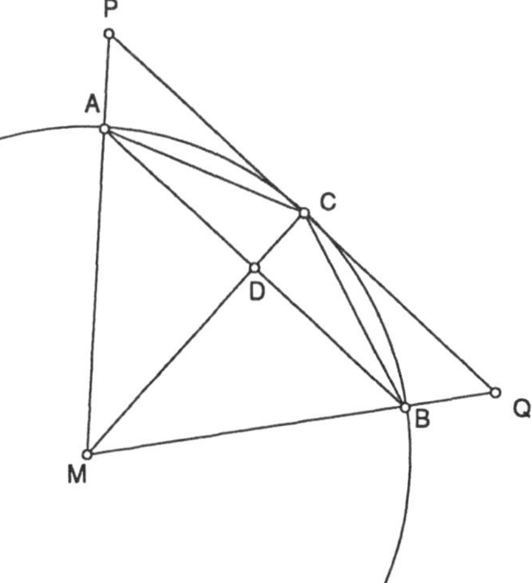

Aus $\ DM = \sqrt{AM^2 - AD^2} = \sqrt{1 - \left(\dfrac{s_n}{2}\right)^2}\ $ folgt: $\ S_n = \dfrac{s_n}{\sqrt{1 - \left(\dfrac{s_n}{2}\right)^2}}\ $.

Somit erhält man für jedes $n = 6, 12, 24, \ldots$ ein Intervall, in dem die gesuchte Zahl π mit Sicherheit liegt:

$$u_n/2 < \pi < U_n/2$$

Schritt	n	$s_n^{\,2}$	$\pi \approx u_n / 2$	$S_n^{\,2}$	$\pi \approx U_n / 2$
0	6	1	3,00000000000000	1,333333333	3,46410161513775
1	12	0,267949192	3,10582854123025	0,287187079	3,21539030917347
2	24	0,068148347	3,13262861328124	0,06932952	3,15965994209750
3	48	0,017110277	3,13935020304687	0,017183782	3,14608621513143
4	96	0,004282154	3,14103195089051	0,004286743	3,14271459964537
5	192	0,001070825	3,14145247228546	0,001071112	3,14187304997982
6	384	0,000267724	3,14155760791186	0,000267742	3,14166274705685
7	768	6,69322E-05	3,14158389214832	6,69333E-05	3,14161017660469
8	1536	1,67331E-05	3,14159046322805	1,67332E-05	3,14159703432153
9	3072	4,18328E-06	3,14159210599927	4,18329E-06	3,14159374877135
10	6144	1,04582E-06	3,14159251669216	1,04582E-06	3,14159292738510
11	12288	2,61455E-07	3,14159261936538	2,61455E-07	3,14159272203861
12	24576	6,53638E-08	3,14159264503369	6,53638E-08	3,14159267070200
13	49152	1,6341E-08	3,14159265145077	1,6341E-08	3,14159265786784
14	98304	4,08524E-09	3,14159265305504	4,08524E-09	3,14159265465931
15	196608	1,02131E-09	3,14159265345610	1,02131E-09	3,14159265385717
16	393216	2,55327E-10	3,14159265355637	2,55327E-10	3,14159265365664
17	786432	6,38318E-11	3,14159265358144	6,38318E-11	3,14159265360650
18	1572864	1,5958E-11	3,14159265358770	1,5958E-11	3,14159265359397
19	3145728	3,98949E-12	3,14159265358927	3,98949E-12	3,14159265359084
20	6291456	9,97373E-13	3,14159265358966	9,97373E-13	3,14159265359005
21	1,3E+07	2,49343E-13	3,14159265358976	2,49343E-13	3,14159265358986
22	2,5E+07	6,23358E-14	3,14159265358979	6,23358E-14	3,14159265358981
23	5E+07	1,55839E-14	3,14159265358979	1,55839E-14	3,14159265358980
24	1E+08	3,89599E-15	3,14159265358979	3,89599E-15	3,14159265358979
25	2E+08	9,73997E-16	3,14159265358979	9,73997E-16	3,14159265358979

Nach 10 Schritten stimmen die Intervallgrenzen auf 7 Stellen überein, also ist π auf 7 Stellen genau berechnet. Oder noch besser: Die Länge des Intervalls ergibt eine Abschätzung für den Abbrechfehler.

Die Folge der Intervalle bildet sogar eine *Intervallschachtelung* für π, d.h. die Intervall-

Längen $\delta_n = \dfrac{U_n - u_n}{2}$ konvergieren gegen 0. Untersucht man das Konvergenzverhalten von

δ_n genauer, so kann man allgemein vorhersagen, wie viele Rechenschritte man zum Erreichen einer vorgegebenen Genauigkeit durchführen muß. (Das setzt natürlich voraus, dass man die

Intervallgrenzen fehlerfrei berechnen kann, d.h. Rundungsfehler werden zunächst einmal vernachlässigt.)

Allgemein kann man die Konvergenz einer Folge (x_n) gegen einen unbekannten Grenzwert x so interpretieren, dass man x beliebig genau durch die Folgenglieder x_n approximieren kann: Für genügend große n ist $x_n \approx x$, und die Differenz $x_n - x$ ist der Abbrechfehler nach n Schritten. Da x nicht bekannt ist, hat man eine Abschätzung für $x_n - x$ zu suchen (wie, kann nur im Einzelfall entschieden werden). Stehen verschiedene Folgen mit dem gleichen Grenzwert zur Auswahl, so sind die unterschiedlichen *Konvergenzgeschwindigkeiten* von Interesse; das Verhalten von Folgen kann sehr unterschiedlich sein, und man möchte schließlich den gesuchten Wert mit möglichst wenig Aufwand möglichst genau berechnen.

Verwandt mit dem Abbrechfehler ist der *Diskretisierungsfehler*, der dadurch entsteht, dass man eine Kurve durch einen Polygonzug approximiert, etwa um das Integral einer Funktion f über einem Intervall $[a; b]$ zu berechnen (vgl. Kapitel 4) oder um eine Differentialgleichung $y' = f(x,y)$ numerisch zu lösen.

Aufgaben:

1. Analysieren Sie die obige Tabelle weiter:

a) Wie groß sind die absoluten Fehlerschranken für die Näherungen von π nach 5 , 10 , 15 ... Schritten? Wie groß wird sie vermutlich nach 50 Schritten sein (bei entsprechender Rechengenauigkeit)?

b) Nach wie vielen Schritten stimmen jeweils die Näherungen auf 3 , 6 , 9 ... Stellen überein? Wie viele Schritte würde man also (bei entsprechender Rechengenauigkeit) vermutlich für 30 Stellen brauchen?

1.5 Fehlerfortpflanzung in Termen

Es soll jetzt systematisch untersucht werden, wie sich Fehler im Laufe von Rechnungen auswirken, zunächst bei den *arithmetischen Operationen.*

Sind für die reellen Zahlen x, y die Näherungswerte $\tilde{x}$, $\tilde{y}$ bekannt, so hat man als
„natürliche" Näherungen für $x \pm y$, x·y, 1/x die entsprechenden Werte $\tilde{x} \pm \tilde{y}$, $\tilde{x} \cdot \tilde{y}$, $1/\tilde{x}$.

a) Für *Summen* gilt die Regel:
   Der <u>absolute</u> Fehler einer Summe ist gleich der Summe der <u>absoluten</u> Fehler.

Ist nämlich $\tilde{x} = x + \Delta x$ und $\tilde{y} = y + \Delta y$, so gilt:
$$\tilde{x} + \tilde{y} = (x + \Delta x) + (y + \Delta y) = (x + y) + (\Delta x + \Delta y)$$

Sinngemäß gilt das auch für Differenzen:
$$\tilde{x} - \tilde{y} = (x - y) + (\Delta x - \Delta y)$$
Sind nun x, y > 0 ungefähr gleich groß, so kann die Differenz $x - y$ die gleiche Größenordnung bekommen wie der absolute Fehler $\Delta x - \Delta y$ (beachten Sie, dass die Fehler entge-
gengesetzte Vorzeichen haben können!); dadurch kann der *relative* Fehler in der Differenz
so groß werden, dass das Ergebnis unbrauchbar ist. Dies ist das in Abschnitt 1.2 beschrie-
bene Phänomen der *Auslöschung signifikanter Stellen durch Subtraktion.* Ein Beispiel:

Zahl	Näherung (6-stellig)	absoluter Fehler $\approx$	relativer Fehler $\approx$
$x = 99/70 = 1{,}4142857...$	1,41429	$4{,}3 \cdot 10^{-6}$	$3{,}0 \cdot 10^{-6}$
$y = \sqrt{2} = 1{,}4142135...$	1,41421	$-3{,}6 \cdot 10^{-6}$	$-2{,}5 \cdot 10^{-6}$
$x - y = 0{,}000072159...$	0,00008	$7{,}8 \cdot 10^{-6}$	0,11

Die absoluten Fehler verhalten sich regelgerecht. Das hat hier zur Folge, dass der relative
Fehler um 5 Zehnerpotenzen wächst.

Für die *Fehlerschranke* einer Summe (Differenz) gilt die obige Regel ebenfalls. Denn wenn
ε_x, ε_y absolute Fehlerschranken für x, y sind, d.h. $|\tilde{x} - x| \leq \varepsilon_x$ und $|\tilde{y} - y| \leq \varepsilon_y$, dann gilt
wegen der Dreiecksungleichung:
$$|(\tilde{x} + \tilde{y}) - (x + y)| = |(\tilde{x} - x) + (\tilde{y} - y)| \leq |\tilde{x} - x| + |\tilde{y} - y| \leq \varepsilon_x + \varepsilon_y$$
Also ist $\varepsilon_x + \varepsilon_y$ eine absolute Fehlerschranke für $x + y$.

b) Beim *Multiplizieren* ist für den absoluten Fehler keine einfache Regel zu erwarten, denn

$$\tilde{x}\,\tilde{y} \;=\; (x + \Delta x)\,(y + \Delta y) \;=\; x\,y \;+\; (x\,\Delta y + y\,\Delta x + \Delta x\,\Delta y)$$

Sind Δx, Δy relativ klein gegenüber x und y, so ist das Produkt der Fehler vernachlässigbar, und es ist

$$\Delta(x\,y) \;\approx\; x\,\Delta y + y\,\Delta x \;;$$

der absolute Fehler hängt also wesentlich von der Größe der Faktoren ab. (Beachten Sie die Analogie zur Produktregel der Differentialrechnung!)

Betrachtet man jedoch die *relativen Fehler* $r_x = \dfrac{\Delta x}{x}$ und $r_y = \dfrac{\Delta y}{y}$, so ergibt sich daraus:

$$\frac{\Delta(x\,y)}{x\,y} \;\approx\; \frac{\Delta y}{y} + \frac{\Delta x}{x} \;=\; r_y + r_x$$

(Wir nehmen nach wie vor an, dass $|r_x|$, $|r_y| \ll 1$, also insbesondere $x, y \neq 0$.)
Somit gilt für **Produkte** die Regel:

> Der <u>relative</u> Fehler eines Produktes ist im Normalfall (bei kleinen Fehlern)
> ungefähr gleich der <u>Summe</u> der relativen Fehler der Faktoren.

Diese Regel gilt entsprechend auch für kleine relative *Fehlerschranken* ρ_x, ρ_y :
O.B.d.A. seien $x . y > 0$, und es gelte ρ_x, $\rho_y \ll 1$. Dann sind auch $\tilde{x}$, $\tilde{y} > 0$, und es gilt näherungsweise

$$\tilde{x}\,(1 - \rho_x) \;\leq\; x \;\leq\; \tilde{x}\,(1 + \rho_x)$$
$$\tilde{y}\,(1 - \rho_y) \;\leq\; y \;\leq\; \tilde{y}\,(1 + \rho_y)$$

(diese Interpretation hat nur dann einen Sinn, wenn ρ_x, $\rho_y \ll 1$; vgl. 1.2). Multipliziert man diese Ungleichungen und vernachlässigt die Summanden $\rho_x\,\rho_y$, so folgt

$$\tilde{x}\,\tilde{y}\,[\,1 - (\rho_x + \rho_y)\,] \;\leq\; x\,y \;\leq\; \tilde{x}\,\tilde{y}\,[\,1 + (\rho_x + \rho_y)\,]$$

Somit gilt näherungsweise:

$$\tilde{x}\,\tilde{y} \;=\; x\,y\,[\,1 \pm (\rho_x + \rho_y)\,]$$

c) Für *Reziproke* gilt folgendes:

$$\frac{1}{\tilde{x}} \;=\; \frac{1}{x(1 + r_x)} \;=\; \frac{1}{x}\cdot\frac{1}{1 + r_x}$$

Wenn jetzt wieder $r_x \ll 1$ ist, kann man $\dfrac{1}{1 + r_x}$ durch $1 - r_x$ approximieren, denn

$$\frac{1}{1 + r_x} \;=\; \frac{1}{1 + r_x}\cdot\frac{1 - r_x}{1 - r_x} \;=\; \frac{1 - r_x}{1 - r_x^{\,2}} \;\approx\; 1 - r_x \;,$$

weil $r_x^{\,2}$ im Nenner vernachlässigbar klein ist. Also ist $\dfrac{1}{\tilde{x}} \approx \dfrac{1}{x}\cdot(1 - r_x)$.

Somit gilt die Regel:

> Der _relative_ Fehler eines **Reziprokwertes** $1/x$ ist im Normalfall (bei kleinen Fehlern) ungefähr gleich dem relativen Fehler in x mit dem _umgekehrten Vorzeichen_.

Von einer relativen Fehler*schranke* für x ist demnach zu erwarten, dass sie für $1/x$ ungefähr gleich bleibt. In der Tat: Ist $x = \tilde{x}\,(1 \pm \rho)$ mit $\rho \ll 1$ (o.B.d.A. seien x, $\tilde{x} > 0$), d.h.

$$\tilde{x}\,(1 - \rho) \;\leq\; x \;\leq\; \tilde{x}\,(1 + \rho)$$

so kehren sich beim Übergang zu Reziproken die Ungleichungen um:

$$\frac{1}{\tilde{x}\,(1 + \rho)} \;\leq\; \frac{1}{x} \;\leq\; \frac{1}{\tilde{x}\,(1 - \rho)}$$

Wie oben folgt daraus, dass näherungsweise gilt:

$$\frac{1}{\tilde{x}}\,(1 - \rho) \;\leq\; \frac{1}{x} \;\leq\; \frac{1}{\tilde{x}}\,(1 + \rho)$$

D.h. ρ ist auch eine relative Fehlerschranke für $\dfrac{1}{x}$.

Für Terme, die ausschließlich „Punktrechnung" enthalten, gestaltet sich damit die Fehleranalyse in bezug auf den *relativen* Fehler besonders einfach. Als Beispiel greifen wir noch einmal die Berechnung der Dichte eines „Goldbarrens" aus Abschnitt 1.2 auf:

Die nebenstehende Tabelle gibt die Maße mit ihren absoluten und relativen Fehlerschranken an. Für die Dichte $D = \dfrac{M}{L \cdot B \cdot H}$ ergibt sich

Größe	gemessener Wert	rel. Fehlerschr.
Länge L	$68 \pm 0{,}5$ mm	0,0074
Breite B	$40 \pm 0{,}5$ mm	0,013
Höhe H	$28 \pm 0{,}5$ mm	0,021
Masse M	1070 ± 5 g	0,0047

mit den gemessenen Näherungswerten: $D = \dfrac{1070}{68 \cdot 40 \cdot 28}\ \text{g/mm}^3 \approx 16{,}4\ \text{g/cm}^3$. Nach den obigen Regeln ist die Summe der relativen Fehlerschranken von M, L, B, H eine relative Fehlerschranke für D :

$$\rho_D = \rho_M + \rho_L + \rho_B + \rho_H \approx 0{,}046$$

Daraus ergibt sich die absolute Fehlerschranke $\varepsilon_D = \rho_D \cdot D = 0{,}76\ \text{g/cm}^3$ (aufgerundet); dieser Wert stimmt im wesentlichen mit der Schranke überein, die in 1.2 mit Hilfe von Intervallrechnung bestimmt worden war.

Insoweit also nichts Neues. Man kann aber diese Fehleranalyse noch weiter interpretieren:

— Vergleicht man die Beiträge der einzelnen Messungen zur Gesamt-Fehlerschranke, so fällt auf, dass die Messung der Masse am wenigsten beiträgt, obwohl die Messgenauigkeit von ± 5g sehr grob erscheint. Tatsächlich beträgt aber der von der Masse stammende Fehler nur ca. 10% des Gesamtfehlers ($\rho_M/\rho_D = 0{,}0047 / 0{,}046 \approx 0{,}1$). Wenn man die Dichte also genauer bestimmen will, sollte man zuerst bei den Längenmessungen die Genauigkeit erhöhen.

— Steigert man die Genauigkeit der Längenmessungen auf $\pm\,0{,}1$ mm (Schublehre statt Zollstock), so sinken die zugehörigen relativen Fehlerschranken auf 1/5 ihrer Werte. Insgesamt ergibt sich dann mit etwas Kopfrechnen die neue Fehlerschranke für D :

$$\rho_D = 0{,}0015 + 0{,}0026 + 0{,}0042 + 0{,}0047$$
$$= \qquad 0{,}0083 \qquad\qquad + 0{,}0047 = 0{,}013$$

und damit $\varepsilon_D = 0{,}22$ g/cm^3 . Immer noch ist der Beitrag der drei Längenmessungen zum Gesamtfehler größer als der Beitrag der Massenmessung.

— Eine vorgegeben Genauigkeit von $\varepsilon_D = 0{,}1$ g/cm^3 bei der Dichte würde eine relative Fehlerschranke von maximal $\rho_D = \dfrac{\varepsilon_D}{D} = 0{,}006$ erfordern. Dies könnte man z.B. durch eine weitere Verdopplung der Genauigkeit aller Messungen, d.h. durch Halbieren der Fehlerschranken erreichen (wenigstens annähernd). Eine höhere Genauigkeit bei der Waage allein würde jedenfalls nicht ausreichen.

Wenn ein Term sowohl „Punktrechnung" als auch „Strichrechnung" enthält, wird eine solche Analyse weit schwieriger. Eventuell sind dann andere Methoden sinnvoller (vgl. den folgenden Abschnitt 1.6).

Aufgaben:

1. Analysieren Sie die Aufgaben 3a, b und 4 aus Abschnitt 1.2 mit Hilfe des relativen Fehlers!

2. a) Überprüfen Sie die Näherung $\dfrac{1}{1+x} \approx 1-x$

x	1/(1+x)	1−x	abs. Fehler
0,3			
0,1			
0,01			
(usw.)			

   für einige Werte von x nahe bei 0 (auch negative!)

  b) Zeigen Sie:

   Für $|x| < \tfrac{1}{2}$ ist in der obigen Näherung der Betrag des absoluten Fehlers kleiner als $2x^2$.

3. Bei einem Fallversuch zur Bestimmung der Erdbeschleunigung g wird die Fallzeit eines Körpers gemessen zu $t = 0{,}42 \pm 0{,}01$ Sek.; die Fallstrecke s beträgt $0{,}85 \pm 0{,}005$ m . Es gilt das Fallgesetz $s = \tfrac{1}{2}\,g\,t^2$. Bestimmen Sie daraus g sowie eine absolute Fehlerschranke für g mit Hilfe des *relativen* Fehlers. Diskutieren Sie den unterschiedlichen Einfluss der beiden Messfehler auf den Gesamtfehler.

1.6   Fehlerfortpflanzung bei Funktionen

Bei der Anwendung einer Funktion $y = f(x)$ wird man zumindest erwarten, dass kleine Änderungen von x auch kleine Änderungen von y nach sich ziehen, andernfalls ist eine Fehleranalyse wenig sinnvoll. Bei *differenzierbaren* Funktionen ist das der Fall, und mehr noch: Die
Änderung von y ist *proportional* zur Änderung von x, wenigstens näherungsweise.

Es sei also $y = f(x)$ differenzierbar an der Stelle x. Ist $\tilde{x} = x + \Delta x$ ein Näherungswert für
x, so ist $\tilde{y} = f(\tilde{x}) = f(x + \Delta x)$ der zugehörige Näherungswert für y.

Für den *absoluten Fehler* $\Delta y = \tilde{y} - y$ gilt dann,
wenn Δx klein ist, wegen

$$f'(x) = \lim_{\Delta x \to 0} \frac{f(x + \Delta x) - f(x)}{\Delta x} = \lim_{\Delta x \to 0} \frac{\Delta y}{\Delta x}$$

die fundamentale Beziehung:

$$\boxed{\Delta y \approx f'(x)\, \Delta x}$$

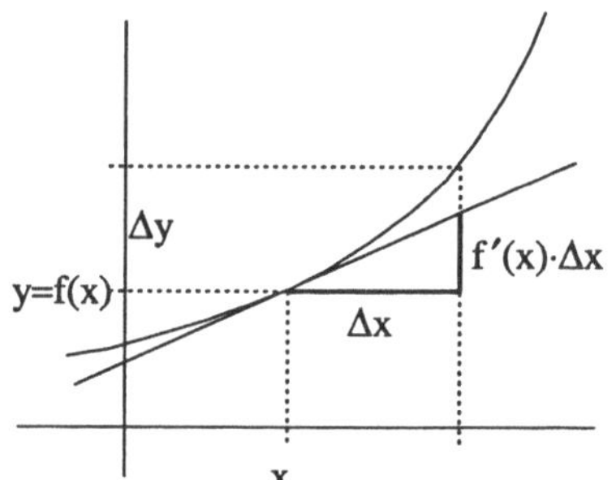

D.h. Δy ist ungefähr proportional zu Δx, und $f'(x)$ ist der Proportionalitätsfaktor.

(Das gilt zumindest im „Normalfall" $f'(x) \neq 0$. Ist $f'(x) = 0$, so wird die Aussage $\Delta y \approx 0$
natürlich sinnlos; hier müßte man dann die 2. Ableitung zur Fehleranalyse hinzuziehen, falls sie
existiert und nicht ebenfalls 0 ist.)

Für den *relativen Fehler* kann man die obige Beziehung, wenn $x \neq 0$ und $y = f(x) \neq 0$ sind,
entsprechend erweitern:

$$\frac{\Delta y}{y} \approx \frac{x\, f'(x)}{f(x)} \cdot \frac{\Delta x}{x} \quad , \quad \text{also} \quad r_y \approx \frac{x\, f'(x)}{f(x)} \cdot r_x \quad .$$

Einige Beispiele typischer Verhaltensweisen von elementaren Funktionen:

a) Bei *linearen Funktionen* $y = ax + b$ mit $a \neq 0$ ist $f'(x) = a$, der *absolute* Fehler ändert
   sich um das a-fache.

   Ist $b = 0$, also $y = ax$ eine *Proportionalität*, so bleibt der *relative* Fehler unverändert.

b) *Potenzen* $y = x^m$ ($m \in \mathbf{R}$, $m \neq 0$ beliebig, aber fest):
   Es ist $f'(x) = m\, x^{m-1}$, daraus folgt für $x \neq 0$ bezüglich des *relativen* Fehlers:

$$\frac{x\, f'(x)}{f(x)} = \frac{x\, m\, x^{m-1}}{x^m} = m \quad , \quad \text{also} \quad r_y = m\, r_x \quad .$$

Der relative Fehler ändert sich um den Faktor m. Für ganzzahlige Exponenten würde das auch aus der Fehleranalyse der arithmetischen Operationen (Produkte und Reziproke) folgen; hier gilt die Beziehung aber allgemein, auch für nicht-ganze Exponenten, z.B.

für $m = 0,5$, also $y = \sqrt{x}$: Der relative Fehler halbiert sich in diesem Fall.

c) Für *Polynome* und *rationale Funktionen* kann man keine allgemeinen Aussagen erwarten, da die Gestalt dieser Funktionen sehr unterschiedlich sein kann.

d) $y = \sin(x)$, x im Bogenmaß:

Wegen $f'(x) = \cos(x)$ gilt $|f'(x)| \le 1$ für alle x , also:

$$\Delta y \approx \cos(x)\,\Delta x \quad ; \quad |\Delta y| \le |\Delta x|$$

Der *absolute* Fehler wird dem Betrage nach nicht größer. (Hier tritt der Glücksfall ein, dass eine Ableitung global beschränkt ist.) Auch der *relative* Fehler verhält sich gutartig.

e) *Exponentialfunktion* $y = e^x$:

Aus $f'(x) = e^x = y$ folgt sofort $r_y = x\,r_x$: Der *relative* Fehler wächst um das x-fache. Die e-Funktion ist also immer dann gefährlich, wenn $|x|$ groß ist. Man darf sich bei negativen Exponenten auch nicht von den sehr kleinen Funktionswerten, also kleinen *absoluten* Fehlern täuschen lassen: Die *relativen* Fehler können dann stark zunehmen.

Die Analyse der Fehlerfortpflanzung für den *absoluten* Fehler lässt sich auf Funktionen von *mehreren Variablen* verallgemeinern.

$y = f(x_1, x_2)$ sei eine Funktion von zwei Variablen, und $\tilde{x}_i = x_i + \Delta x_i$ seien Näherungen für die beiden Argumente x_i ($i = 1, 2$). Zur Bestimmung des absoluten Fehlers

$$\Delta y = \tilde{y} - y = f(\tilde{x}_1, \tilde{x}_2) - f(x_1, x_2)$$

bilde man, wenn möglich, die *partiellen Ableitungen*

$$\frac{\partial f}{\partial x_1}(x_1, x_2) \quad \text{durch Differenzieren nach } x_1 \ (\, x_2 \text{ wird dabei als Konstante angesehen})$$

$$\frac{\partial f}{\partial x_2}(x_1, x_2) \quad \text{durch Differenzieren nach } x_2 \ (\, x_1 \text{ wird dabei als Konstante angesehen})$$

Allgemeine Formel für den absoluten Fehler:

Wenn beide partiellen Ableitungen existieren und stetig sind, gilt

$$\Delta y \approx \frac{\partial f}{\partial x_1}(x_1, x_2) \cdot \Delta x_1 + \frac{\partial f}{\partial x_2}(x_1, x_2) \cdot \Delta x_2 \ .$$

D.h. der absolute Fehler setzt sich zusammen aus den Anteilen, die von den einzelnen Variablen herrühren, wenn man jeweils die andere als konstant annimmt.

Wenn ε_1, ε_2 Fehlerschranken für Δx_1, Δx_2 sind (also $|\Delta x_i| \leq \varepsilon_i$), so erhält man daraus wegen der Dreiecksungleichung die ***allgemeine Formel für die Fehlerschranke***:

$$|\Delta y| \;\leq\; \left|\frac{\partial f}{\partial x_1}(x_1, x_2)\right| \cdot |\Delta x_1| \;+\; \left|\frac{\partial f}{\partial x_2}(x_1, x_2)\right| \cdot |\Delta x_2|$$

$$\leq\; \left|\frac{\partial f}{\partial x_1}(x_1, x_2)\right| \cdot \varepsilon_1 \;+\; \left|\frac{\partial f}{\partial x_2}(x_1, x_2)\right| \cdot \varepsilon_2$$

Das Verfahren ist entsprechend für Funktionen mit mehr als zwei Variablen anwendbar.

Beispiel: Eine Metallkugel mit dem Durchmesser $d = 6{,}0 \pm 0{,}05$ cm wird gewogen. Die Masse beträgt $M = 1000 \pm 1$ g. Die Dichte D des Metalls soll bestimmt werden.

Mit dem Kugelvolumen $V = \dfrac{4\pi}{3} r^3$ hat man also

$$D = D(M, r) = \frac{M}{V} = \frac{3}{4\pi} \cdot \frac{M}{r^3}$$

als Funktion von M und r, wobei $r = d/2 = 3{,}0 \pm 0{,}025$ cm ist. Der Näherungswert für die

Dichte beträgt $D = \dfrac{3}{4\pi} \cdot \dfrac{1000}{3{,}0^3} = 8{,}842$ g/cm^3 . (Es könnte sich also um Kupfer handeln,

mit der Dichte $8{,}93$ g/cm^3 .) Die partiellen Ableitungen von D nach M und r sind:

$$\frac{\partial D}{\partial M} = \frac{3}{4\pi} \cdot \frac{1}{r^3} \;\; ; \;\; \frac{\partial D}{\partial r} = \frac{-9}{4\pi} \cdot \frac{M}{r^4} \; .$$

Daraus ergibt sich die Fehlerschranke:

$$
\begin{aligned}
|\Delta D| \;&\leq\; \frac{3}{4\pi} \cdot \frac{1}{r^3} \cdot \varepsilon_M \;+\; \frac{9}{4\pi} \cdot \frac{M}{r^4} \cdot \varepsilon_r \\
&=\; 0{,}0088 \cdot 0{,}5 \;+\; 8{,}842 \cdot 0{,}025 \\
&=\; 0{,}0044 \;+\; 0{,}221 \;=\; 0{,}225 \;\approx\; 0{,}23 \; .
\end{aligned}
$$

Somit kann man die Dichte angeben als $D = 8{,}84 \pm 0{,}32$ g/cm^3 . (Der Tabellenwert für Kupfer liegt innerhalb dieses Intervalls.)

Auffällig ist, dass die beiden Summanden sehr unterschiedlich groß sind: Der Anteil der Fehlerschranke, der von der Masse stammt, ist wesentlich kleiner als der Anteil von der Radiusmessung; der erste fällt praktisch nicht ins Gewicht. Will man also die Fehlerschranke verbessern, so sollte man beim Radius ansetzen.

Man könnte in diesem Fall die Analyse auch mit Hilfe des relativen Fehlers betreiben, analog zum Beispiel in Abschnitt 1.5; das hier vorgestellte Verfahren ist jedoch allgemeiner, weil auch gemischte Terme und andere Funktionen behandelt werden können.

Aufgaben:

1. Um welchen Faktor verändern sich die absoluten bzw. relativen Fehler bei der Berechnung der folgenden Funktionen?

   a) $y = x \sqrt{x^2 + 5}$ bei $x = 1$ und $x = 10$

   b) $y = e^{-x^2}$ bei $x = 1$ und $x = 3$

   c) $y = x^3 - 3x + 5$ bei $x = 1$ und $x = 10$

   Bestimmen Sie jeweils mit den Formeln für die Fehlerfortpflanzung, wie Δy von Δx bzw. wie $r_y = \dfrac{\Delta y}{y}$ von $r_x = \dfrac{\Delta x}{x}$ abhängt.

2. Anton möchte in Paris die Höhe des Eiffelturms bestimmen. Er misst dazu die Entfernung s seines Standortes A vom Fußpunkt F des Turmes sowie den Winkel α, unter dem die Turmspitze erscheint, und berechnet die Höhe $h = s \cdot \tan \alpha$. Berta macht das gleiche vom Standort B aus.

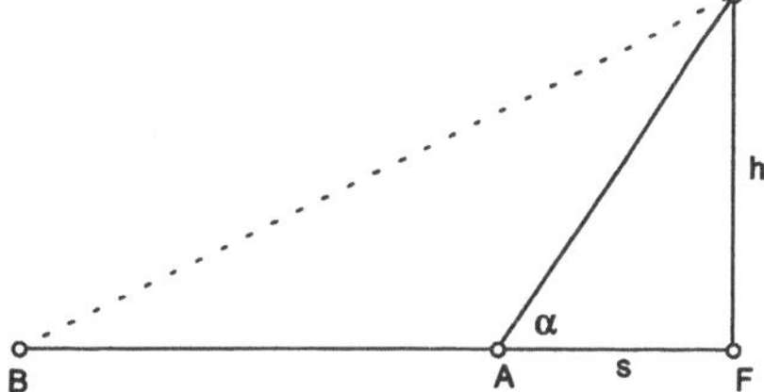

   Bei welcher Messung wird der absolute Fehler Δh geringer sein (bei gleichen Messgenauigkeiten in s und α)? Betrachten Sie die Beispiele

   a) $\alpha = 55°$; $s = 210\,\text{m}$ für den Standort A,

   b) $\alpha = 32°$; $s = 480\,\text{m}$ für den Standort B

   mit den Messfehlern $|\Delta\alpha| \leq 0,5°$ und $|\Delta s| \leq 2\,\text{m}$.

   Untersuchen Sie dies mit der allgemeinen Formel für den absoluten Fehler!

   Diskutieren Sie die Beiträge der einzelnen Messfehler zum Gesamtfehler Δh.

   (Vorsicht bei der Ableitung von $\tan$: Der Winkel wird in der Analysis üblicherweise im *Bogenmaß* angenommen!)

3. Lösen Sie Aufg. 5 aus 1.2 mit Hilfe der allgemeinen Fehlerformel! Fassen Sie dazu die Lösungen

   $$x_1 = -\frac{p}{2} + \sqrt{\frac{p^2}{4} - q} \quad ; \quad x_2 = -\frac{p}{2} - \sqrt{\frac{p^2}{4} - q}$$

   der quadratischen Gleichung $x^2 + px + q = 0$ als Funktionen der Parameter p und q auf und bestimmen Sie absolute Fehlerschranken für $p = -10 \pm 0,1$ und $q = 3 \pm 0,3$.

4. An einem ruhigen klaren Abend ohne Seegang sieht der Leuchtturmwärter von der Spitze
   des Leuchtturms L (Höhe $x = 49{,}00 \pm 0{,}05$ m über dem Meer) das Licht vom Feuer-
   schiff F, das im Abstand $d = 35{,}70 \pm 0{,}05$ km vom Leuchtturm vor Anker liegt (Feuer-
   licht $y = 9{,}00 \pm 0{,}05$ m über dem Meer gelegen), genau in der Horizontlinie.

   a) Zeigen Sie, dass man hieraus den Erdradius R berechnen kann zu

   $$R = \frac{d^2}{2(\sqrt{x} + \sqrt{y})^2} \; .$$

   (Die Lichtbrechung der Luft, die Abweichung der Meeresoberfläche von der sphärischen
   Form u.a. werde nicht berücksichtigt.)

   Tip: Wenn man bedenkt, dass die gemessenen Größen sehr klein gegenüber dem Erdradius sind, vereinfacht sich die Herleitung ganz erheblich.

   b) Berechnen Sie eine Schranke für den absoluten Fehler ΔR mit Hilfe der allgemeinen
   Formel!

Kapitel 2   Berechnung elementarer Funktionen

Hier geht es unter anderem darum, die TR-Funktionstasten etwas zu entzaubern. Natürlich ist es legitim, Funktionen zu verwenden, ohne ihre Berechnungsweise zu kennen; für jegliche Verwendung sind eben ihre *Eigenschaften* (Wachstums- und Krümmungsverhalten, Funktionalgleichungen etc.) nützlicher. Gleichwohl ist es wichtig zu wissen, dass zwischen der *Definition* einer Funktion und ihrer *Berechnung* ein himmelweiter Unterschied besteht. Das zeigt sich schon an den einfachsten Beispielen, etwa bei Polynomen und Potenzen.

Welche Algorithmen in der internen Programmierung von TR und Computersoftware tatsächlich verwendet werden, spielt dabei im Grunde keine Rolle. Man weiß schließlich auch nicht genau, wie die Maschinen addieren und multiplizieren; man weiß aber, dass es ungefähr so geht wie beim schriftlichen Rechnen, nur in einem anderen Zahlsystem. In diesem Sinne ist hier entscheidend, wie man das Problem, die elementaren Funktionen effizient zu berechnen, *grundsätzlich* lösen kann.

2.1   Polynome und Potenzen

Ein ***Polynom*** $p(x) = \sum_{i=0}^{n} a_i\, x^i$ mit reellen Koeffizienten a_i ist für eine gegebene Zahl $x \in \mathbf{R}$ auszuwerten. Nichts leichter als das, könnte man sagen: Der Term enthält nur Summen und Produkte, also x einsetzen und ausrechnen – fertig.

Wie viele Operationen werden dafür benötigt?
Die sukzessive Berechnung der x-Potenzen
$$x^2 = x \cdot x \ , \quad x^3 = x^2 \cdot x \ , \quad x^4 = x^3 \cdot x \ , \quad \ldots \ , \quad x^n = x^{n-1} \cdot x$$
braucht $n-1$ Multiplikationen. Dazu kommen n Multiplikationen für die Produkte $a_i\, x^i$ ($i = 1, \ldots, n$). Insgesamt sind $2n-1$ Multiplikationen und n Additionen notwendig.

Für Polynome höheren Grades lohnt es sich jedoch, nach Verfahren zu suchen, die mit weniger Operationen auskommen. Denn erstens könnte man dadurch Zeit sparen – auch bei schnellen Computern würde sich das auswirken, wenn viele Polynomwerte benötigt werden. Zweitens bringt jede Operation Rundungsfehler mit sich, und je weniger Operationen ausgeführt werden, desto kleiner wird der gesamte Rundungsfehler.

Mit einem einfachen Trick kann man fast die Hälfte der Multiplikationen einsparen. Dazu wird x so weit wie möglich ausgeklammert:

$$p(x) = a_n x^n + a_{n-1} x^{n-1} + \dots + a_2 x^2 + a_1 x + a_0$$
$$= (a_n x^{n-1} + a_{n-1} x^{n-2} + \dots + a_2 x + a_1) x + a_0$$

Mit dem Polynom in der Klammer, das einen um 1 kleineren Grad hat, verfährt man genauso, usw. bis nichts mehr auszuklammern ist:

$$p(x) = ((a_n x^{n-2} + a_{n-1} x^{n-3} + \dots + a_2 x) + a_1) x + a_0$$
$$= \dots$$
$$= (\dots(a_n x + a_{n-1}) x + \dots + a_2) x + a_1) x + a_0$$

Beispiel: $p(x) = 2x^4 - 3x^3 + 4x^2 - x + 5 = (((2x - 3) x + 4) x - 1) x + 5$

Dieses Verfahren heißt **Horner-Schema**.

Den Ablauf der Rechnung kann man wie folgt beschreiben:

    Starte mit dem höchsten Koeffizienten des Polynoms.

    Multipliziere mit x und addiere den Koeffizienten mit dem nächstkleineren Index.

    Mit dem Ergebnis verfahre genauso, solange bis alle Koeffizienten „aufgebraucht" sind.

Der Kasten enthält eine entsprechende BASIC-Funktion. Als Parameter benötigt sie x sowie den Grad n des Polynoms und ein Feld a mit dem Indexbereich $0, \dots, n$ für die Koeffizienten.

Insgesamt benötigt man dafür n Schritte, d.h. es werden n Multiplikationen und n Additionen

```
FUNCTION polynom(x, n, a())
   LET p = a(n)
   FOR i = n-1 TO 0 STEP -1
      LET p = p*x + a(i)
   NEXT  i
   LET polynom = p
END FUNCTION
```

ausgeführt: $n-1$ Multiplikationen werden gespart gegenüber der expliziten Berechnung mit Potenzen. Ein weiterer Vorteil: Das Horner-Schema ist einfach und übersichtlich. Auch mit einem TR kann man mit etwas Übung Polynome höheren Grades schnell und sicher auswerten, weil die Rechenschritte sich nach einem einfachen Muster wiederholen.

Schematische Darstellung des Ablaufs der Rechnung, dargestellt am obigen Beispiel-Polynom, ausgewertet für $x = 2$:

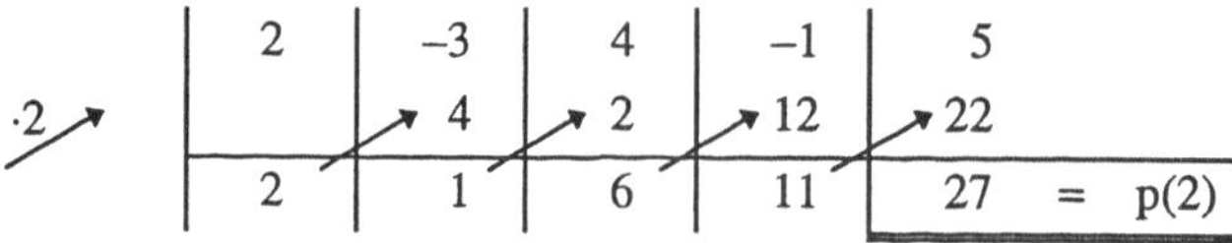

Die Koeffizienten werden in die erste Zeile geschrieben. Das Schema wird dann von links nach rechts ausgefüllt: In den Spalten wird addiert (links außen nur übertragen), und der Pfeil bedeutet Multiplikation mit x (hier mit 2).

Auch *Potenzen* x^n mit natürlichen Zahlen als Exponenten sind auf den ersten Blick einfach zu berechnen: Gemäß der Definition

$$x^n = \begin{cases} x^{n-1} \cdot x & , \text{ wenn } n > 1 \\ x & , \text{ wenn } n = 1 \end{cases}$$

führt man $n-1$ Multiplikationen aus. Für große n, etwa $n = 100$, wird die Prozedur allerdings mühsam und langwierig.

Jedoch: Mit $x^{100} = (x^{50})^2$ hat man auf einen Schlag 49 Operationen eingespart, wenn x^{50} bereits berechnet ist; „Quadrieren" zählt natürlich als eine einzige Multiplikation. Mit x^{50} kann man entsprechend fortfahren, usw.; nur wenn *ungerade* Exponenten auftreten, muß man das Verfahren modifizieren (siehe Kasten). Insgesamt wird nur 8-mal multipliziert, eine erhebliche Einsparung gegenüber 99-mal beim „naiven" Vorgehen.

$$\begin{aligned} x^{100} &= (x^{50})^2 \\ x^{50} &= (x^{25})^2 \\ x^{25} &= (x^{12})^2 \cdot x \\ x^{12} &= (x^6)^2 \\ x^6 &= (x^3)^2 \\ x^3 &= x^2 \cdot x \end{aligned}$$

Allgemein kann man die sparsame Methode rekursiv so formulieren: Für ein $n \in \mathbf{N}$ ist

$$x^n = \begin{cases} (x^{\frac{n}{2}})^2 & , \text{ wenn } n > 1 \text{ gerade} \\ (x^{\frac{n-1}{2}})^2 \cdot x & , \text{ wenn } n > 1 \text{ ungerade} \\ x & , \text{ wenn } n = 1 \end{cases}$$

Das kann man auch unmittelbar in eine rekursive Basic-Funktion übersetzen (siehe Kasten).
Als Eingabe n wird eine natürliche Zahl vorausgesetzt.
Der Backslash \ bezeichnet den ganzzahligen Quotienten.

```
FUNCTION potenz(x, n)
  IF n = 1 THEN
    LET potenz = x
  ELSE IF n mod 2 = 0 THEN
    LET potenz = potenz(x, n\2)^2
  ELSE
    LET potenz = potenz(x, n\2)^2 * x
  END IF
END FUNCTION
```

Die Anzahl der benötigten Multiplikationen liegt jetzt in der Größenordnung von $\log_2(n)$, da der Exponent n bei jedem Schritt mindestens halbiert wird, und ein Schritt benötigt 1 oder 2 Multiplikationen. (Genauer ließe sich die Anzahl ermitteln, wenn man n in das Dualsystem übersetzt; vgl. Aufgabe 4.)

Potenzen mit *negativen* ganzen Exponenten kann man leicht darauf zurückführen:
$$x^{-n} = (1/x)^n$$

Potenzen mit *gebrochenen*[1] Exponenten werden, wenn man auf dem TR die Potenz-Taste benutzt, intern logarithmisch berechnet: Ist $a \in \mathbf{R}$ beliebig, so gilt

$$x^a = (e^{\ln(x)})^a = e^{a\,\ln(x)} \quad ,$$

wobei wir mit $\ln$ den natürlichen Logarithmus bezeichnen. Diese Rechnung ist nur dann möglich, wenn die Basis x positiv ist, da sonst $\ln(x)$ nicht definiert ist. Für Potenzen mit gebrochenem Exponenten sind daher beim TR *keine negativen Basen* zugelassen. (Hier schließt sich natürlich die Frage an, wie man $\ln(x)$ und e^x berechnet; mehr dazu in Abschnitt 2.5.)

Im übrigen verhalten sich die Potenz-Tasten recht unterschiedlich: Bei manchen Modellen führen negative Basen generell zum „Error", auch wenn der Exponent ganzzahlig ist, also mathematisch einen sinnvollen Term ergäbe; das ist ein Hinweis darauf, dass die Potenzfunktion dieses TR grundsätzlich logarithmisch arbeitet. Bei anderen Modellen erhält man bei $x < 0$ und $a \notin \mathbf{Z}$ eine komplexe Zahl als Ergebnis.

Eine Ausnahme unter den gebrochenen Exponenten ist $\frac{1}{2}$: Zur Berechnung von $x^{\frac{1}{2}} = \sqrt{x}$ gibt es (selbst auf den einfachsten TR) eine spezielle Funktionstaste, auch Programmiersprachen haben dafür eine besondere Funktion. Quadratwurzeln werden nämlich nach einem anderen Verfahren berechnet; Näheres im folgenden Abschnitt.

Aufgaben:

1. a) Berechnen Sie für das Polynom $\quad p(x) = x^5 + x^4 - 5x^3 - 2x^2 + 6x + 1\quad$ eine Wertetabelle mit $x = -3, ..., 3$ in ganzzahligen Schritten. Benutzen Sie dazu das Horner-Schema.
   b) Berechnen Sie ebenso eine Wertetabelle für die Ableitung $p'(x)$.
   c) Skizzieren Sie den ungefähren Verlauf von $p(x)$ aufgrund dieser Daten.
   Wenn nötig, berechne man $p(x)$ auch für die halbzahligen Zwischenwerte.

2. a) Berechnen Sie *ohne* TR: 2^{22} ; 3^{11} ; 5^{10} .
   b) Berechnen Sie *mit* TR, aber *ohne* die Potenz-Taste (nur mit Multiplikationen oder Quadrieren): $\quad 3^{33}$; 2^{63} ; $1{,}01^{100}$; $1{,}001^{1000}$
   Wie viele Multiplikationen werden jeweils benötigt?
   (Quadrieren zählt als *eine* Multiplikation.)

---

[1] Als „gebrochen" bezeichnen wir jede nicht-ganze reelle Zahl. TR und Computer rechnen sowieso nur mit endlichen Dezimalbrüchen, so dass die Unterscheidung von rationalen und irrationalen Zahlen hier unwichtig ist.

3. Welche Größenordnungen haben die folgenden Potenzen?
$$2^{1000} \; ; \; 99^{77} \; ; \; 7^{777} \; ; \; 500^{500}$$
   a) *Ohne* TR: Schätzen Sie die Größenordnungen ab!

   b) *Mit* TR, aber *ohne* Potenztaste: Bestimmen Sie den genauen Zehnerexponenten!

   c) Kontrollieren Sie Ihr Ergebnis mit der Potenztaste! (Passen die Zahlen überhaupt noch in den TR?)

4. a) Entwickeln Sie 77 in das Dualsystem!

   b) Skizzieren Sie die Berechnung von x^{77} mit dem Potenz-Algorithmus (analog zum Beispiel x^{100}).

   c) Begründen Sie exemplarisch mit $n = 77$: Hat der Exponent n im Dualsystem s Ziffern mit e Einsen, so beträgt die Anzahl der für x^n benötigten Multiplikationen $s + e - 2$.

   d) Wie viele Multiplikationen werden bei Exponenten $n \leq 1000$ höchstens benötigt? Bei welchen Exponenten ist diese Anzahl maximal?

2.2   Quadratwurzeln

Es sei a eine beliebige positive reelle Zahl. Zu berechnen ist $\sqrt{a}$.

Eine „narrensichere" Methode, die häufig auch in Schulbüchern bei der Einführung der Wurzeln praktiziert wird, ist das *systematische Suchen*: Man bestimmt sukzessive Näherungen x_n , y_n mit genau n Nachkommastellen, so dass
$$x_n \text{ maximal mit } x_n^2 < a \quad \text{und} \quad y_n \text{ minimal mit } y_n^2 > a \text{ ist.}$$

Zum Beispiel mit $a = 2$:

So erhält man eine Intervallschachtelung $[x_n; y_n]$ für $\sqrt{a}$ mit $y_n - x_n = 10^{-n}$.

n	x_n	x_n^2	y_n	y_n^2
0	1	1	2	4
1	1,4	1,96	1,5	2,25
2	1,41	1,9881	1,42	2,0164
3	1,414	1,999396	1,415	2,002225

Damit ist die Wurzel beliebig genau berechenbar, mit einer kontrollierbaren Anzahl von Schritten, und man kann das Verfahren sogar automatisieren. Man hätte also eine wirksame Methode – wenn es keine bessere gäbe.

Wesentlich schneller, dabei ebenso sicher ist das *Heron-Verfahren*. Dahinter steckt die folgende Idee, zunächst in *geometrischer* Interpretation:

$\sqrt{a}$ ist die Seitenlänge eines Quadrates mit dem Flächeninhalt a . Hat man ein Rechteck mit einer gegebenen Seite x und der Fläche a , so ist $\frac{a}{x} = y$ die andere Seite. Man versucht nun,

das Rechteck in ein flächengleiches umzuwandeln, das der Quadratform wenigstens näherkommt[1]. Als erste neue Seite
wählt man $x' = \frac{x+y}{2}$.

Die Skizze zeigt eine Konstruktion dieses
Rechtecks; tatsächlich ist es wesentlich
„quadratischer" als das ursprüngliche,
aber immer noch ist die waagerechte
Seite länger als die senkrechte.

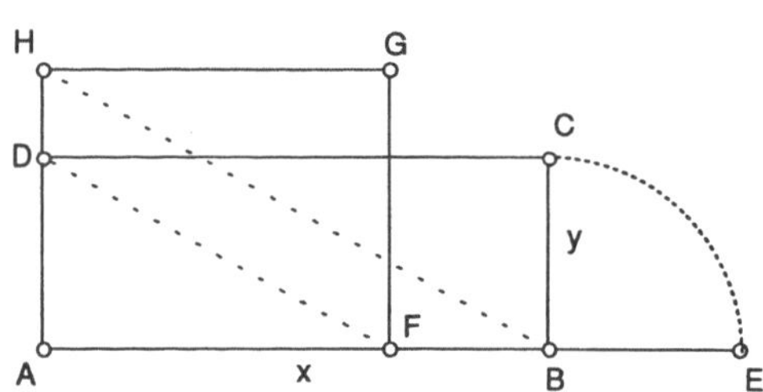

AB = x , BC = y ;   F ist der Mittelpunkt von AE

(Aufgabe: Analysieren Sie die Figur, beschreiben Sie die Konstruktion und verifizieren Sie die Flächengleichheit der beiden Rechtecke ABCD und AFGH !)

Arithmetische Interpretation:

1. Ist x eine Näherung für $\sqrt{a}$, dann ist $y := \frac{a}{x}$ auch eine Näherung.

   Wenn $x > \sqrt{a}$, dann ist $y = \frac{a}{x} < \frac{a}{\sqrt{a}} = \sqrt{a}$; damit gilt: $x > \sqrt{a} > y$

   Wenn $x < \sqrt{a}$, gilt das Umgekehrte; man hat also in jedem Fall ein *Intervall*, in dem $\sqrt{a}$ liegt.

2. Das *arithmetische Mittel* $x' := \frac{1}{2}(x + \frac{a}{x})$ von x und y liegt zwischen x und y , ist also (hoffentlich) eine bessere Näherung.

3. Tatsächlich gilt wegen der *Ungleichung vom arithmetischen und geometrischen Mittel* (vgl.

   Aufgabe 2; o.B.d.A. sei $x \neq \sqrt{a}$, also $x \neq \frac{a}{x}$):

   $$x' = \frac{1}{2}(x + \frac{a}{x}) > \sqrt{x \cdot \frac{a}{x}} = \sqrt{a}$$

   Daraus folgt mit $y' := \frac{a}{x'}$ wie in 1. (übrigens auch für $x < \sqrt{a}$!):

   $$x' > \sqrt{a} > y'$$

---

[1] Es gibt zwar eine Konstruktion mit Zirkel und Lineal, die ein gegebenes Rechteck direkt in ein Quadrat ver-
wandelt. Für die *Berechnung* der Wurzel würden sich daraus aber keine Ansatzpunkte ergeben, denn man
findet die Quadratseiten eben *nicht* als *rationalen* Ausdruck der ursprünglichen Rechteckseiten.

Insgesamt ergibt sich, wenn $x > \sqrt{a}$, die Ungleichungskette

$$x > x' > \sqrt{a} > y' > y$$

Ausgehend vom Intervall $[y; x]$, das die Wurzel enthält, hat man also ein *kleineres* Intervall $[y'; x']$ konstruiert, das *ebenfalls* die Wurzel enthält.

Wiederholt man diesen Prozeß, so ergeben sich immer bessere Näherungen für $\sqrt{a}$. Dazu definiert man eine *rekursive Folge* (x_n) mit

$$x_0 > 0 \quad \text{(beliebig) als Startwert, und}$$

$$x_{n+1} = \frac{1}{2}(x_n + \frac{a}{x_n}) \quad \text{für alle } n \geq 0.$$

Das ist die ***Rekursionsvorschrift für das Heron-Verfahren.***

Beispiel: $a = 2$ mit $x_0 = 1$

Schon nach 4 Schritten sind die Intervallgrenzen auf dem TR mit 12-stelliger Anzeige nicht mehr zu unterscheiden, d.h. mit TR-Genauigkeit ist x_4 gleich der Wurzel. Die Folge (x_n) scheint also $\sqrt{a}$ sehr gut zu approximieren.

n	x_n	a/x_n
0	1	2
1	1,5	1,333...
2	1,41666...	1,41176470588
3	1,41421568627	1,41421143847
4	1,41421356237	1,41421356237

In der Tat gilt:

Für jeden Startwert $x_0 > 0$ konvergiert die Folge des Heron-Verfahrens gegen $\sqrt{a}$.

Beweis:

O.B.d.A. sei $x_0 \neq \sqrt{a}$, denn sonst wäre die Folge konstant. Für alle $n \geq 1$ gilt dann:

a) $\quad x_n > \sqrt{a}$

Denn $x_n = \frac{1}{2}(x_{n-1} + \frac{a}{x_{n-1}}) > \sqrt{x_{n-1} \cdot \frac{a}{x_{n-1}}} = \sqrt{a}$ nach der Ungleichung vom arithmetischen und geometrischen Mittel.

b) $\quad x_n > x_{n+1}$

Denn aus $x_n > \sqrt{a}$ folgt $\frac{a}{x_n} < \sqrt{a}$, also $x_n > \frac{a}{x_n}$, und x_{n+1} ist das arithmetische Mittel dieser Zahlen, liegt also dazwischen.

Daher ist die Folge (eventuell mit Ausnahme des Startwerts x_0) nach unten beschränkt durch $\sqrt{a}$ und streng monoton fallend, mithin konvergent; der Grenzwert sei X. Aus a) folgt, dass

$X \geq \sqrt{a}$, also insbesondere $X > 0$. Aus der Rekursionsvorschrift

$$x_{n+1} = \frac{1}{2}(x_n + \frac{a}{x_n})$$

folgt durch Übergang zum Grenzwert:

$$X = \frac{1}{2}(X + \frac{a}{X}) \qquad \text{(beachte } X > 0 \text{)}$$

Durch Auflösen dieser Gleichung nach X ergibt sich sofort $X = \sqrt{a}$.

Damit ist bewiesen, *dass* die Folge konvergiert; wir untersuchen jetzt, *wie* sie konvergiert.

Für den absoluten Fehler $x_n - \sqrt{a}$ nach n Schritten gilt, wie man leicht nachrechnet, die rekursive Beziehung

$$x_{n+1} - \sqrt{a} = \frac{1}{2x_n}(x_n - \sqrt{a})^2$$

Für $n \geq 1$ folgt daraus wegen $x_n > \sqrt{a}$ die Abschätzung:

$$x_{n+1} - \sqrt{a} \leq \frac{1}{2\sqrt{a}}(x_n - \sqrt{a})^2$$

Dieses Verhalten nennt man *quadratische Konvergenz.*

Grob gesagt heißt das: Ist man schon nahe bei der Wurzel, so wird die Anzahl der signifikanten Nachkommastellen bei jedem Iterationsschritt *verdoppelt.*

Etwas genauer: Zur Vereinfachung sei jetzt $a > 1$ angenommen. Wenn x_n und $\dfrac{a}{x_n}$ bereits auf s Nachkommastellen übereinstimmen, dann ist auf jeden Fall $x_n - \sqrt{a} < 10^{-s}$; aus der obigen Abschätzung folgt:

$$x_{n+1} - \sqrt{a} \leq \tfrac{1}{2}(x_n - \sqrt{a})^2 < \tfrac{1}{2} 10^{-2s}$$

Also sind 2s Nachkommastellen von x_{n+1} signifikante Stellen der Wurzel. Das bedeutet eine sehr schnelle Konvergenz, so dass man bei der TR-Berechnung mit einem guten Startwert schon nach 3 bis 4 Iterationsschritten die volle TR-Genauigkeit erreicht hat. Konvergenz ist auch bei ungünstigen Startwerten gesichert; gleichwohl sollte man zur Minimierung des Aufwandes den Startwert nicht beliebig wählen (z.B. sind $x_0 = 1$ oder $x_0 = a$ zwar immer möglich, aber nicht immer günstig), sondern man sollte einen Schätzwert für $\sqrt{a}$ bestimmen. Vgl. dazu Aufgabe 3.

Eine Anmerkung zur Handhabung des TR: Bei rekursiven Verfahren wie diesem benutzt man sinnvollerweise den *Speicher* für die Folgenglieder. Wenn der TR einen automatischen Ergebnisspeicher (ANS-Taste) hat, ist eine Rekursion besonders einfach auszuwerten:

1. Startwert eintippen und ENTER (=) drücken
2. Rekursionsterm eingeben, hier z.B. mit $a = 5$ die Tastenfolge

   (ANS + 5 / ANS) / 2
3. Drückt man jetzt wiederholt auf = , so wird jeweils der gleiche Term noch einmal ausgewertet, also das nächste Folgenglied berechnet.

Auch die Programmierung ist prinzipiell einfach (siehe Kasten). Die Auswahl eines günstigen Startwertes ist hier nicht berücksichtigt. Die Schleife wird beendet, wenn ein Folgenglied *in der Gleitkomma-Darstellung des Rechners* mit dem nächsten übereinstimmt (das ist vielleicht nicht ganz sauber programmiert, funktioniert aber).

```
FUNCTION Wurzel(a)
  LET x = a
  DO
    LET xneu = (x + a/x) / 2
    IF xneu = x THEN EXIT DO
    LET x = xneu
  LOOP
  LET Wurzel = x
END FUNCTION
```

Aufgaben:

1. Wie kann man Schätzwerte für Quadratwurzeln bestimmen?

   Versuchen Sie, ein möglichst einfaches, handliches Kopfrechen-Verfahren anzugeben, das auch für sehr große und sehr kleine Zahlen funktioniert.

2. Verifizieren Sie die Ungleichung vom arithmetischen und geometrischen Mittel:

   Für alle positiven reellen Zahlen a, b *ist*

   $$\frac{a+b}{2} \geq \sqrt{a \cdot b} \; ;$$

   Gleichheit gilt genau dann, wenn a = b .

   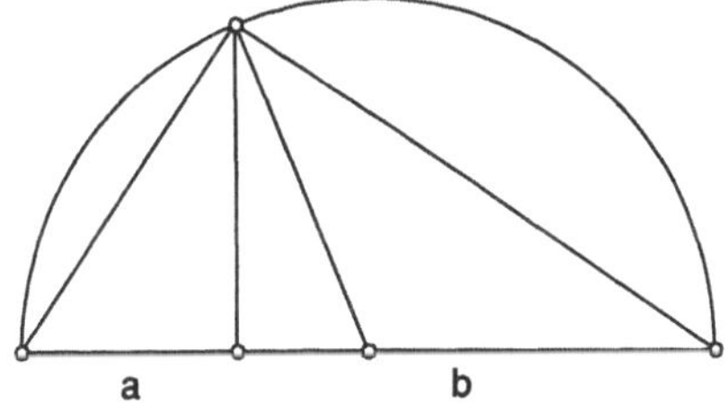

   a) Analysieren Sie dazu die nebenstehende Zeichnung. (Tip: Euklidischer Höhensatz)
   b) Beweisen Sie die Ungleichung algebraisch.

3. a) Berechnen Sie $\sqrt{a}$ mit dem Heron-Verfahren für $a = 8000$, und zwar

       (1)   mit dem Startwert $x_0 = a$;

       (2)   mit einem besseren Startwert (Überschlagsrechnung!).

   b) Für $1 \leq a \leq 10$ kann man einen guten Startwert finden mit der einfachen linearen Funktion $f(a) = 1 + \frac{2}{9}a$. Zeigen Sie, dass im o.g. Intervall gilt: $|f(a) - \sqrt{a}| \leq \frac{2}{9}$.

   (Hinweis: Es reicht aus, sich mit Hilfe einer Tabelle und/oder einer Skizze einen groben Überblick über die Funktion $f(a) - \sqrt{a}$ zu verschaffen.)

c) Testen Sie die Startwert-Funktion aus c): Berechnen Sie $\sqrt{7}$ zum einen mit $x_0 = 7$, zum andern mit $x_0 = f(7)$.

4. Wie verhält sich die Heron-Folge für *negative* a ? Stellen Sie die Folge graphisch dar; probieren Sie verschiedene negative Werte für a und verschiedene Startwerte aus.

5. Betrachten Sie die folgenden rekursiv definierten Folgen: Es sei $a > 0$ beliebig und

$$(1) \qquad x_0 = a \; ; \; x_{n+1} \; = \; \frac{1}{2}\left(x_n + \frac{a}{x_n^{\,2}} \right)$$

$$(2) \qquad x_0 = a \; ; \; x_{n+1} \; = \; \frac{1}{3}\left(2x_n + \frac{a}{x_n^{\,2}} \right)$$

$$(3) \qquad x_0 = a \; ; \; x_{n+1} \; = \; \sqrt{\frac{a}{x_n}}$$

Berechnen Sie für $a = 2$ jeweils einige Folgenglieder. Beschreiben Sie das Verhalten der Folgen. Was vermuten Sie bezüglich der Konvergenz und ggfs. des Grenzwertes?

2.3   Die Sehnentafeln des Ptolemäus

Der „Almagest" des Ptolemäus faßt das gesamte astronomische Wissen seiner Zeit zusammen. Das umfangreiche Werk enthält u.a. Berechnungen von Sternpositionen mit erstaunlicher Präzision. Zu diesem Zweck benötigte Ptolemäus die „Sehnentafeln", einen Vorläufer unserer heutigen (und schon wieder veralteten) trigonometrischen Tabellen. Ausgehend von Funktionswerten, die aus einfachen Figuren bekannt sind, berechnete er mit Hilfe geometrisch bewiesener Additionsformeln weitere Werte; ein weiterer geometrischer Satz wurde gebraucht, um eine Fehlerabschätzung durchzuführen. Diese Methode hat zwar heute keine praktische Bedeutung mehr, dennoch ist es bemerkenswert, wie sich die Geometrie als *Werkzeug* in den Dienst der numerischen Mathematik stellte. (Quelle: PTOLEMÄUS Band I, 1. Buch, 10. Kapitel)

Für einen Winkel $\alpha = \angle AMB$ im Einheitskreis sei $s(\alpha)$ die Länge der zugehörigen Sehne AB. Ziel der Sehnentafeln war es, die Funktion $s(\alpha)$ zu tabellieren, und zwar für Winkel von $0°$ bis $180°$ in Abständen von $0,5°$. (Zwischenwerte wurden dann durch lineare Interpolation bestimmt.)

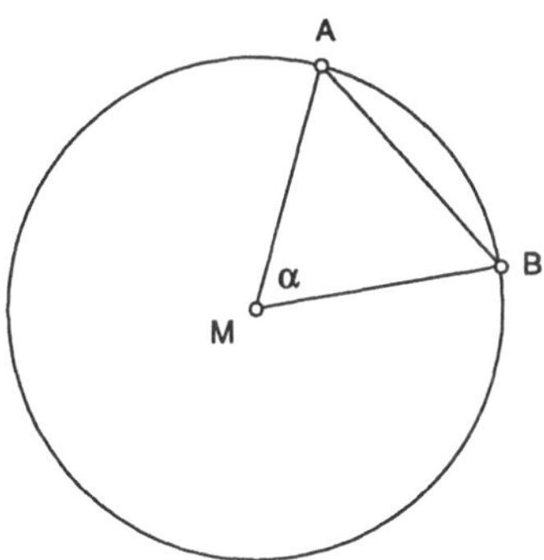

Dies ist nichts anderes als eine modifizierte Sinustabelle, denn es gilt $s(\alpha) = 2 \sin(\alpha/2)$. Die Sinusfunktion im heutigen Sinne war im Altertum noch nicht gebräuchlich.

a) Ausgangspunkt war die Konstruktion einbeschriebener regelmäßiger Polygone im Einheitskreis. Folgende Sehnen sind damit am einfachsten zu berechnen:

$$s(60°) \ = \ 1 \qquad \text{aus dem regelmäßigen Sechseck,}$$
$$s(90°) \ = \ \sqrt{2} \qquad \text{aus dem Quadrat,}$$
$$s(120°) = \ \sqrt{3} \qquad \text{aus dem gleichseitigen Dreieck.}$$

Etwas komplexer, in der Geometrie Euklids aber wohlbekannt war die Konstruktion der Fünfeck- und Zehneckseite:

AB sei ein Durchmesser im Einheitskreis; der Radius MC stehe senkrecht auf AB. D halbiert MB. Die Strecke CD wird von D aus auf AB abgetragen, d.h. ED = CD. Dann ist EM die Zehneckseite und EC die Fünfeckseite.

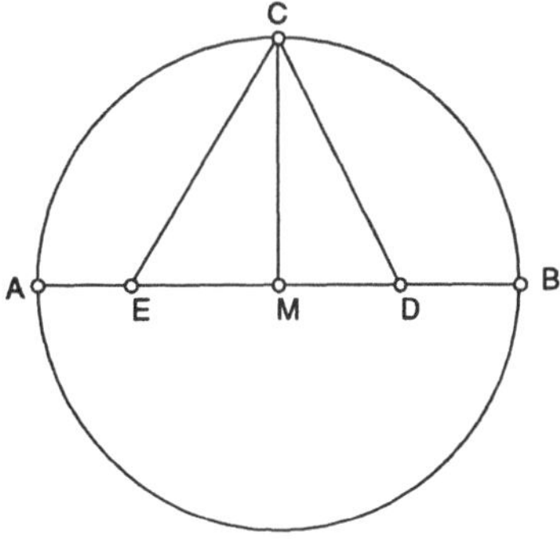

Durch diese zweifellos nichttriviale Konstruktion (vgl. WITTMANN, S. 162) sind nun bekannt:

$$s(36°) \; = \; EM \; = \; \frac{\sqrt{5}-1}{2} \qquad \text{aus dem Zehneck,}$$

$$s(72°) \; = \; EC \; = \; \sqrt{\frac{5-\sqrt{5}}{2}} \qquad \text{aus dem Fünfeck.}$$

(Aufgabe: Verifizieren Sie diese Werte an Hand der obigen Zeichnung!)

b) Ist $s(\alpha) = AC$ bekannt, so ist $s(180°-\alpha) = BC$ leicht zu berechnen. Denn nach dem Thalessatz ist $\angle ACB = 90°$, und aus dem Pythagoras folgt dann:

$$s(180°-\alpha) \; = \; \sqrt{4 - s(\alpha)^2}$$

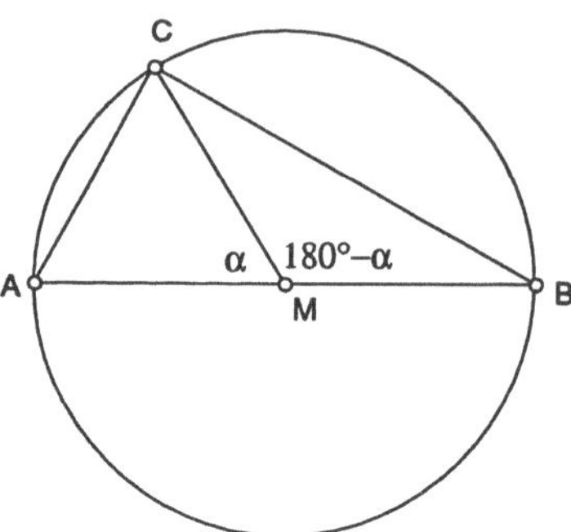

c) Zwecks Bestimmung weiterer Tabellenwerte sollten nun zu gegebenen $s(\alpha)$, $s(\beta)$ die Sehne $s(\alpha-\beta)$ zur *Differenz* sowie die Sehne $s(\alpha/2)$ zum *halben Winkel* berechnet werden. Wichtigstes Hilfsmittel dazu war der

> ***Satz des Ptolemäus:***
>
> *In jedem Sehnenviereck ist das Produkt der Diagonalen gleich der Summe der Produkte gegenüberliegender Seiten.*

$$e \cdot f \; = \; a \cdot c + b \cdot d$$

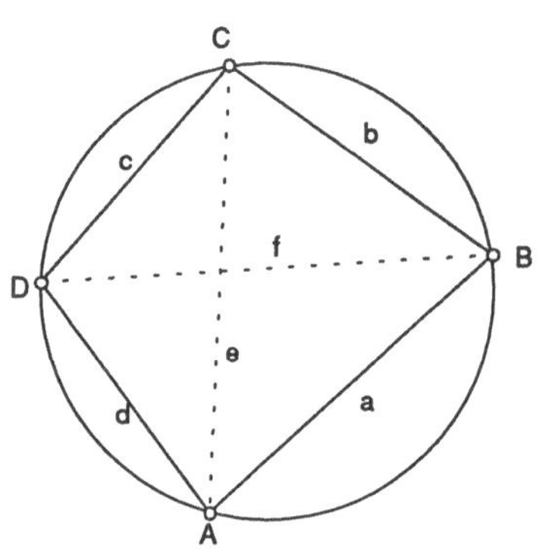

Damit löst man das Differenzen-Problem wie folgt:
Im Sehnenviereck ABCD sei jetzt AB ein Durchmesser (Länge 2), und es seien
$\alpha = \angle AMC$, $\beta = \angle AMD$.
Folgende Sehnen seien bekannt:

$$s(\alpha) \; = \; AC \quad \text{und damit} \quad BC = s(180°-\alpha)\,,$$
$$s(\beta) \; = \; AD \quad \text{und damit} \quad BD = s(180°-\beta)\,.$$

Gesucht ist $DC = s(\alpha-\beta)$.
Aus dem Satz des Ptolemäus ergibt sich:

$$AC \cdot BD \; = \; AB \cdot DC + AD \cdot BC$$

Durch Auflösen und Einsetzen erhält man eine Formel analog dem Additionstheorem des Sinus:

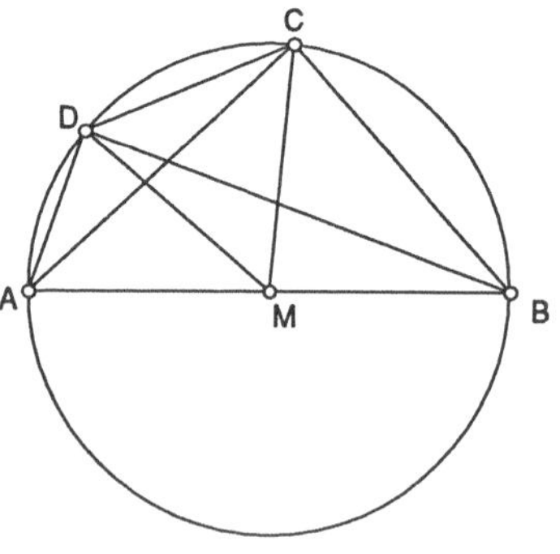

$$s(\alpha-\beta) \; = \; \frac{1}{2} \left(s(\alpha) \cdot s(180°-\beta) - s(\beta) \cdot s(180°-\alpha) \right)$$

Das Halbwinkel-Problem wird ähnlich wie bei der „Eckenverdopplung" zur π-Bestimmung (s. Abschnitt 1.3) gelöst und führt zu derselben Formel: $s(\alpha/2) = \sqrt{2 - \sqrt{4 - s(\alpha)^2}}$.

Aus $s(72°)$ und $s(60°)$ kann man jetzt $s(12°)$ berechnen und daraus mit der Halbwinkelformel: $s(6°)$, $s(3°)$, $s(\frac{3}{2}°)$, $s(\frac{3}{4}°)$.

d) Damit ist man dem angestrebten Wert $s(1°)$ schon recht nahegekommen. Ptolemäus beweist nun den Satz:

Für alle Winkel α, β *mit* $\alpha > \beta$ *ist* $\dfrac{s(\alpha)}{s(\beta)} < \dfrac{\alpha}{\beta}$.

Die Ungleichung ist äquivalent zu $\dfrac{\sin(\alpha)}{\sin(\beta)} < \dfrac{\alpha}{\beta}$ (ersetze dazu $s(\alpha)$ durch $2\sin(\alpha/2)$), und

diese wiederum zu $\dfrac{\sin(\alpha)}{\alpha} < \dfrac{\sin(\beta)}{\beta}$. In moderner Interpretation lautet dann der Satz:

Die Funktion $\alpha \mapsto \dfrac{\sin(\alpha)}{\alpha}$ *ist monoton fallend für* $0° < \alpha < 90°$.

Ptolemäus verwendet diesen Satz, um $s(1°)$ nach oben und unten abzuschätzen:

$$\frac{s(\frac{3}{2}°)}{s(1°)} < \frac{\frac{3}{2}°}{1°} \, , \quad \text{also} \quad \frac{2}{3}s(\frac{3}{2}°) \; < \; s(1°)$$

$$\frac{s(1°)}{s(\frac{3}{4}°)} < \frac{1°}{\frac{3}{4}°} \, , \quad \text{also} \quad s(1°) \; < \; \frac{4}{3}s(\frac{3}{4}°)$$

In der Genauigkeit der Sehnentafel (3 Nachkommastellen im *60er-System*) sind obere und untere Schranke nun gleich groß, und zwar in seiner Notation[1]: $1^P\, 2'\, 50''$. Daraus schließt er:

Da also die Sehne zu dem Bogen von $1°$ *einmal kleiner, das andere Mal größer als der nämliche Betrag ausgewiesen wurde, so werden wir selbstverständlich diese Sehne ... ohne beträchtlichen Fehler mit* $1^P\, 2'\, 50''$ *ansetzen.*

Dieser Wert entspricht dezimal
$$1 \cdot 60^{-1} + 2 \cdot 60^{-2} + 50 \cdot 60^{-3} \; = \; 0{,}0174537037... \, ,$$
was mit dem 12-stelligen TR-Wert $s(1°) = 2\sin(0{,}5°) = 0{,}017453070997$ schon sehr gut übereinstimmt (fast 5 signifikante Stellen). Rechnet man den TR-Wert in das 60er-System um, so ergibt sich in naheliegender Fortsetzung der antiken Stellenwert-Schreibweise:

---

[1] Das hochgestellte ^{P} steht für „partes", d.h. Sechzigstel, die Striche bedeuten wie bei Winkelmaßen noch gebräuchlich die weiteren Sechzigstel („Minuten" und „Sekunden").

$$s(1°) = 1^P\,2'\,49''\,51'''\,48''''$$

Gerundet auf 3 Stellen würde also der angegebene Wert herauskommen.

e) Mit der Halbwinkelformel ist nun $s(\tfrac{1}{2}°)$ berechenbar, und aus dem Satz des Ptolemäus folgt auch eine Formel für *Summen* (aus der nebenstehenden Figur leicht herzuleiten, im Original übrigens etwas anders bewiesen):

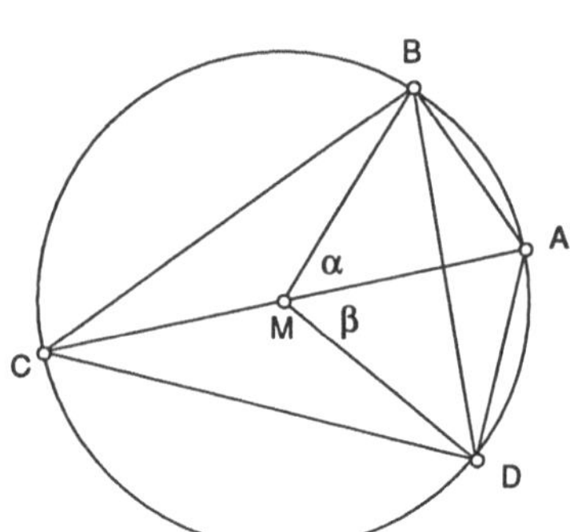

$$s(\alpha+\beta) = \frac{1}{2}\left(\, s(\alpha)\cdot s(180°-\beta) + s(\beta)\cdot s(180°-\alpha)\,\right)$$

Die Berechnung der Sehnen zu allen halbzahligen Winkelgrößen ist mit diesen Werkzeugen nur noch eine Fleißaufgabe.

Aufgaben:

1. *Auf den Spuren von Ptolemäus:*
   Berechnen Sie nach seiner Methode eine obere und eine untere Schranke für $s(1°)$ mit der maximalen TR-Genauigkeit. Natürlich sollen nur die Grundoperationen und die Quadratwurzel benutzt werden. Bestimmen Sie daraus eine Näherung und eine absolute Fehlerschranke für $s(1°)$; vergleichen Sie diese Fehlerschranke mit dem maximalen Rundungsfehler bei Ptolemäus' Zahldarstellung (3 Nachkommastellen im 60er-System)!

2. a) Entwickeln Sie $s(36°) = \dfrac{\sqrt{5}-1}{2}$ in das 60er-System auf 6 Nachkommastellen genau.

   b) Wie groß ist dabei der maximale Rundungsfehler? Wie vielen *dezimalen* Nachkommastellen entspricht das? (Kann der TR die obigen 6 Stellen überhaupt noch verläßlich berechnen?)

3. *Untersuchung der Funktion* $f(x) = \dfrac{\sin(x)}{x}$ *(x im Bogenmaß):*

   a) Zeichnen Sie den Graphen von f über dem Intervall $[0; 2\pi]$!
      Für $x = 0$ ist f (noch) nicht definiert. Wie kann man f an dieser Stelle stetig ergänzen?

   b) Beweisen Sie analytisch: f ist monoton fallend über dem Intervall $[0; \pi]$.

   c) Bestimmen Sie das kleinste positive *lokale Minimum* der Funktion f.
      (Ist x_0 dieses Minimum, so ist also f im Intervall $[0; x_0]$ monoton fallend. Wegen b) ist $x_0 > \pi$. Es genügt ein Näherungswert für x_0.)

2.4 Trigonometrische Funktionen: Halbieren und Verdoppeln

Wir betrachten jetzt sin , cos , tan als Funktionen, die auf ganz $\mathbf{R}$ definiert sind (bei tan mit Ausnahme der Polstellen), wobei die Argumente als Winkel im *Bogenmaß* interpretiert werden.

Will man die Funktionswerte berechnen, so genügt es wegen der Periodizität und der Symmetrie der Funktionen offenbar, sich auf den Bereich $x \in [0; \frac{\pi}{2}]$ zu beschränken.

Im Grunde reicht sogar $x \in [0; \frac{\pi}{4}]$, denn

$$\sin(\frac{\pi}{2} - x) = \cos(x) = \sqrt{1 - \sin(x)^2} \quad ;$$

$$\tan(\frac{\pi}{2} - x) = \frac{1}{\tan(x)} \ .$$

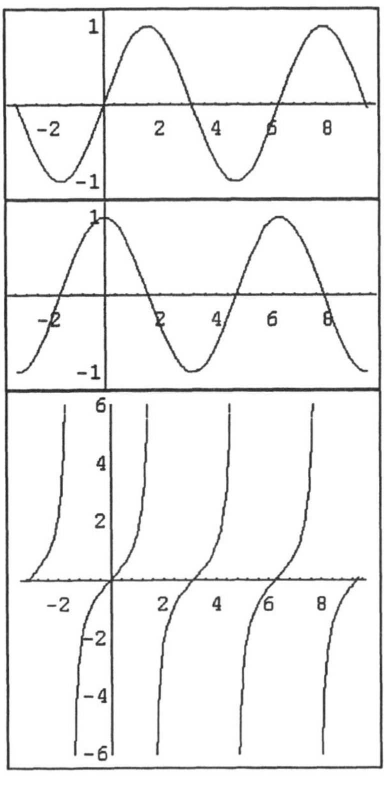

Als Beispiel nehmen wir zunächst den *Sinus*.
Zwei Ideen sind für das folgende Verfahren ausschlaggebend:

1. Für kleine x kann man sin(x) *näherungsweise* bestimmen. Die einfachste Approximation ist $\sin(x) \approx x$.

2. Mit der *Verdopplungsformel*

$$\sin(2x) = 2\sin(x)\cos(x) = 2\sin(x)\sqrt{1 - \sin(x)^2}$$

können Funktionswerte für größere x berechnet werden. Ist also $s = \sin(x)$ bekannt, so bekommt man durch Anwendung der *Sinus-Verdopplungs-Funktion*

$$F(s) = 2s\sqrt{1 - s^2}$$

den Wert für den doppelten Winkel: $F(s) = \sin(2x)$.

Kleine x-Werte kann man mit dem TR immer durch sukzessives Halbieren erreichen; man ist schließlich nicht wie bei den „Sehnentafeln" auf ganzzahlige Winkel oder andere einfache x-Werte angewiesen. Daraus resultiert die Methode *Halbieren / Verdoppeln*, die im einzelnen folgendermaßen abläuft:

Sei $x \in [0; \frac{\pi}{4}]$ *gegeben.*

1. *Halbiere* x *solange, bis eine vorgegebene Schranke* $\varepsilon > 0$ *unterschritten wird;*
2. *approximiere* $\sin(x)$ *durch* x ;
3. *wende die Verdopplungs-Funktion an, so oft wie vorher halbiert wurde.*

Schematische Darstellung:

Gegeben: x Resultat: $s_0 \approx \sin(x)$

$$x_0 = x \qquad\qquad s_0 = F(s_1)$$
$$x_1 = x_0/2$$
$$....$$
$$x_i = x_{i-1}/2 \qquad\qquad s_i = F(s_{i+1})$$
$$....$$
$$\qquad\qquad\qquad s_{n-1} = F(s_n)$$
$$x_n = x_{n-1}/2 < \varepsilon \qquad s_n = x_n$$

Die Berechnung ist mit dem TR leicht durchführbar, da sich die Rechenschritte wiederholen[1], und zwar sowohl abwärts (Halbieren) als auch aufwärts (Verdopplungsfunktion). Man braucht nicht unbedingt alle Zwischenwerte zu notieren; wichtig ist nur, beim Halbieren die Schritte mitzuzählen, denn aufwärts müssen es gleich viele sein.

Beispiel: $x = 0{,}4$ mit der Schranke $\varepsilon = 0{,}01$
(zur Demonstration sind alle Zwischenwerte notiert).
Zum Vergleich: Die Sinusfunktion des TR[2] berechnet
$$\sin(0{,}4) = 0{,}389418342389 ;$$
immerhin sind 5 Stellen der Näherung signifikant.

x_n	s_n
0,4	0,389420740946
0,2	0,198670606946
0,1	0,099834064447
0,05	0,049979494390
0,025	0,024997558627
0,0125	0,012499755857
0,00625	0,00625

Zum Programmieren eignen sich sowohl Schleifen (*iterative* Programmstruktur) als auch *rekursive* Funktionsaufrufe gemäß der folgenden Darstellung:

$$\sin(x) \begin{cases} \approx x \,, & \text{wenn } x < \varepsilon \\ = F(\sin(\frac{x}{2})) \,, & \text{wenn } x \geq \varepsilon \end{cases}$$

Die folgenden Programme benutzen zum Abbrechen die feste Schranke $\varepsilon = 0{,}001$.

<table>
<tr><td>iteratives Programm:</td><td>rekursives Programm:</td></tr>
<tr><td>

```
FUNCTION sinus(x)
   LET n = 0
   DO
     LET x = x/2
     LET n = n+1
   LOOP UNTIL x < 0.001
   LET s = x
   FOR i = 1 TO n
     LET s = 2*s*SQR(1-s*s)
   NEXT i
   LET sinus = s
END FUNCTION
```

</td><td>

```
FUNCTION sinus(x)
   IF x<0.001 THEN
     LET sinus = x
   ELSE
     LET sinus = f(sinus(x/2))
   END IF
END FUNCTION

FUNCTION f(s)
   LET f = 2*s*SQR(1-s*s)
END FUNCTION
```

</td></tr>
</table>

---

[1] Ähnlich wie beim Heron-Verfahren, vgl. die Anmerkung am Schluß von 2.2.
[2] Nicht vergessen: Den TR auf Bogenmaß umstellen!

Nun zur *Fehlerabschätzung*: Für ein gegebenes $x \in [0; \pi/4]$ sei $y = \sin(x)$ und $\tilde{y}$ die nach dem obigen Verfahren berechnete Näherung. Für den Fehler in y sind im wesentlichen zwei Fehlertypen verantwortlich, nämlich

1. der *Abbrechfehler*: Wie gut ist die Näherung $\sin(x) \approx x$ für *kleine* x ?
2. *Fehlerfortpflanzung* bei der Verdopplungsfunktion: Da man F mehrfach anwendet, kann sich der Abbrechfehler eventuell potenzieren; hier muß man also Vorsicht walten lassen.

Zu 1. soll an dieser Stelle die nebenstehende Tabelle genügen. Genauere Abschätzungen des Abbrechfehlers folgen im nächsten Abschnitt; dort wird gezeigt: Für $x > 0$ gilt

x	sin(x)	abs. Fehler $x - \sin(x)$	rel. Fehler $(x-\sin(x))/x$
0,1	0,09983..	$1{,}7 \cdot 10^{-4}$	$1{,}7 \cdot 10^{-3}$
0,01	0,00999983..	$1{,}7 \cdot 10^{-7}$	$1{,}7 \cdot 10^{-5}$
0,001	0,00099999983..	$1{,}7 \cdot 10^{-10}$	$1{,}7 \cdot 10^{-7}$

$$x - \sin(x) \; < \; \frac{x^3}{6} \; .$$

Beachten Sie auch die geometrischen Abschätzungen in Aufgabe 3.

Zu 2. verwenden wir die in 1.6 entwickelten Methoden. Der Kasten zeigt zunächst eine mit Excel erstellte Tabelle (vgl. Anhang, 3. Beispiel) für den gleichen x-Wert wie oben, diesmal mit den absoluten und relativen Fehlern für *jeden* Zwischenschritt. (Für Testzwecke mag es

x_i	s_i	$\sin(x_i)$	abs. Fehler	rel. Fehler
0,4	0,38942074	0,38941834	2,40E-06	6,16E-06
0,2	0,19867061	0,19866933	1,28E-06	6,42E-06
0,1	0,09983406	0,09983342	6,48E-07	6,49E-06
0,05	0,04997949	0,04997917	3,25E-07	6,51E-06
0,025	0,02499756	0,0249974	1,63E-07	6,51E-06
0,0125	0,01249976	0,01249967	8,14E-08	6,51E-06
0,00625	0,00625	0,00624996	4,07E-08	6,51E-06

erlaubt sein, die Näherungen mit den „exakten" Sinuswerten der eingebauten Excel-Funktion zu vergleichen; wir verlassen uns hier darauf, dass die Maschine richtig arbeitet.)

Auffällig ist: Der *absolute* Fehler wird von unten nach oben größer, er verdoppelt sich ungefähr bei jedem Schritt; bei den obigen 6 Schritten wird also der Abbrechfehler um den Faktor $2^6 = 32$ erhöht. Jedoch bleibt der *relative* Fehler etwa gleich, er verringert sich sogar etwas.

Ist $s = \sin(x)$ irgendein Sinuswert, dann ist $y = F(s) = \sin(2x)$.
Ist $\tilde{s}$ eine Näherung für s, dann ist $\tilde{y} = F(\tilde{s})$ eine Näherung für y.
Nach 1.6 gilt für den absoluten Fehler:

$$\Delta y \; \approx \; F'(s)\, \Delta s \; = \; \frac{2(1 - 2s^2)}{\sqrt{1 - s^2}}\, \Delta s$$

Die relevanten s-Werte liegen im Intervall $0 < s < 0,4$, denn für alle $x \in [0; \frac{\pi}{4}]$ ist bei den

Verdopplungsschritten $s = \sin(\frac{x}{2}) \le \sin(\frac{\pi}{8}) = 0,38... < 0,4$; außerdem sind bei den ersten

Schritten die s-Werte sehr klein, so dass das Verhalten von $F'(s)$ in der Nähe von $s = 0$ wichtig ist.

Eine kleine Wertetabelle zeigt: Offenbar ist $F'(s) \le 2$ in diesem Intervall, und $F'(s) \approx 2$ für $s \approx 0$. Unsere Beobachtung in der obigen Tabelle, dass sich der absolute Fehler bei jedem Schritt etwa um den Faktor 2 erhöht, wird dadurch bestätigt.

s	$F'(s)$
0	2,0
0,1	1,9699
0,2	1,8779
0,3	1,7192
0,4	1,4839

Bezüglich des *relativen* Fehlers $r_y = \dfrac{\Delta y}{y}$ gilt nach 1.6:

$$r_y = \frac{s \cdot F'(s)}{F(s)} \, r_s$$

Hier ist

$$\frac{s \cdot F'(s)}{F(s)} = \frac{1 - 2s^2}{1 - s^2}$$

(Zwischenrechnung ausgelassen). Man sieht sofort, dass dieser Vergrößerungsfaktor für den relativen Fehler im Intervall $0 < s < 0,4$ nicht mehr als 1 beträgt und für kleine s ungefähr gleich 1 ist. Auch unsere zweite Beobachtung, dass der relative Fehler beim Verdoppeln nicht anwächst, ist damit allgemein nachgewiesen.

Nimmt man wie in unserem Testbeispiel die Schranke $x < 0,01$ zum Abbrechen, so folgt aus

der o.g. (noch nicht bewiesenen) Abschätzung $x - \sin(x) < \dfrac{x^3}{6}$, dass für den relativen Ab-

brechfehler r gilt:

$$r \approx \frac{x - \sin(x)}{x} < \frac{x^3}{6x} = \frac{x^2}{6} < \frac{0,01^2}{6} \approx 1,67 \cdot 10^{-5}$$

Der relative Fehler vergrößert sich nicht beim Verdoppeln, somit hat man für alle $x \in [0; \pi/4]$, wenn $\tilde{y}$ die nach unserem Verfahren berechnete Näherung für $\sin(x)$ ist, die Abschätzung

$$\frac{\tilde{y} - \sin(x)}{\sin(x)} < 1,67 \cdot 10^{-5} \,,$$

also $\tilde{y} - \sin(x) < \sin(x) \cdot 1,67 \cdot 10^{-5} \approx 0,7 \cdot 1,67 \cdot 10^{-5} \approx 1,2 \cdot 10^{-5}$.

D. h. mindestens 4 Nachkommastellen sind sicher.

Verbesserung des Verfahrens:

Eine bessere Näherung für kleine x ist $\sin(x) \approx x - \dfrac{x^3}{6}$ (vgl. Abschnitt 2.5).

Damit erreicht man schon mit der Schranke $\varepsilon = 0{,}1$ in unserem
Beispiel $x = 0{,}4$ eine Genauigkeit von 7 Nachkommastellen, also
ein besseres Ergebnis mit weniger Aufwand.

x_n	s_n
0,4	0,389418323097
0,2	0,198669320574
0,1	0,099833411458
0,05	0,049979166667

Zur Berechnung des *Cosinus* braucht man jetzt eigentlich nur noch die Formel

$$\cos(x) = \sqrt{1 - \sin(x)^2}$$

anzuwenden. Trotzdem lohnt es sich, ein analoges Halbieren-Verdoppeln-Verfahren für $\cos(x)$ zu entwickeln, denn bei der Fehleranalyse zeigt sich ein reizvoller Kontrast:

Für kleine x ist die einfachste Näherung

$$\cos(x) \approx 1 - x^2/2 \ .$$

Aus $\cos(2x) = \cos(x)^2 - \sin(x)^2$ ergibt sich die Verdopplungsformel:

$$\cos(2x) = 2\cos(x)^2 - 1$$

Für die *Cosinus-Verdopplungs-Funktion*

$$G(c) = 2\,c^2 - 1$$

gilt also analog zum Sinus: Ist $c = \cos(x)$, so ist $G(c) = \cos(2x)$.

Die folgende Excel-Tabelle enthält ein Beispiel mit dem Startwert $x = x_0 = 0{,}4$ und den Folgen

$$x_{i+1} = x_i/2 \ ; \quad x_n < \varepsilon = 0{,}01$$
$$c_n = 1 - x_n^2/2 \ ; \quad c_i = G(c_{i+1}) \ ; \quad c_0 \approx \cos(x)$$

ebenfalls mit den absoluten und relativen Fehlern für jeden Zwischenwert.

x_i	c_i	$\cos(x_i)$	abs. Fehler	rel. Fehler
0,4	0,921060740474	0,921060994003	-2,54E-07	-2,75E-07
0,2	0,980066513170	0,980066577841	-6,47E 08	6,60E 08
0,1	0,995004149029	0,995004165278	-1,62E-08	-1,63E-08
0,05	0,998750256328	0,998750260395	-4,07E-09	-4,07E-09
0,025	0,999687515259	0,999687516276	-1,02E-09	-1,02E-09
0,0125	0,999921875763	0,999921876017	-2,54E-10	-2,54E-10
0,00625	0,999980468750	0,999980468814	-6,36E-11	-6,36E-11

Die Näherung für kleine x ist offenbar sehr gut, fast 10 signifikante Stellen in der letzten Zeile (deshalb sind hier auch 12 Nachkommastellen angezeigt; Excel rechnet mit 16-stelliger Gleitkomma-Darstellung). Absolute und relative Fehler sind ungefähr gleich, denn die cos-Werte liegen nahe bei 1 . Allerdings vergrößern sich die Fehler beim Verdoppeln erheblich, von den anfänglich 10 signifikanten Stellen gehen vier verloren! Der Fehler scheint sich bei jedem Aufwärts-Schritt etwa zu vervierfachen.

Die Fehleranalyse der Verdopplungsfunktion G zeigt tatsächlich:

$$G'(c) = 4c$$

Für $x \in [0; \pi/4]$ ist $0{,}92 < \cos(x) \le 1$, also liegen die relevanten c-Werte im Intervall $[0{,}92; 1]$, und für die meisten Schritte ist $c \approx 1$. Also vergrößert sich bei jedem Schritt der absolute Fehler auf etwas weniger als das 4-fache.

Für den Vergrößerungsfaktor des relativen Fehlers gilt sogar, wie man leicht nachrechnet:

$$\frac{c \cdot G'(c)}{G(c)} = \frac{4c^2}{2c^2 - 1} \ge 4 \quad \text{für } 0{,}92 < c \le 1$$

Bei 6 Verdopplungsschritten wird sich der relative Fehler mindestens auf das 4^6-fache erhöhen, also etwa um den Faktor 4000. Das bedeutet, wie oben beobachtet, einen Verlust von mehr als 3 signifikanten Stellen. Allerdings ist die Genauigkeit im Endergebnis immer noch größer als beim Sinus; das liegt daran, dass die verwendete Näherung für kleine x beim Cosinus qualitativ erheblich besser ist als beim Sinus.

Zur Rechtfertigung dieser Verfahren in Bezug auf die Schulmathematik ist zu sagen: Sie sind elementar herleitbar, es werden nur einfache trigonometrische Formeln benutzt (Additionstheoreme und Pythagoras); daher könnten sie bereits bei der Einführung der trigonometrischen Funktionen im 10. Schuljahr diskutiert werden (vgl. KROLL 1982 für einen Unterrichtsvorschlag). Außerdem kann man den TR sinnvoll einsetzen, man kommt mit wenig Aufwand zu annehmbaren Ergebnissen. Sogar die Abbrechfehler kann man mit elementaren Mitteln analysieren (vgl. Aufg. 3). Eine genaue Analyse der Fehlerfortpflanzung würde zwar Analysis erfordern, man kann sich aber auch auf die Diskussion von Beispielen (Interpretation von Tabellen) beschränken.

Bei den „eingebauten" Funktionen von TR, Programmiersprachen u.ä. werden vermutlich andere Verfahren verwendet, wie z.B. Potenzreihen (vgl. den nächsten Abschnitt). Allerdings könnten auch dort Halbierungs-Strategien wenigstens teilweise sinnvoll sein, etwa um die Konvergenz zu beschleunigen: Für kleine x konvergieren die betreffenden Potenzreihen wesentlich besser. Man beachte auch, dass bei der internen Zahldarstellung in Rechnern (Gleitkommadarstellung *im 2er-System*) das Halbieren eine simple Operation ist: Man vermindert einfach den 2-Exponenten.

Aufgaben:

1. Berechnen Sie Näherungen für $\sin(0{,}7)$ mit Halbieren/Verdoppeln.

   Benutzen Sie dabei die Näherung $\sin(x) \approx x$ für

   a) $x < 0{,}1$;   b) $x < 0{,}01$;   c) $x < 0{,}001$.

   Bestimmen Sie in allen Fällen den absoluten Fehler durch Vergleich mit dem TR-Wert von $\sin(0{,}7)$. Wie viele Dezimalstellen gewinnt man also durch die Verkleinerung der Schranke? Wie verändert sich dabei die Anzahl der benötigten Schritte?

2. a) Berechnen Sie $\cos(0{,}5)$ mit der Näherung $\cos(x) \approx 1 - x^2/2$ für $x < 0{,}1$, und zwar mit *3-stelliger Gleitkomma-Arithmetik* (nach *jeder* Operation auf 3 Stellen runden, vgl. 1.3). Wie ist der große Fehler zu erklären?

   b) Berechnen Sie statt dessen die Hilfsfunktion $f(x) = 1 - \cos(x)$ mit der entsprechenden Näherung und der Verdopplungsformel:

   $$f(2x) = 2\,f(x)\,(2 - f(x))$$

   (Weisen Sie nach, dass diese Formel richtig ist!) Rechnen Sie auch hier mit 3-stelligen Gleitkommazahlen. Vergleichen Sie den Fehler mit dem obigen.

3. *Elementargeometrische Abschätzungen für* sin *und* cos:

   In der nebenstehenden Zeichnung sei

   $MO = MA = 1$, Bogen OA also ein Bogen im Einheitskreis;

   $\angle OMA = x$ im Bogenmaß, also $x = $ Länge des Bogens OA ;

   AB und CO senkrecht auf MO .

   a) Welche Strecken haben die Längen $\sin(x)$, $\cos(x)$, $\tan(x)$?

   b) Vergleichen Sie die Flächen von Dreieck OMA, Kreissektor OMA und Dreieck OMC miteinander. Folgern Sie daraus:

   $$\sin(x) < x < \tan(x)$$

   c) Es ist $\angle BAO = x/2$ (warum?). Folgern Sie daraus mit Hilfe von b):

   $$1 - \cos(x) < \frac{x^2}{2}$$

   d) Es ist $AB > $ Bogen BD (warum?). Folgern Sie daraus mit Hilfe von c):

   $$\sin(x) > x - \frac{x^3}{2}$$

   e) Zeigen Sie: $0 < x - \sin(x) < \dfrac{x^3}{2}$

   f) Beweisen Sie, dass $\displaystyle\lim_{x\to 0} \frac{\sin(x)}{x} = 1$.

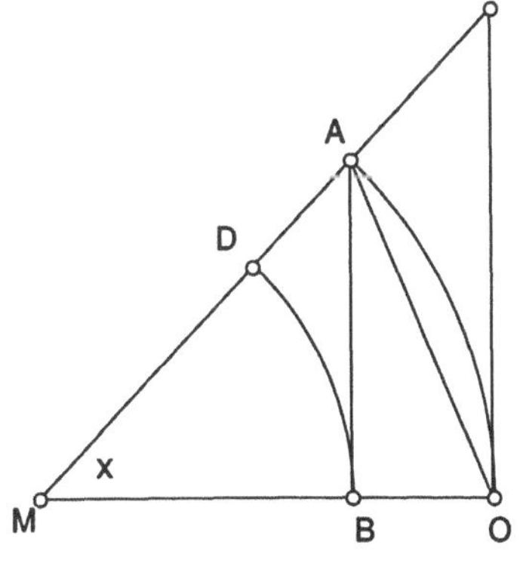

4. Bisher haben wir nur Sinuswerte für $x \in [0; \pi/4]$ berechnet, mit der Begründung, dass man für größere x u.a. die Formel

$$\sin(\pi/2{-}x) = \cos(x) = \sqrt{1 - \sin(x)^2}$$

heranziehen könne. Setzt man also $f(s) = \sqrt{1 - s^2}$, so gilt:

Ist $s = \sin(x)$, so ist $f(s) = \sin(\pi/2{-}x)$.

Wie verhalten sich die Fehler bei dieser Umrechnung? Mit anderen Worten: Wenn man für ein $x \in [0; \pi/4]$ eine Näherung $\tilde{s}$ von $s = \sin(x)$ berechnet hat, wie groß ist dann der absolute bzw. der relative Fehler in der Näherung $f(\tilde{s})$ von $f(s) = \sin(\pi/2{-}x)$?

5. Berechnen Sie $\tan(x)$ mit Halbieren und Verdoppeln! Im einzelnen:

a) Bestimmen Sie eine Verdopplungsfunktion sowie eine Näherung für kleine x

(beachte: $\tan(x) = \dfrac{\sin(x)}{\cos(x)}$).

b) Führen Sie eine Fehleranalyse durch.

6. Man kann auch $\tan(x)$ aus $\sin(x)$ berechnen mit der Formel $\tan(x) = \dfrac{\sin(x)}{\sqrt{1 - \sin(x)^2}}$, d.h

mit $f(s) = \dfrac{s}{\sqrt{1 - s^2}}$ gilt: Ist $s = \sin(x)$, so ist $f(s) = \tan(x)$. Wie verhalten sich die Fehler bei dieser Umrechnung (analog zu Aufg. 4)?

2.5 Potenzreihen

Aus der Analysis übernehmen wir die *Potenzreihenentwicklung* der elementaren Funktionen.
Beispielsweise ist

$$\sin(x) = x - \frac{x^3}{3!} + \frac{x^5}{5!} - \frac{x^7}{7!} + - \ldots \; ; \qquad \cos(x) = 1 - \frac{x^2}{2!} + \frac{x^4}{4!} - \frac{x^6}{6!} + - \ldots \; ;$$

diese Reihen konvergieren für alle $x \in \mathbf{R}$. Grundlage hierfür ist der

Satz von Taylor:

Die Funktion $f : [a; b] \to \mathbf{R}$ sei $(n+1)$-mal stetig differenzierbar für ein $n \in \mathbf{N}$.
Dann gilt für alle $x_0, x \in [a; b]$

$$f(x) = f(x_0) + \frac{f'(x_0)}{1!}(x-x_0) + \frac{f''(x_0)}{2!}(x-x_0)^2 + \ldots + \frac{f^{(n)}(x_0)}{n!}(x-x_0)^n + R_n \; ,$$

wobei das *Restglied* R_n gegeben ist durch

$$R_n = \frac{f^{(n+1)}(\xi)}{(n+1)!}(x-x_0)^{n+1} \quad \text{für ein } \xi \in [x_0; x] \; .$$

Das *Taylorpolynom* n-*ten Grades* $T_n(x) = \sum_{i=0}^{n} \frac{f^{(i)}(x_0)}{i!}(x-x_0)^i$ *approximiert* die Funktion

$f(x)$ *lokal*: Im allgemeinen ist das Restglied klein, so dass $f(x) \approx T_n(x)$ in einer Umgebung
von x_0 (wie gut diese Näherung ist, muss im Einzelfall untersucht werden).

Ist f beliebig oft differenzierbar, so erhält man die *Taylorreihe* von f, die in der Regel in einer Umgebung von x_0 konvergiert:

$$f(x) = \sum_{i=0}^{\infty} \frac{f^{(i)}(x_0)}{i!}(x-x_0)^i$$

Z.B. sind die o.a. Reihendarstellungen von
sin und cos ihre Taylorreihen für $x_0 = 0$.
(Übrigens sind die in 2.4 verwendeten Näherungen für kleine x genau die Taylorpolynome von Grad 1, 2 bzw. 3.)
Die Grafik zeigt die Sinusfunktion über dem
Intervall $[-1; 2\pi]$ zusammen mit ihren ersten vier Taylorpolynomen.

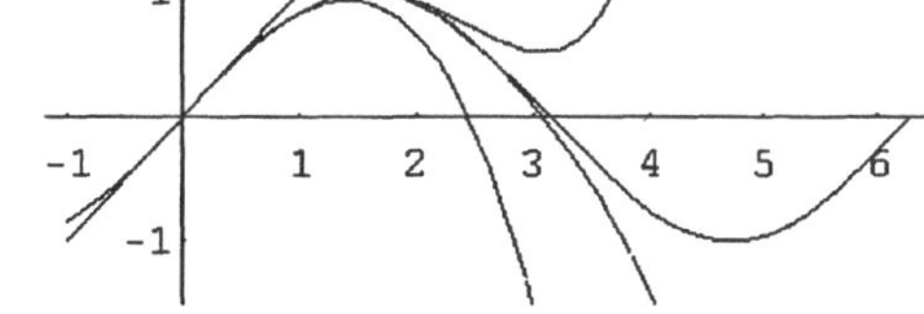

Zur *Berechnung von Näherungswerten* für $f(x)$ wird eine solche Reihe nach endlich vielen
Gliedern abgebrochen. Daraus ergeben sich praktische Fragen:

– Wie berechnet man eine solche Reihe möglichst effizient (sparsam und genau)?

– Wie viele Glieder sind notwendig zum Erreichen einer bestimmten Genauigkeit?

– Wie groß ist der Fehler beim Abbruch nach n Summanden?

Grundsätzlich kann man für eine Reihe $\sum\limits_{n=1}^{\infty} a_n$ die Folge s_n der Partialsummen rekursiv berechnen nach dem Schema

$$s_n = (a_1 + \dots + a_{n-1}) + a_n = s_{n-1} + a_n \quad \text{für } n > 1$$

mit dem Startwert $s_1 = a_1$. Wenn außerdem die Summanden a_n regelmäßig gebaut sind wie bei vielen Potenzreihen, kann man sie ebenfalls rekursiv berechnen; z.B. gilt beim Sinus:

$$a_n = \pm \frac{x^n}{n!} \quad \text{für } \textit{ungerade } n \quad \text{(alternierende Vorzeichen)}$$

und $a_n = 0$ für gerade n. Also ist

$$a_1 = x \quad \text{und} \quad a_n = -a_{n-2} \cdot \frac{x^2}{(n-1)\cdot n} \quad \text{für ungerade } n \geq 3 .$$

Zur Berechnung mit Excel hat man folgende Einträge vorzunehmen:
Zuerst wird Zelle A2 mit dem Namen x versehen, und der gewünschte x-Wert wird dort als Konstante eingetragen, z.B. 0,8 . Weitere Konstanten und Formeln:

		A	B	C	D	E
Überschriften:	1	x	n	a(n)	s(n)	s(n) - sin(x)
Startwerte:	2	0,8	1	= x	= C2	= D2-sin(x)
Rekursionen:	3		= B2+2	= -C2*x^2/(B3-1)/B3	= D2+C3	= D3-sin(x)

In Spalte E werden zwecks Fehleranalyse die absoluten Fehler in s_n ausgerechnet. Kopiert man nun die 3. Zeile sechsmal nach unten, so erhält man die folgenden Inhalte (Spalte D wurde auf 15 Nachkommastellen, d.h. maximale Genauigkeit formatiert):

x	n	a(n)	s(n)	s(n) - sin(x)
0,8	1	0,8	0,800000000000000	0,08264391
	3	-0,0853333	0,714666666666667	-0,00268942
	5	0,00273067	0,717397333333333	4,1242E-05
	7	-4,161E-05	0,717355723174603	-3,6772E-07
	9	3,6987E-07	0,717356093042681	2,1432E-09
	11	-2,152E-09	0,717356090890721	-8,8017E-12
	13	8,8286E-12	0,717356090899550	2,6867E-14
	15	-2,691E-14	0,717356090899523	0

Die signifikanten Stellen sind fett gedruckt. Bereits beim 7. Schritt ist also die maximale Genauigkeit erreicht. Vergleicht man Spalte E mit Spalte C, so zeigt sich eine verblüffende Ähnlichkeit: Der absolute Fehler ist (bis auf das Vorzeichen) ungefähr so groß wie der nächste Summand der Reihe, man findet sogar:

$$| s_n - \sin(x) | \;<\; | a_{n+2} |$$

Wenn man das allgemein nachweisen könnte, hätte man eine bequeme Art, den absoluten Fehler abzuschätzen.

Tatsächlich hat das Restglied R_n des Taylor-Polynoms $T_n(x)$ mit $x_0 = 0$ die Darstellung

$$R_n = \frac{\sin^{(n+1)}(\xi)}{(n+1)!} \cdot x^{n+1} \qquad \text{mit } \xi \in [0; x] \; ;$$

bei *geraden* n folgt daraus wegen $\sin^{(n+1)}(x) = \pm \cos(x)$ und $|\cos(\xi)| \leq 1$:

$$|R_n| = |T_n(x) - \sin(x)| \leq \frac{1}{(n+1)!} |x|^{n+1}$$

Diese absolute Fehlerschranke (rechte Seite der Ungleichung) ist dem Betrage nach genau der nächste Summand der Taylorreihe. Damit ist die obige Beobachtung bestätigt.

Das bedeutet folgendes: Wenn sich der Partialsummenwert bei s-stelliger Rechnung nicht mehr ändert, weil der neue Summand kleiner als der Rundungsfehler ist, dann ist auch der Abbrechfehler kleiner als der Rundungsfehler. Man kann dann davon ausgehen, dass alle Stellen dieser Partialsumme signifikant sind.

Das gilt allerdings nur unter der Bedingung, dass bei der Rechnung keine größeren Rundungsfehler aufgetreten sind. Denn bei großen x werden die Summanden erst einmal sehr groß, ehe sie gegen 0 konvergieren; d.h. man berechnet den relativ *kleinen* Wert $\sin(x)$ als Summe bzw. Differenz von relativ *großen* Zwischenwerten. Das kann nicht gutgehen, wie das nächste Beispiel mit $x = 20$ zeigt (die meisten Zeilen sind ausgeblendet):

x	n	a_n	s_n	$s_n - \sin(x)$
20	1	20	20,000000000	19,0870547
	3	-1333,3333	-1313,333333333	-1314,24628
	5	26666,6667	25353,333333333	25352,4204
	15	-25058228	-15851009,379008200	-15851010,3
	17	36850332,5	20999323,145149400	20999322,2
	19	-43099804	-22100480,976672400	-22100481,9
	67	-4,046E-08	0,912945246	-4,7065E-09
	69	3,4496E-09	0,912945249	-1,257E-09
	71	-2,776E-10	0,912945249	-1,5346E-09

Sowohl Summanden als auch Partialsummen nehmen zwischendurch Werte von der Größenordnung 10^7 an, um ein Ergebnis vom Betrag kleiner als 1 auszurechnen! Erst ab $n = 69$ stabilisieren sich die Werte, aber auch der absolute Fehler, weil die vorherigen Rundungsfehler nicht mehr zu reparieren sind. Immerhin hat das Ergebnis noch 8 signifikante Stellen.

Das Beispiel sollte noch einmal das Phänomen der *Auslöschung* demonstrieren (vgl. 1.3). Natürlich kann man für die Sinus-Berechnung wieder die Perioden und Symmetrien der Funktion ausnutzen, um x möglichst klein zu halten.

Die Potenzreihe $\cos(x) = 1 - \dfrac{x^2}{2!} + \dfrac{x^4}{4!} - \dfrac{x^6}{6!} + - \ldots$ ist der Sinus-Reihe sehr ähnlich. Man braucht in der Excel-Tabelle nur zwei Startwerte auszuwechseln: Beginnt man mit $n = 0$ und $a_0 = 1$, so erhält man die folgenden Inhalte (in Spalte E wurde natürlich sin durch cos ersetzt).

x	n	a_n	s_n	s_n - cos(x)
0,8	0	1	1,000000000000000	0,30329329
	2	-0,32	0,680000000000000	-0,01670671
	4	0,01706667	0,697066666666667	0,00035996
	6	-0,0003641	0,696702577777778	-4,1316E-06
	8	4,161E-06	0,696706738793651	2,9446E-08
	10	-2,959E-08	0,696706709204205	-1,4296E-10
	12	1,4346E-10	0,696706709347669	5,0315E-13
	14	-5,045E-13	0,696706709347164	-1,3323E-15

Bezüglich des Fehlers ist das gleiche Verhalten wie beim Sinus zu beobachten.

Weitere Potenzreihen:

exp(x) und log(x) haben einfache Reihenentwicklungen (vgl. 2.6).

Die Potenzreihe von tan(x) sieht nicht sehr regelmäßig aus. Wie man z.B. auf dem TI-92 mit dem Befehl `taylor(tan(x),x,9,0)`   herausfindet, lauten die ersten Glieder:

$$\tan(x) = x + \frac{1}{3}x^3 + \frac{2}{15}x^5 + \frac{17}{315}x^7 + \frac{62}{2835}x^9 + \ldots$$

(Versuchen Sie, in den Koeffizienten eine Regel zu finden!) Besser würde man also sin(x) und daraus tan(x) berechnen (vgl. 2.4 Aufg. 6).

Im Gegensatz dazu hat arctan(x) wieder eine einfache Potenzreihe, die äußerlich der Sinusreihe sogar sehr ähnlich sieht, nämlich:

$$\arctan(x) = x - \frac{x^3}{3} + \frac{x^5}{5} - \frac{x^7}{7} + - \ldots$$

Allerdings ist ihr Konvergenzverhalten furchtbar schlecht, anders als beim Sinus, denn die Koeffizienten dieser Potenzreihe konvergieren nur sehr langsam gegen 0 . Gleichwohl ist sie u.a. für die π-Berechnung interessant, denn bekanntlich ist $\dfrac{\pi}{4} = \arctan(1)$, also:

$$\frac{\pi}{4} = 1 - \frac{1}{3} + \frac{1}{5} - \frac{1}{7} + - \ldots$$

Nach 1000 Summanden ändert sich die Partialsumme immer noch um etwa $\dfrac{1}{2000} = 0{,}0005$;

vor einer praktischen Nutzung dieser Reihe sollte man sich daher über geeignete Maßnahmen Gedanken machen. (Siehe Aufgaben 2 und 3)

Aufgaben:

1. a) Berechnen Sie $\sin(3)$ mit 5 Summanden der Taylorreihe. Wie genau ist dieser Wert? (Fehlerabschätzung mit Restglied!)

   b) Wie viele Summanden braucht man, um $\sin(3)$ auf 8 Nachkommastellen genau zu erhalten? (Hier auch Fehlerabschätzung)

   c) Wie viele Summanden braucht man für dieselbe Genauigkeit, wenn man die Formel $\sin(x) = \sin(\pi - x)$ benutzt?

   Lösen Sie diese Aufgabe, ohne den TR-Wert von $\sin(3)$ zu benutzen.

2. Die arctan-Reihe konvergiert um so schneller, je kleiner x ist. Im Jahre 1705 machte sich der Astronom A. Sharp diese Eigenschaft zunutze und berechnete aus der Darstellung

$$\frac{\pi}{6} = \frac{1}{\sqrt{3}}\left(1 - \frac{1}{3 \cdot 3} + \frac{1}{3^2 \cdot 5} - \frac{1}{3^3 \cdot 7} + \frac{1}{3^4 \cdot 9} - + \ldots\right)$$

   die Zahl π auf 72 Stellen genau (das war der erste „nach-archimedische" Rekord, der mit einer Reihenentwicklung erzielt wurde; vgl. 0.3).

   a) Zeigen Sie $\tan(\frac{\pi}{6}) = \dfrac{1}{\sqrt{3}}$ und beweisen Sie damit die obige Darstellung.

   b) Berechnen Sie aus den ersten fünf Summanden eine Näherung für π . Wie viele signifikante Stellen hat sie?

   c) Wie viele Summanden hat Sharp für seinen Rekord berechnen müssen? (Es genügt die ungefähre Anzahl.)

   Tip: Bei einer *alternierenden* konvergenten Reihe $s = \displaystyle\sum_{n=1}^{\infty} a_n$ schließen benachbarte

   Partialsummen den Grenzwert ein, also ist $|a_n|$ eine Abschätzung für den Fehler in s_n :

$$| s_n - s | \leq | s_n - s_{n-1} | = |a_n|$$

3. J. Machin stellte 1706 mit 100 Stellen von π einen weiteren Rekord auf; er benutzte die

   Darstellung $\dfrac{\pi}{4} = \arctan\left(\dfrac{1}{5}\right) - \arctan\left(\dfrac{1}{239}\right)$. (Zur Herleitung vgl. 0.2)

   a) Berechnen Sie damit π auf 6 Stellen genau (unter Benutzung der arctan-Reihe)!

   b) Wie viele Summanden braucht man ungefähr, um $\arctan(0{,}2)$ mit der Potenzreihe auf 100 Stellen genau zu berechnen? (Vgl. den Tip in Aufg. 2c.)

2.6   Exponentialfunktion und Logarithmus

Eine der bekanntesten irrationalen Zahlen (nach $\sqrt{2}$ und π) ist zweifellos die „Eulersche Zahl" $e = 2{,}71828182849...$, die Basis der Exponentialfunktion $\exp(x) = e^x$ und ihrer Umkehrfunktion, des natürlichen Logarithmus $\ln(x)$. Was macht nun diese Zahl und die darauf basierende Funktion so einzigartig? Zunächst sind die Potenzfunktionen $f(x) = a^x$ dadurch ausgezeichnet, dass ihr Wachstum proportional zu Funktion selbst ist, d.h. es gibt eine Konstante k mit

$$f'(x) = k \cdot f(x) \qquad \text{für alle } x.$$

Für die *Exponentialfunktion* gilt zusätzlich $k = 1$, so dass also $\exp' = \exp$, und sie ist die einzige Funktion, die die Bedingung $f' = f$ erfüllt.

Aus dieser fundamentalen Eigenschaft folgt durch Taylor-Entwicklung bei $x_0 = 0$ sofort die Potenzreihen-Darstellung:

$$\exp(x) = 1 + \frac{x}{1!} + \frac{x^2}{2!} + \frac{x^3}{3!} + ...$$

Denn für alle $n \in \mathbf{N}$ ist $\exp^{(n)}(0) = \exp(0) = 1$.
Die Reihe konvergiert für alle $x \in \mathbf{R}$.

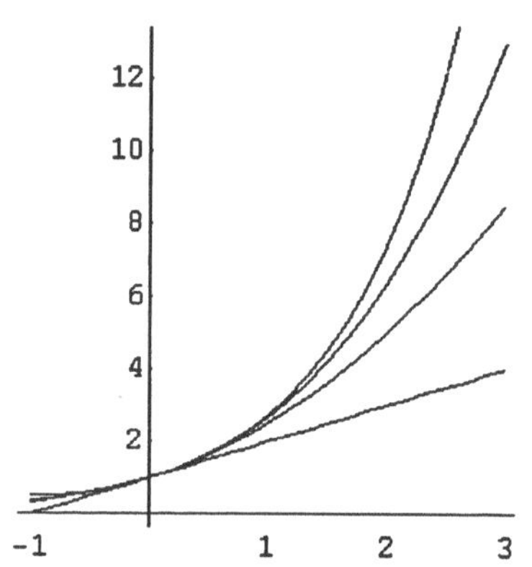

Graph von exp und ihren ersten
drei Taylorpolynomen

Wegen der regelmäßigen Gestalt der Summanden

$a_n = \dfrac{x^n}{n!}$ kann man die Partialsummen nach dem üblichen Schema rekursiv berechnen:

$$a_0 = 1 \;\; ; \quad a_{n+1} = a_n \cdot \frac{x}{n+1}$$

$$s_0 = a_0 \;\; ; \quad s_{n+1} = s_n + a_n$$

n	a_n	s_n	abs. Fehler
0	1	1	-0,64872127
1	0,5	1,5	-0,14872127
2	0,125	1,625	-0,02372127
3	0,02083333	1,64583333	-0,00288794
4	0,00260417	1,6484375	-0,00028377
5	0,00026042	1,64869792	-2,3354E-05
6	2,1701E-05	1,64871962	-1,6526E-06
7	1,5501E-06	1,64872117	-1,0255E-07
8	9,6881E-08	1,64872127	-5,6642E-09

Wenn $|x|$ klein ist, etwa $|x| < 1$, konvergiert die Reihe sehr gut, denn die Folge der Summanden konvergiert sehr schnell gegen Null.

(Im Beispiel ist $x = 0{,}5$.)

Für große $|x|$ wächst $|a_n|$ zunächst an, solange $\dfrac{|x|}{n+1} > 1$ ist; danach werden die Summanden kleiner, und erst wenn dieser Faktor sehr klein wird, ist eine gute Konvergenz zu erwarten.
Je größer also $|x|$ ist, desto größer ist der Rechenaufwand und die Anfälligkeit für Rundungs-

fehler (besonders eklatant im Fall $x < 0$, da die Summanden der Potenzreihe im Vergleich zum Funktionswert $\exp(x)$ sehr groß werden und ihr Vorzeichen wechseln).

Man könnte jedoch einen Teil des Funktionswertes e^x als *ganzzahlige* Potenz ausrechnen: Ist $x = z + r$ mit $z \in \mathbf{Z}$ und $|r| < 0,5$, dann gilt:

$$e^x = e^{z+r} = e^z \cdot e^r$$

Wenn die Konstante e hinreichend genau bekannt ist, kann man e^z einfach berechnen, und für e^r konvergiert die Potenzreihe gut.

Das Restglied des Taylorpolynoms vom Grad n ist:

$$R_n = \frac{\exp(\xi)}{(n+1)!} \, x^{n+1} \quad \text{für ein } \xi \in [0; x]$$

Wenn jetzt $|x| < 0,5$ ist, kann man den absoluten Fehler damit abschätzen durch

$$|R_n| \leq \frac{\exp(0,5)}{(n+1)!} \, |x|^{n+1} \approx \frac{1,65}{(n+1)!} \, |x|^{n+1} \; ;$$

also liegt der absolute Fehler in der Größenordnung des nächsten Summanden der Taylorreihe, ähnlich wie bei den Potenzreihen von $\sin$ und $\cos$.

Die Exponentialfunktion hat auch eine Darstellung als Grenzwert einer Folge:

$$\exp(x) = \lim_{n \to \infty} \left(1 + \frac{x}{n}\right)^n$$

Das hat zwar den Vorteil, dass man nur ein einziges Folgenglied (mit einem genügend großen Index) ausrechnen muß, um eine Näherung zu erhalten; zudem hat diese monoton *wachsende* Folge ein monoton *fallendes* Gegenstück:

n	$(1+x/n)^n$	$(1+x/n)^{n+1}$
1	1,5	2,25
10	1,62889463	1,71033936
100	1,64666849	1,65490183
1000	1,64851526	1,64933952
10000	1,64870066	1,6487831
100000	1,64871921	1,64872745
1000000	1,64872106	1,64872189

$$\left(1 + \frac{x}{n}\right)^n < \exp(x) < \left(1 + \frac{x}{n}\right)^{n+1}$$

Aus dieser Intervallschachtelung ergibt sich eine Fehlerabschätzung für die Näherungen von $\exp(x)$. Allerdings konvergiert die Folge relativ langsam, wie die Tabelle zeigt (auch hier ist $x = 0,5$); man muß also schon ein relativ großes n wählen, um eine passable Genauigkeit zu erreichen.

Auch die Methode „Halbieren/Verdoppeln" funktioniert hier, und zwar sehr einfach. Die Potenzrechenregel $e^{2x} = (e^x)^2$ ist nichts anderes als eine Verdopplungsformel für $\exp$:

$$\exp(2x) = \exp(x)^2$$

Mit einer Näherung für kleine x , etwa der linearen

$$\exp(x) \approx 1 + x \quad \text{für } |x| \ll 1 \ ,$$

ergibt sich analog zu den Berechnungen von $\sin$ und $\cos$ in 2.4 das folgende Verfahren:

Sei x gegeben.

1. *Halbiere x solange, bis eine vorgegebene Schranke $\varepsilon > 0$ unterschritten wird;*
2. *addiere 1 ;*
3. *quadriere so oft, wie vorher halbiert wurde.*

Das ist auch mit einfachsten TR (ohne Potenztaste) leicht durchführbar. Die Schranke ε sollte übrigens nicht zu klein gewählt werden, sonst gehen bei der Addition von 1 zu viele Stellen verloren. Außerdem verdoppelt sich beim Quadrieren der relative Fehler, also sollte man nicht zu viele Schritte machen. Wenn man die Genauigkeit steigern möchte, ist es besser, die Näherung $\exp(x) \approx 1 + x$ durch das Taylor-Polynom vom Grad 2 oder 3 zu ersetzen.

Die allgemeine Potenzfunktion a^x mit $a > 0$ kann auf e^x zurückgeführt werden:

$$a^x = (e^{\ln(a)})^x = e^{x \ln(a)}$$

Spätestens hier stellt sich die Frage, wie man den **natürlichen Logarithmus** $\ln$, die Umkehrfunktion von $\exp$, berechnet.

Entwickelt man $\ln$ bei $x_0 = 1$ in eine Taylorreihe, so ergibt sich (beachte $\ln'(x) = \dfrac{1}{x}$):

$$\ln(x) = (x-1) - \frac{(x-1)^2}{2} + \frac{(x-1)^3}{3} - \frac{(x-1)^4}{4} + - \ldots$$

Im allgemeinen wird aber die ln-Reihe so angegeben, als hätte man x durch $x+1$ ersetzt, mit anderen Worten die Funktion $\ln(x+1)$ in $x_0 = 0$ entwickelt:

$$\ln(x+1) = x - \frac{x^2}{2} + \frac{x^3}{3} - \frac{x^4}{4} + - \ldots$$

Diese Reihe konvergiert nur für $-1 < x \le 1$, obwohl die Funktion $\ln(x+1)$ für alle $x > -1$ definiert ist. Für $x = -1$ ergibt sich bis auf das Vorzeichen die harmonische Reihe, die bekanntlich divergiert; für $|x| > 1$ divergiert sogar die Folge der Summanden.

Zudem werden die Koeffizienten der Potenzreihe nur sehr langsam kleiner, anders als bei den Reihenentwicklungen von $\sin, \cos$ und $\exp$. Für $|x| \ll 1$

n	a_n	s_n
1	0,5	0,5
2	-0,125	0,375
3	0,04166667	0,41666667
4	-0,015625	0,40104167
5	0,00625	0,40729167
6	-0,00260417	0,4046875
7	0,00111607	0,40580357
8	-0,00048828	0,40531529
9	0,00021701	0,4055323
10	-9,7656E-05	0,40543465

(Beispiel in der Tabelle: x = 0.5) spielt das keine große Rolle, denn solange die Koeffizienten einer Potenzreihe vom Betrag kleiner als 1 sind, konvergiert sie in der Umgebung von 0 mindestens so schnell wie die geometrische Reihe $\sum\limits_{i=0}^{\infty} x^i$. Wenn allerdings x nahe bei 1 liegt, dann verhält sich die Potenzreihe ungefähr so wie die Reihe der Koeffizienten. In unserem Fall ergibt sich für x = 1 die *alternierende harmonische Reihe*:

$$\ln(2) = 1 - \frac{1}{2} + \frac{1}{3} - \frac{1}{4} + \frac{1}{5} - + \dots \approx 0{,}69314718$$

Nach 1000 Summanden ändert sich die Partialsumme immer noch um 0,001 , also in der 3. Nachkommastelle. Um 5 signifikante Stellen zu berechnen, müßte man 200000 Divisionen und Additionen ausführen.

Immerhin hat diese Reihe den Vorteil, dass sie *alterniert*, d.h. der Grenzwert wird von benachbarten Partialsummen eingeschlossen. Mehr noch: Die *arithmetischen Mittel* benachbarter Partialsummen liegen wesentlich näher beim Grenzwert, und es zeigt sich, dass die Folge der Mittelwerte wiederum alterniert (s. Diagramm). Wiederholt man diesen Prozeß, so kann man auf immer bessere Näherungen hoffen.

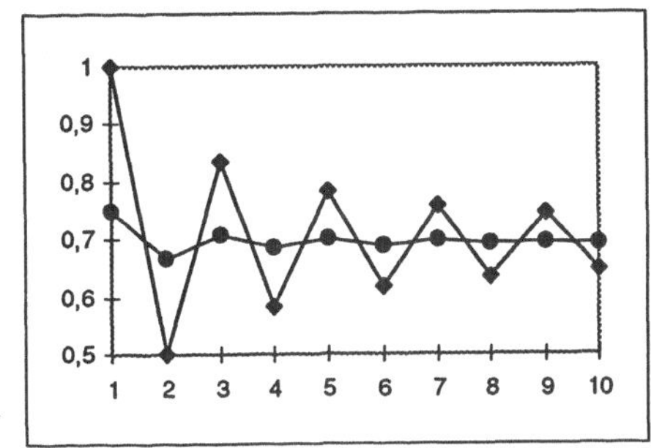

n	a_n	s_n	t_n	u_n	v_n	w_n
10	-0,1	0,64563492	0,69108947	0,69298341	0,69312909	0,6931447
11	0,09090909	0,73654401	0,69487734	0,69327478	0,69316031	
12	-0,08333333	0,65321068	0,69167222	0,69304584		
13	0,07692308	0,73013376	0,69441947			
14	-0,07142857	0,65870518			ln(2) = 0,69314718	

Die Tabelle enthält ausgehend von den Partialsummen s_n für n = 10, ..., 14 die Mittelwerte

$$t_n = \frac{s_n + s_{n+1}}{2} \quad (n = 10, \dots, 13),$$

davon wiederum die Mittelwerte

$$u_n = \frac{t_n + t_{n+i}}{2} \quad (n = 10, \dots, 12)$$

usw.; bei 5 Startwerten sind 4 Schritte dieser sukzessiven Mittelung möglich. Der letzte Wert enthält immerhin 5 signifikante Stellen, im Vergleich zur Genauigkeit der Startwerte s_n ein erheblicher Zugewinn. (Dieser Trick funktioniert allerdings nicht bei jeder alternierenden Reihe; für weitere Einzelheiten vgl. BJÖRCK/DAHLQUIST, Kapitel 3.21.)

Um $\ln(x)$ mit Halbieren und Verdoppeln zu berechnen, braucht man einfach nur das Verfahren für exp umzukehren:

Sei x *gegeben.*
1. *Ziehe die Quadratwurzel so lange, bis der Wert nahe bei* 1 *liegt,*
   d.h. bis $|x-1| < \varepsilon$ *für eine vorgegebene Schranke* ε ,
2. *subtrahiere* 1 ,
3. *verdopple so oft, wie vorher die Wurzel gezogen wurde.*

Auch das ist mit einfachsten TR durchführbar. Auch hier sollte man ε nicht zu klein wählen, sonst gehen bei der Subtraktion von 1 zu viele Stellen verloren (Auslöschung!). Bessere Näherungen erhält man, indem man in 2. statt der linearen Näherung $\ln(x) \approx x - 1$ ein Taylorpolynom höheren Grades benutzt.

Aufgaben:

1. a) Berechnen Sie $e = \exp(1)$ mit der Potenzreihe auf insgesamt 6 Stellen genau. Schätzen Sie zunächst ab, wie viele Summanden Sie benötigen.

   b) Berechnen Sie $\exp(-2)$ mit der Potenzreihe, aber diesmal mit 3-stelliger Rechnung.

   c) Berechnen Sie ebenfalls mit 3-stelliger Rechnung zunächst $\exp(2)$ und daraus
   $$\exp(-2) = \frac{1}{\exp(2)} \; .$$
   Vergleichen Sie mit dem Ergebnis von b).

2. Für ein gegebenes $x > 0$ seien $a_n = \left(1+\dfrac{x}{n}\right)^n$ und $b_n = \left(1+\dfrac{x}{n}\right)^{n+1}$.

   a) Zeigen Sie, dass a_n und b_n den Grenzwert $\exp(x)$ mit einem relativen Fehler vom Betrag kleiner als $\dfrac{x}{n}$ approximieren. (Dass $a_n < \exp(x) < b_n$, wird als bekannt angenommen.)

   b) Berechnen Sie mit $x = 1$ die arithmetischen Mittel von a_n und b_n für $n = 100, 1000$ und 10000. Wie viele signifikante Stellen haben diese? (Vergleichen Sie sie mit dem TR-Wert von e .)

3. a) Berechnen Sie $e = \exp(1)$ mit der Halbieren-Verdoppeln-Methode. Verwenden Sie dazu für $x < 0{,}1$ das Taylorpolynom 2. Grades als Näherung.

   b) Machen Sie das gleiche mit 3-stelliger Rechnung.

Kapitel 3   Lösen nichtlinearer Gleichungen

3.1   Algebraisch oder numerisch?

„Noch einen Schluck?" fragt der Gastgeber. Der Gast reicht ihm sein halbkugelförmiges Glas und sagt „Gern, aber halbvoll, bitte" – damit stürzt er den Gastgeber in erhebliche Probleme.

Denn das Volumen V eines Kugelsegmentes mit der Höhe h beträgt, wenn die Kugel den Radius R hat:

$$V = \frac{\pi}{3} h^2 (3R - h)$$

Das Halbkugelvolumen beträgt $V_{HK} = \frac{2\pi}{3} R^3$.

Ist also $V = \frac{1}{2} V_{HK} = \frac{\pi}{3} R^3$, so folgt:

$$R^3 = h^2 (3R - h)$$

Dividiert man die Gleichung durch R^3, so erhält man daraus mit $x = \frac{h}{R}$ eine Gleichung 3. Grades:

$$x^3 - 3x^2 + 1 = 0$$

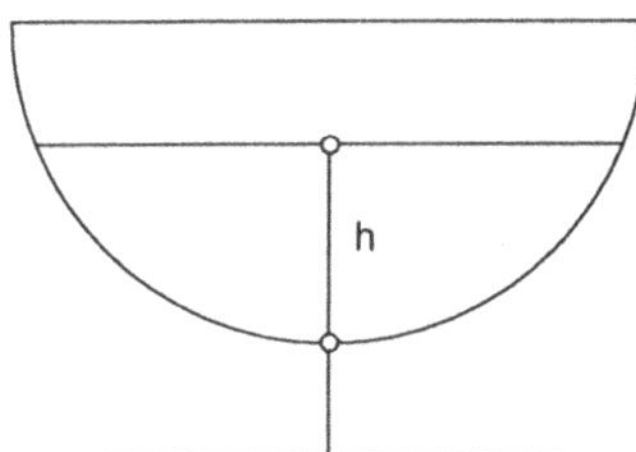

Schnitt durch die Halbkugel

Um die Bitte des Gastes zu erfüllen, muss der Gastgeber erst einmal diese Gleichung lösen. Möglicherweise gibt es mehrere Lösungen; die für das Problem relevante Lösung liegt jedoch offenbar zwischen 0 und 1 .

Ein anderes Problem: Nach den Keplerschen Gesetzen bewegen sich die Planeten auf Ellipsenbahnen um die Sonne, und zwar so, dass die Sonne in einem Brennpunkt steht und dass der „Fahrstrahl" Sonne-Planet in gleichen Zeiten gleiche Flächen überstreicht. Will man die Position des Planeten zu einer bestimmten Zeit berechnen, so geht man folgendermaßen vor:

a und b seien die große und kleine Halbachse der Ellipse sowie e ihre Exzentrizität. P_0 sei das Perihel (der sonnennächste Punkt) der Planetenbahn und P ein beliebiger Punkt, der in der Zeit t nach dem Periheldurchgang erreicht werde. Normiert man die Umlaufzeit des Planeten auf 1 (bei der Erde würde das heißen, dass man die Zeit in Jahren misst), so beträgt die Fläche F des Ellipsensektors P_0SP:

$$F = \pi\, a\, b\, t$$

Denn diese Fläche ist nach dem 2. Keplerschen Gesetz proportional zur Zeit, und nach einem vollen Umlauf (t = 1) ergibt sich die Gesamtfläche der Ellipse, nämlich $\pi\, a\, b$.

Streckt man die Ellipse in vertikaler Richtung um den Faktor $\dfrac{a}{b}$ zu einem Kreis, so beträgt die Fläche F' des gestreckten Ellipsensektors P_0SP' :

$$F' = \pi\, a^2\, t$$

Andererseits ist, mit $\angle P_0MP' = \alpha$ im Bogenmaß:

$$F' = F(\text{Sektor } P_0MP') - F(\text{Dreieck } P'MS)$$

$$= \frac{\alpha}{2}\, a^2 - \frac{1}{2}\, e\, a\, \sin(\alpha)$$

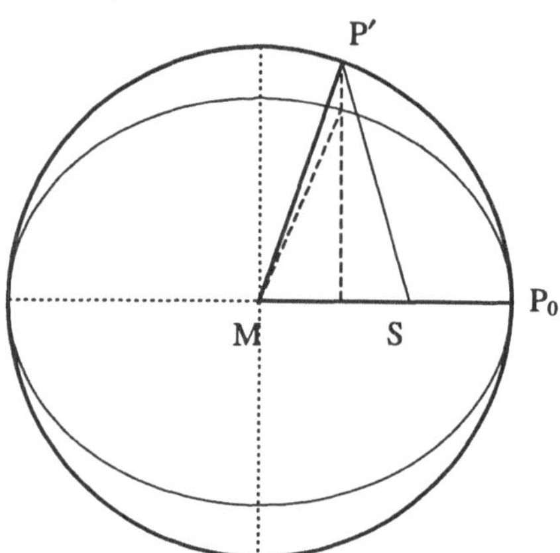

Setzt man diese beiden Ausdrücke für F' gleich und vereinfacht, so ergibt sich die *Keplersche Gleichung*:

$$2\pi\, t = \alpha - \frac{e}{a}\, \sin(\alpha)$$

Wenn der Bahnparameter $\varepsilon = \dfrac{e}{a}$ (auch numerische Exzentrizität der Ellipse genannt) sowie die Umlaufszeit des Planeten (als Maßeinheit für t) bekannt sind, kann man damit zu jeder gegebenen Zeit t den Winkel α berechnen und daraus die Planetenposition bestimmen. Diese Gleichung ist jedoch nicht algebraisch lösbar.

Die beiden Beispiele sind typisch für zwei Klassen von Gleichungen, die man sinnvollerweise mit numerischen Methoden angeht:

1. *Polynomgleichungen* $p(x) = \sum_{i=0}^{n} a_i\, x^i = 0$ sind zwar bis zum Grade $n = 4$ algebraisch auflösbar, allerdings für $n = 3$ und 4 nur mit erheblichen Aufwand; für $n > 4$ gibt es keine allgemeinen algebraischen Lösungen mehr. Auf Schulniveau kommen für algebraische Verfahren eigentlich nur die linearen und quadratischen Gleichungen in Frage.

2. Die Keplersche Gleichung ist der Urtyp der *transzendenten Gleichungen*, die grundsätzlich nicht algebraisch lösbar sind. Typischerweise treten in diesen Gleichungen die transzendenten Funktionen wie sin, exp, ln in Kombination mit linearen (bzw. Polynom-) Funktionen auf, etwa

$$\sin(x) = a\, x + b \; ; \quad \exp(x) = a\, x + b \; : \quad \ln(x) = x^2 - 2$$

Beide Typen kommen in der Schulmathematik recht selten vor. Möglicherweise liegt das daran, dass die Kontexte, aus denen sie stammen, z.T. nicht ganz einfach sind. Andererseits könnte aber auch eine gewisse Scheu vor numerischen Lösungen die Ursache sein; nicht-algebraische Lösungsverfahren gelten als nicht exakt, daher etwas anrüchig. Gleichwohl sind Näherungslösungen bei Anwendungsproblemem in aller Regel angemessen, zudem mit den üblichen Verfahren (prinzipiell) beliebig genau berechenbar. Selbst die „exakte" Lösungsformel für quadratische Gleichungen besagt ja im Grunde nur, dass unter gewissen Bedingungen Lösungen existieren, die gewissen Verknüpfungsregeln gehorchen; wenn man Zahlenwerte benötigt, muß man Wurzeln ausrechnen können, und das ist wieder ein numerisches Problem mit allen Konsequenzen (i.a. nur näherungsweise möglich, aber beliebig genau; welche Genauigkeit notwendig ist, hängt vom Kontext ab).

Auch wenn algebraische Lösungen existieren, können einfache numerische Verfahren durchaus sinnvoll sein, insbesondere wenn man keine exakten Werte braucht. Will man z.B. für eine Kugel mit vorgegebenem Volumen den ungefähren Radius ausrechnen, so kann man die Gleichung $V = \dfrac{4\pi}{3}r^3$ mit einem einfachen Suchverfahren numerisch nach r auflösen (Überschlagsrechnen, systematisches Probieren; vgl. Aufgabe 1).

Graphische TR bieten eine Vielzahl von Möglichkeiten, um Gleichungen zu lösen, mit oder ohne Graphik-Unterstützung. (Die folgenden Beispiele beziehen sich auf den TI-85; andere Geräte haben ähnliche Funktionen. Die Kurzbeschreibung soll nicht die Bedienungsanleitung ersetzen.)

- In der Standardform einer *Nullstellen-Gleichung* $f(x) = 0$ zeichnet man den Graphen der Funktion f über einem passenden Intervall; i.a. erhält man damit einen guten Überblick über alle Nullstellen von f.
  Z.B. hat die Funktion $p(x) = x^3 - 3x^2 + 1$ drei Nullstellen, deren ungefähre Lage mit GRAPH und ggfs. ZOOM schnell bestimmt sind; mit TRACE bekommt man grobe Näherungswerte. Die Nullstelle $x_0 \approx 0,6$ ist für das eingangs genannte Problem zutreffend. Ruft man im Menü GRAPH MATH die Option ROOT auf, so kann man ein Fadenkreuz entlang des Graphen in die Nähe dieser Nullstelle bewegen; der zugehörige x-Wert wird dann als Startwert für die Berechnung benutzt. Drückt man die ENTER-Taste, so wird die Nullstelle angezeigt. Ergebnis: $x_0 = 0,65270364466614$.
  (Die anderen Lösungen lassen sich genauso bestimmen.)

- Selbst wenn die Gleichung in der allgemeinen Form $f(x) = g(x)$ gegeben ist, kann man ähnlich vorgehen: Man zeichnet die Graphen von f und g über einem passenden Intervall und ruft im Menü GRAPH MATH die Option ISECT (Intersection) zur Bestimmung des Schnittpunkts der Graphen auf.

– Mit oder ohne graphische Unterstützung kann man den SOLVER benutzen: Man gibt die Gleichung sowie einen Näherungswert für eine Lösung ein und erhält die benachbarte Lösung mit maximaler TR-Genauigkeit (14 Stellen; die letzte Stelle ist jedoch i.a. unsicher).

– Letztendlich gibt es für *Polynomgleichungen* die Taste POLY , die nach Eingabe der Koeffizienten sämtliche (reellen oder komplexen) Nullstellen des Polynoms liefert.

Auch ohne die Automatismen der graphischen TR kommt man mit systematischer Suche zu passablen Ergebnissen, wenn die Anforderungen an die Genauigkeit nicht allzu hoch sind. Mit dem obigen Beispiel $p(x) = x^3 - 3x^2 + 1 = 0$ kann man etwa so verfahren:

1. Man weiß, dass die gesuchte Nullstelle x_0 zwischen 0 und 1 liegt. Also beginnt man eine Tabelle mit $x = 0,5$ und geht in 0,1-Schritten aufwärts. Ergebnis: $0,6 < x_0 < 0,7$ (Vorzeichenwechsel!), und x_0 liegt ungefähr in der Mitte dazwischen, da $p(0,6)$ und $p(0,7)$ etwa gleichweit von 0 entfernt sind. Schätzwert: $x_0 \approx \mathbf{0,65}$

2. Neue Tabelle: Startwert $x = 0,65$ und 0,01-Schritte. Ergebnis: $0,65 < x_0 < 0,66$, aber viel näher bei 0,65 , denn $p(0,66)$ ist fast dreimal so weit von 0 entfernt wie $p(0,65)$.
   Neuer Schätzwert: $x_0 \approx \mathbf{0,653}$, eher weniger.

	x	p(x)
1.	0,5	0,375
	0,6	0,136
	0,7	−0,127
2.	0,65	0,0071...
	0,66	−0,0193...
3.	0,652	0,00185...
	0,653	−0,00078...

3. Neue Tabelle: Startwert $x = 0,652$ und 0,001-Schritte. Ergebnis: $0,652 < x_0 < 0,653$ Diesmal ist x_0 näher an der Obergrenze des Intervalls. Neuer Schätzwert: $x_0 \approx \mathbf{0,6537}$.

Das sind, wie der Vergleich mit der TR-Lösung zeigt, 4 signifikante Stellen, erzielt mit 7 Funktionsauswertungen. Ein Glücksfall? Wohl kaum. Mit etwas Übung in der Auswahl der Intervalle kann man solche Ergebnisse immer erzielen. Man ist also auch mit einfachen TR nicht verloren; man beachte außerdem, dass eine Genauigkeit von 3-4 Stellen für viele Anwendungen ausreicht.

Das oben skizzierte Verfahren beruht auf linearer Interpolation per Überschlagsrechnung. Es ist absichtlich nicht streng algorithmisch formuliert, da es nicht zum Programmieren gedacht ist; beim Umgang mit TR darf man durchaus flexibler vorgehen. Im Beispiel wurden etwa die Schrittweiten für x (d.h. die Intervall-Längen) auf Zehntel, Hundertstel usw. gesetzt. Das ist praktikabel, aber nicht zwingend; man kann die Auswahl der Startwerte und Schrittweiten der Situation anpassen.

Jedoch kann man die systematische Suche auch automatisieren, am einfachsten in der Form der *Intervallhalbierung*, auch *Bisektion* genannt.

Es sei $f : D \to \mathbf{R}$ eine stetige Funktion ($D \subseteq \mathbf{R}$). Gesucht ist eine Nullstelle von f.
Man bestimmt nun ein Start-Intervall $I_0 = [a; b] \subseteq D$ so, dass $f(a)$ und $f(b)$ verschiedene
Vorzeichen haben: $\mathrm{sgn}\,f(a) \neq \mathrm{sgn}\,f(b)$. Nach dem *Zwischenwertsatz* für stetige Funktionen
gibt es dann in I_0 mindestens eine Nullstelle
(eventuell auch mehrere; vgl. Skizze).

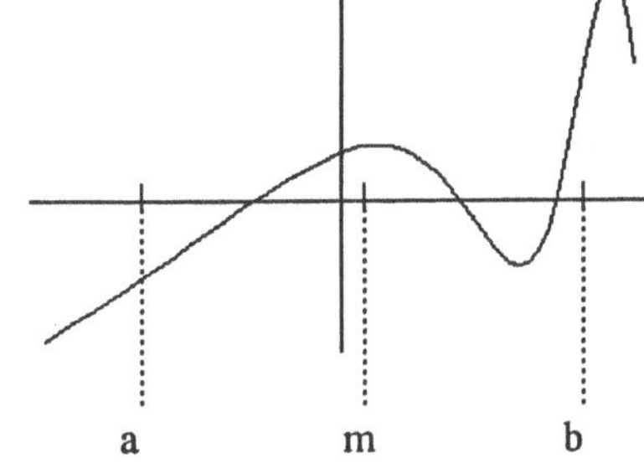

Es sei jetzt $m = \dfrac{a+b}{2}$ die Intervallmitte. Dann hat
$f(m)$ entweder das Vorzeichen von $f(a)$ oder von
$f(b)$, also wechselt f entweder im rechten oder im
linken Teilintervall das Vorzeichen (es sei denn, m
trifft zufällig *genau* auf eine Nullstelle):

Ist $\mathrm{sgn}\,f(m) = \mathrm{sgn}\,f(a)$, so liegt eine Nullstelle in $[m; b]$. Setze dann $I_1 = [m; b]$.
Ist $\mathrm{sgn}\,f(m) = \mathrm{sgn}\,f(b)$, so liegt eine Nullstelle in $[a; m]$. Setze dann $I_1 = [a; m]$.

Wiederholt man diesen Vorgang, so ergibt sich eine *Intervallschachtelung* $I_0, I_1, I_2, \ldots$ für eine
Nullstelle x_0 von f. Die Länge der Intervalle wird bei jedem Schritt halbiert, also konvergiert
das Verfahren mit Sicherheit, und außerdem erhält man daraus eine einfache Abschätzung für
den absoluten Fehler nach n Schritten. Faustregel: 10 Schritte bringen 3 Dezimalstellen mehr.
Denn nach 10 Schritten hat sich die Länge des Intervalls um den Faktor
$2^{-10} \approx 10^{-3}$ verkleinert. Ist eine vorgegebene Genauigkeit erreicht, kann man
abbrechen.

Das Basic-Programm im Kasten setzt
voraus, dass die Funktion f als Basic-
FUNCTION definiert ist. Als Eingabe
benötigt es ein Start-Intervall sowie
eine absolute Fehlerschranke für die
Genauigkeit. Wenn f an den Grenzen
des Start-Intervalls das gleiche Vorzeichen hat, gibt es eine Fehlermeldung.

```
FUNCTION nullstelle(a, b, epsilon)
   LET ya = f(a) : LET yb = f(b)
   IF sgn(ya) = sgn(yb) THEN
      PRINT "Falsches Startintervall"
      END
   END IF
   DO
      LET m = (a+b)/2 : LET ym = f(m)
      IF ym = 0 THEN EXIT DO
      IF sgn(ym) = sgn(yb) THEN
         LET b = m : LET yb = ym
      ELSE
         LET a = m : LET ya = ym
      END IF
   LOOP until b-a < epsilon
   LET nullstelle = m
END FUNCTION
```

Eigenschaften des Intervallhalbierungs-
Verfahrens:

– Es ist einfach und „narrensicher", für eine große Klasse von Funktionen geeignet (nur die
   Stetigkeit wird vorausgesetzt!)
– Die Konvergenz ist mäßig schnell, aber gut kontrollierbar.
– Es benötigt wenig Rechenaufwand (pro Schritt nur eine Funktionsauswertung).

– Enthält das Start-Intervall mehrere Nullstellen, so weiß man nicht, *welche* man findet; die Anfangswerte müssen also sorgfältig ausgewählt werden.
– Das Verfahren funktioniert nur bei Nullstellen mit Vorzeichenwechsel, also nicht bei „doppelten Nullstellen", wo die Nullstelle gleichzeitig lokales Extremum ist.

Aufgaben:

1. Wie groß ist der Innendurchmesser eines kugelförmigen Glaskolbens mit dem Volumen 1 Liter bzw. 10 Liter? Bestimmen Sie die Maße mit ausreichender Genauigkeit durch systematisches Probieren (also ohne die Gleichung aufzulösen, ohne die 3. Wurzel)!

2. a) Zeichnen Sie den Graphen der Polynomfunktion $p(x) = x^3 - 3x^2 + 1$ über einem geeigneten Intervall.

   b) Eine ihrer Nullstellen wurde bereits näherungsweise mit systematischem Suchen bestimmt. Berechnen Sie entsprechend die anderen Nullstellen!

3. Es sei $p(x)$ wie in Aufgabe 2.

   a) Wenn man das Intervallhalbierungsverfahren mit den Intervallen

   (1) $I_0 = [-2 ; 4]$ bzw.   (2) $I_0 = [-2 ; 3]$

   startet, gegen welche Nullstelle von $p(x)$ konvergiert das Verfahren jeweils?

   b) Zeigen Sie: Wenn ein Start-Intervall alle drei Nullstellen enthält, so konvergiert das Verfahren niemals gegen die mittlere Nullstelle (falls diese nicht gleich einer Intervallmitte ist).

4. Ein Spezialfall des Lösens von Gleichungen ist die Berechnung von Umkehrfunktionen, z.B. ist $\arcsin(0{,}7)$ die Lösung der Gleichung $\sin(x) = 0{,}7$ mit $x \in [-\frac{\pi}{2}; \frac{\pi}{2}]$. Bestimmen Sie in diesem Sinne die folgenden Werte durch systematisches Probieren jeweils auf drei Stellen genau, *ohne die TR-Taste für die Umkehrfunktion zu benutzen*:

x	sin(x)
0,7	0,6442
0,8	0,7174
0,78	0,7032
0,77	0,6961
0,775	0,6997
0,776	0,7004

   a) $\arcsin(0{,}99)$ b) $\arccos(0{,}4)$ c) $\arccos(0{,}9)$ d) $\arctan(10)$

   (Man sollte vielleicht die Anzahl der Versuche von vornherein begrenzen, z.B. auf maximal 7 Funktionsauswertungen.)

3.2 Iterationsverfahren: Experimente

Die zu lösende Gleichung sei jetzt in der *Fixpunkt-Form*

$$\phi(x) = x$$

dargestellt, mit einer passenden Funktion ϕ. Die Lösungen der Gleichung sind die *Fixpunkte* von ϕ. Jede Gleichung ist in dieser Form darstellbar, sogar auf verschiedene Arten.

Erstes Beispiel:

Die Gleichung $x^3 - 3x^2 + 1 = 0$ aus 3.1 kann folgendermaßen umgeformt werden (für andere Möglichkeiten vgl. Aufg. 1):

$$x(x^2 - 3x) = -1$$

$$x = -\frac{1}{x^2 - 3x} = \frac{1}{x(3-x)}$$

Die gesuchten Nullstellen sind also Fixpunkte der rationalen Funktion $\phi(x) = \dfrac{1}{x(3-x)}$. Optisch erkennt man sie als Schnittpunkte des Graphen von ϕ mit der Hauptdiagonalen $y = x$. (Zwar ist ϕ für $x = 0$ und $x = 3$ nicht definiert, das berührt aber die Fixpunkte nicht.)

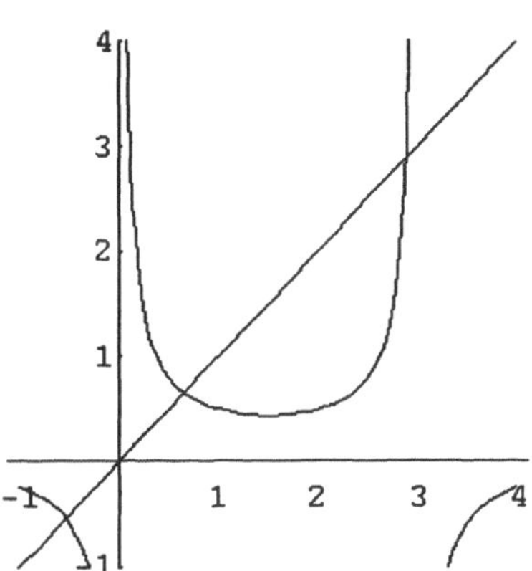

Man wählt nun einen groben Näherungswert für einen Fixpunkt als Startwert x_0 und berechnet die Folge (x_n) durch wiederholte Anwendung von ϕ:

$$x_{n+1} = \phi(x_n) \quad \text{für alle } n \geq 0$$

Günstigenfalls liegt x_{n+1} näher beim Fixpunkt als x_n, so dass man immer bessere Näherungen erhält.

Beim obigen Beispiel hat ϕ drei Fixpunkte:

$$x^* \approx -0{,}53 \; ; \; x^{**} \approx 0{,}65 \; ; \; x^{***} \approx 2{,}88$$

– Mit dem Startwert $x_0 = 0{,}5$ (linke x_n-Spalte der Tabelle unten; Diagramm rechts) zieht sich die Folge in der Tat trichterförmig zusammen: Die Werte oszillieren um den designierten Grenzwert x^{**}; die Konvergenz ist nicht rasend schnell, aber immerhin sind nach 12 Schritten 2 signifikante Stellen erkennbar.

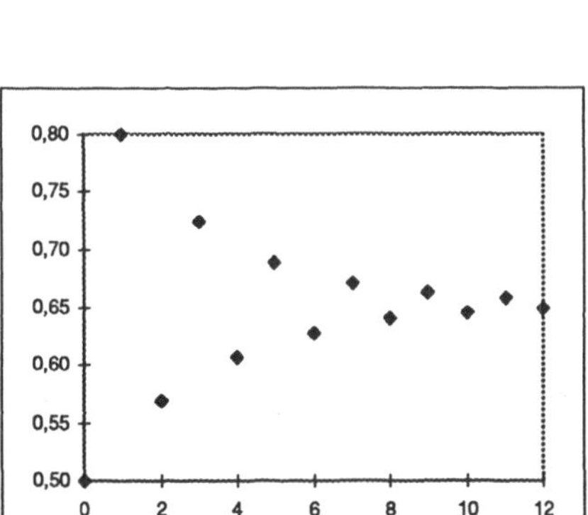

– Startet man jedoch in der Nähe des rechten Fix-
punktes, etwa mit $x_0 = 2{,}8$ (mittlere Spalte der
Tabelle), so verhält sich die Folge nach wenigen
Schritten genau wie die erste; der rechte Fixpunkt
wird damit nicht erreicht, die Folge wird von x^{***}
weggestoßen und zu x^{**} hingezogen. Selbst wenn
man noch näher bei x^{***} anfangen würde, ergäbe
sich keine Änderung; für $x_0 > x^{***}$ würde sogar
Divergenz auftreten.

– In der Nähe von x^*, etwa mit $x_0 = -0{,}5$
(Diagramm rechts), läuft die Folge trichterförmig *auseinander*; im weiteren Verlauf zeigt
sich, was sich an dem Bild erst andeutet: Die
Folge oszilliert zwischen den Häufungspunkten
0 und $-\infty$.

n	x_n	x_n	x_n
0	0,50000	2,80000	-0,50000
1	0,80000	1,78571	-0,57143
2	0,56818	0,46118	-0,49000
3	0,72374	0,85408	-0,58476
4	0,60701	0,54562	-0,47705
5	0,68844	0,74674	-0,60288
6	0,62839	0,59432	-0,46039
7	0,67101	0,69943	-0,62770
8	0,63989	0,62147	-0,43915
9	0,66216	0,67650	-0,66211
10	0,64599	0,63619	-0,41242
11	0,65761	0,66497	-0,71056
12	0,64919	0,64403	-0,37928

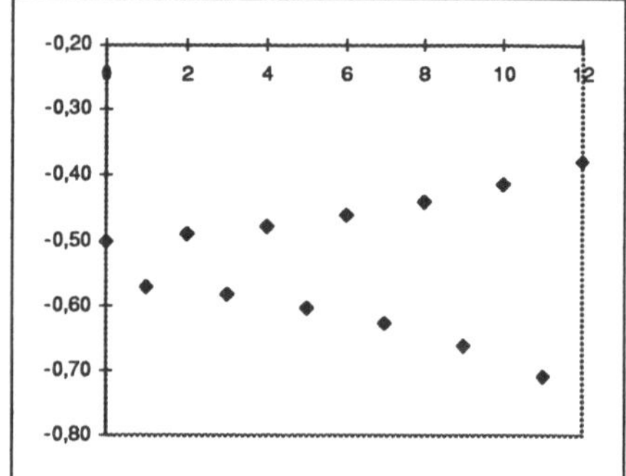

Fazit:
Manche Fixpunkte verhalten sich *anziehend*,
manche *abstoßend*.

Allgemein gilt:

> *Wenn ϕ stetig ist und die ϕ-Iterationsfolge (x_n) konvergiert, dann ist der Grenzwert*
> *ein Fixpunkt.*

Denn aus der definierenden Gleichung $x_{n+1} = \phi(x_n)$ folgt durch Grenzübergang, wenn
$\lim\limits_{n\to\infty} x_n = x^*$:

$$
\begin{aligned}
x^* &= \lim_{n\to\infty} x_{n+1} \\
&= \lim_{n\to\infty} \phi(x_n) \;=\; \phi(\lim_{n\to\infty} x_n) \qquad \text{weil } \phi \text{ stetig ist} \\
&= \phi(x^*)
\end{aligned}
$$

Die Stetigkeit von ϕ in einer Umgebung des Fixpunkts ist zweifellos eine natürliche, unver-
zichtbare Voraussetzung; unstetige Funktionen sind „unberechenbar". Es ist also jetzt zu klären, *wann* die Folgen konvergieren und *wie* sie konvergieren. Bevor wir jedoch in die Theorie
einsteigen, werden wir noch mehr Beispiele untersuchen, denn die Phänomene, die beim Iterationsverfahren auftreten, sind sehr vielfältig. Es wäre unangemessen, die Folgen nur nach dem

Kriterium „konvergent oder divergent" zu beurteilen; dafür ist dieser Folgen-Zoo viel zu reich an Arten. Die Iterationsfolgen sind geradezu paradigmatisch für viele Typen von Folgen. Außerdem sind die Experimente zum Verständnis der Theorie unverzichtbar,

Nicht zu vergessen: Wie schon mehrfach erwähnt, etwa beim Heron-Verfahren zur Wurzelberechnung in 2.2, sind solche Folgen mit den meisten TR sehr einfach zu berechnen, wenn man die ANS-Taste verwendet:
- Startwert eintippen und ENTER-Taste drücken;
- dann den Funktionsterm mit ANS statt x eingeben und wiederholt ENTER drücken.
Graphische TR haben fertige interne Programme zur Tabellierung und graphischen Darstellung der Folgen und Funktionen. Tabellen-Software wie Excel eignet sich ebenfalls sehr gut (die Tabellen und Folgen-Diagramme in diesem Abschnitt sind mit Excel erzeugt, die Funktionsgraphen jedoch größtenteils mit Mathematica).

Eine Vorbemerkung zu den weiteren Beispielen: Falls trigonometrische Funktionen vorkommen, sind die Argumente im *Bogenmaß* einzusetzen.

Zweites Beispiel:

$$\phi(x) = \cos(x)$$

Diese Iteration läßt sich auf vielen TR erzeugen durch wiederholtes Drücken der cos-Taste: Egal mit welchen Wert man beginnt, nach einigen Schritten erscheint immer die gleiche Zahl: Es gibt genau einen Fixpunkt. Mit $x_0 = 1$ sind nach 50 Schritten 8 Stellen stabil: $x^* \approx 0{,}73908513$. Die Folge oszilliert um den Fixpunkt, ähnlich wie im ersten Beispiel oben.

Wir werden die Folgen manchmal auch in einem *Spinnweb-Diagramm* darstellen. Das ist ein Polygonzug, der wie folgt erzeugt wird:
- Ist x_0 der Startwert, starte auf dem zugehörigen Punkt der Diagonalen $y = x$.
- Gehe senkrecht bis zum Graphen von ϕ , dann waagerecht bis zur Diagonalen.
- Wiederhole das, so oft wie nötig.

Man sieht hier, wie die Folge sich zusammenzieht.

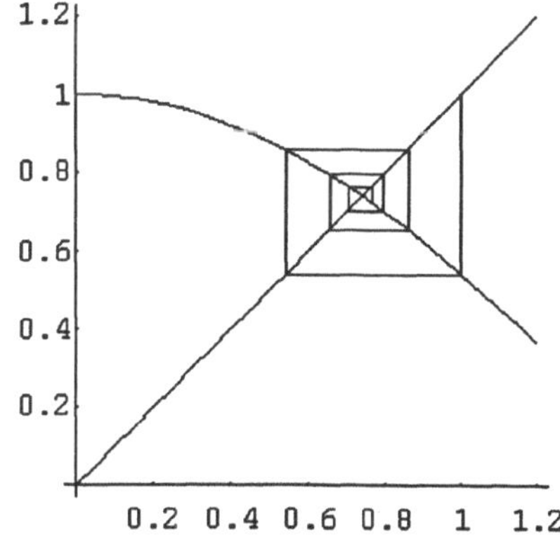

Mit manchen graphischen TR kann man Spinngewebe automatisch erzeugen. Die Beispiele in diesem Abschnitt sind jedoch mit Mathematica erstellt.

Der absolute Fehler $\Delta_n = x_n - x^*$ scheint regelmäßig abzunehmen. In der Tabelle wird Δ_n mit Hilfe des obigen 8-stelligen Näherungswertes für x^* berechnet; die rechte Spalte enthält die Quotienten benachbarter Δ_n. Diese nähern sich offenbar einem konstanten Wert $q \approx -0{,}67$; das bedeutet, dass sich Δ_n ungefähr wie die geometrische Folge q^n verhält.

n	x_n	$\Delta_n = x_n - x^*$	Δ_n/Δ_{n-1}
0	1,00000	0,26091	
1	0,54030	-0,19878	-0,76187
2	0,85755	0,11847	-0,59597
3	0,65429	-0,08480	-0,71577
4	0,79348	0,05440	-0,64149
5	0,70137	-0,03772	-0,69338
6	0,76396	0,02487	-0,65952
7	0,72210	-0,01698	-0,68273
8	0,75042	0,01133	-0,6673
9	0,73140	-0,00768	-0,67779
10	0,74424	0,00515	-0,67077

Drittes Beispiel:

$$\phi(x) = \sin(2x) + 2 \quad ; \quad x_0 = 2$$

Es gibt genau einen Fixpunkt $x^* \approx 1{,}8$ (siehe Graph rechts).

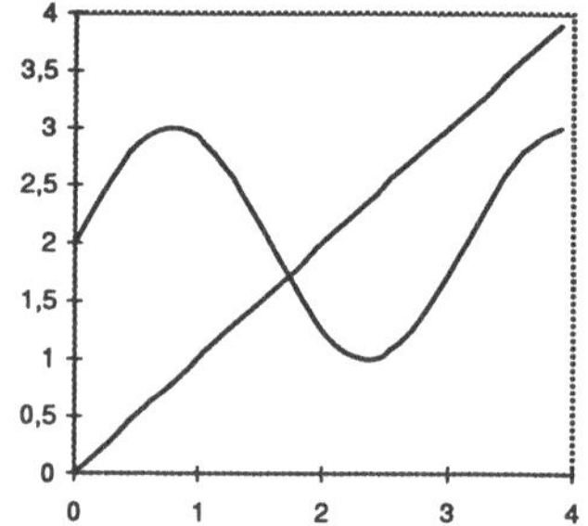

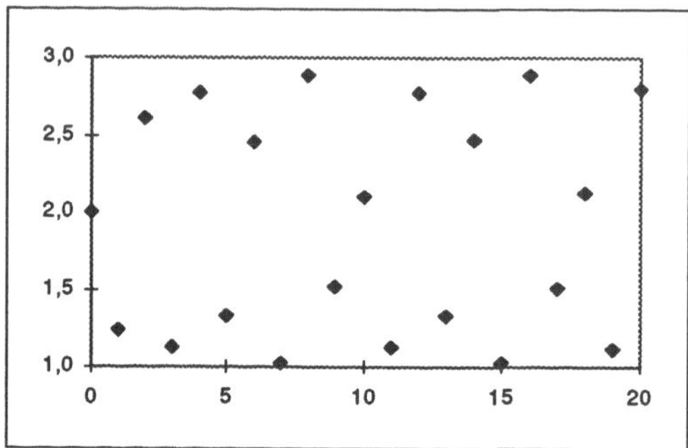

Das Diagramm links zeigt die ersten 20 Folgenglieder. Die Folge scheint nicht zu konvergieren, sie verhält sich ziemlich unregelmäßig, bleibt aber beschränkt auf das Intervall [1; 3] .

Keine Anzeichen von Konvergenz, nicht einmal Häufungspunkte sind erkennbar. Auch nach weiteren 100 Schritten ändert sich das Bild nicht.

Viertes Beispiel:

$$\phi(x) = \sin(2x) + 3{,}4$$

Es gibt 3 Fixpunkte:

$$x^* \approx 2{,}4 \; ; \; x^{**} \approx 2.8 \; ; \; x^{***} \approx 4{,}2$$

Die Iterationen mit diesen Startwerten zeigen merkwürdige Unterschiede (Tabelle auf der nächsten Seite).

a) $x_0 = 2{,}4$:

Schnelle Konvergenz, monoton fallend. Nach 10 Schritten sind bereits 9 Stellen stabil.

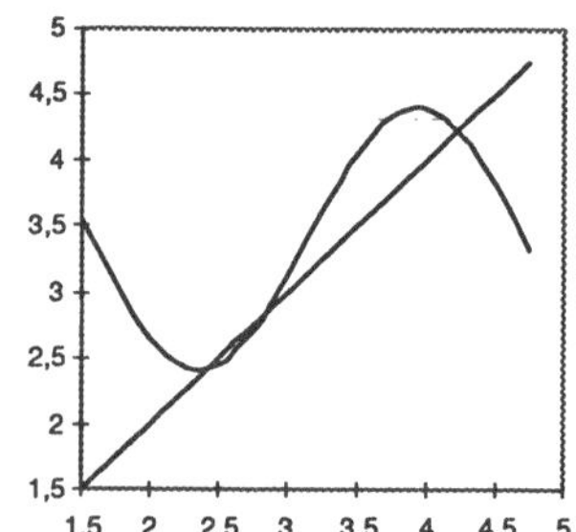

b) $x_0 = 4,2$:

Keine Konvergenz, die Folge läuft auseinander und oszilliert zwischen zwei Häufungspunkten, die ungefähr bei 4,0 und 4,4 liegen (Diagramm unten links mit 20 Schritten).

x^{***} wirkt offenbar abstoßend, allerdings fängt sich die Folge in einem Zyklus.

n	x_n	x_n	x_n	x_n
0	2,400000000	4,20000	2,80000	2,90000
1	2,403835391	4,25460	2,76873	2,93540
2	2,404535878	4,19292	2,72150	2,99920
3	2,404670140	4,26187	2,65523	3,11905
4	2,404696097	4,18397	2,57358	3,35493
5	2,404701124	4,27080	2,49303	3,81384
6	2,404702097	4,17276	2,43722	4,37450
7	2,404702286	4,28161	2,41310	4,02550
8	2,404702323	4,15886	2,40647	4,38066
9	2,404702330	4,29439	2,40505	4,01585
10	2,404702331	4,14196	2,40477	4,38425

c) In der Nähe von x^{**} hängt das Verhalten wesentlich davon ab, ob x_0 kleiner oder größer als x^{**} ist:

Für $x_0 = 2,8$ fällt die Folge und gerät in den Anziehungsbereich von x^* .

Für $x_0 = 2.9$ (Diagramm unten rechts) steigt sie zunächst an und läuft dann auseinander wie in b).

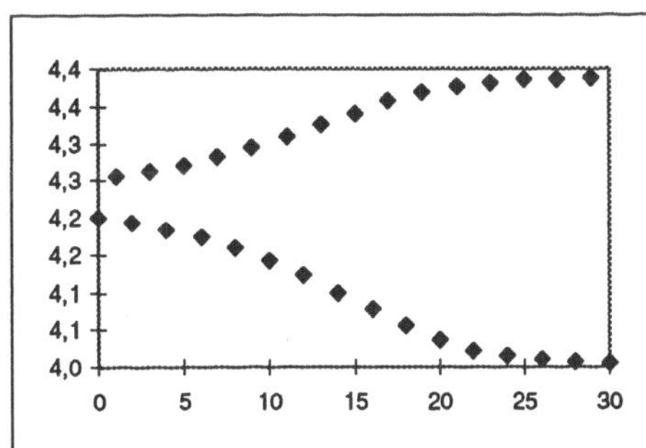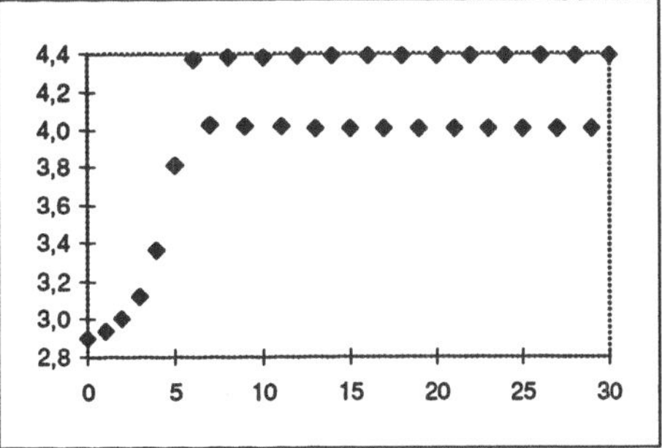

Fünftes Beispiel:

Wenn man eine gegebene Gleichung in die Fixpunkt-Form umwandelt, hat man verschiedene Möglichkeiten zur Auswahl. Als einfaches Beispiel nehmen wir die quadratische Gleichung

$$x^2 - x - 1 = 0$$

mit den Lösungen $x^* = -0,618...$ und $x^{**} = 1,618...$.
Wie man die Umformung vornimmt, d.h. welche Iterationsfunktion man wählt (mit jeweils denselben Fixpunkten x^* und x^{**}), hat erhebliche Auswirkungen auf das Konvergenzverhalten:

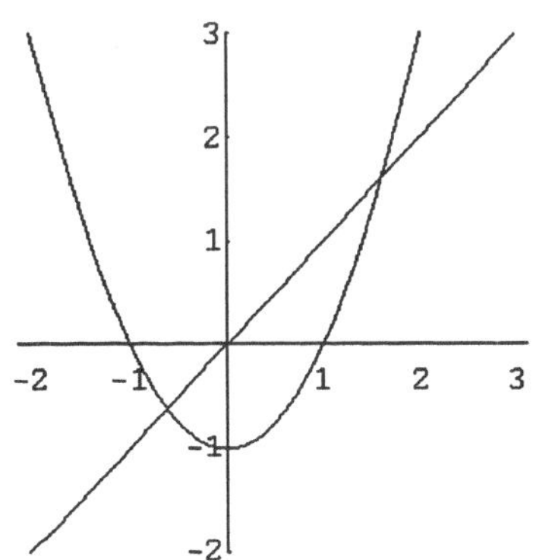

a) $x = x^2 - 1$, d.h. $\phi(x) = x^2 - 1$

Für $x_0 > x^{**}$ steigen die Folgen sehr schnell an und streben gegen $+\infty$. Für $x_0 = 0$ ist die Folge periodisch mit dem Zyklus $0, -1$. Für benachbarte

Startwerte, etwa $x_0 = 0{,}5$, nähert sie sich diesem Zyklus an. In keinem Fall liegt Konvergenz vor.

b) $x (x - 1) = 1$

$$x = \frac{1}{x-1} \ , \ \text{d.h.} \ \ \phi(x) = \frac{1}{x-1} \ .$$

Für fast alle x_0 konvergieren die Folgen gegen
$x^* \approx -0{,}618$; Ausnahmen sind die singulären Stellen
$x_0 = 1$ sowie alle Werte, die irgendwann auf $x_n = 1$
führen (vgl. Aufgabe 4). Selbst wenn man in der Nähe
von x^{**} startet (im Diagramm unten: $x_0 = 1{,}62$),
wird die Folge abgestoßen, springt dann zum negativen Bereich hinüber und konvergiert dort.

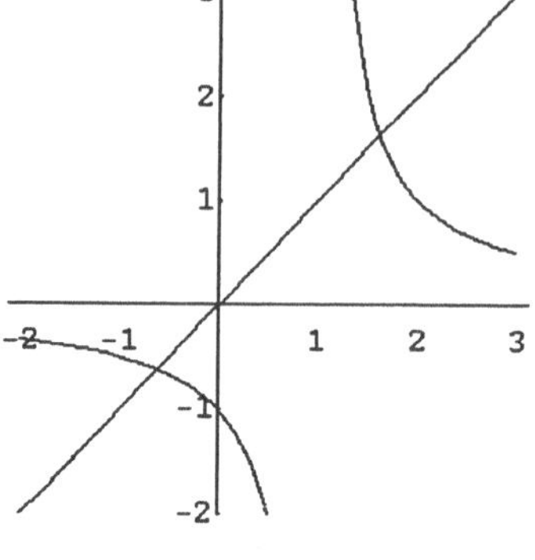

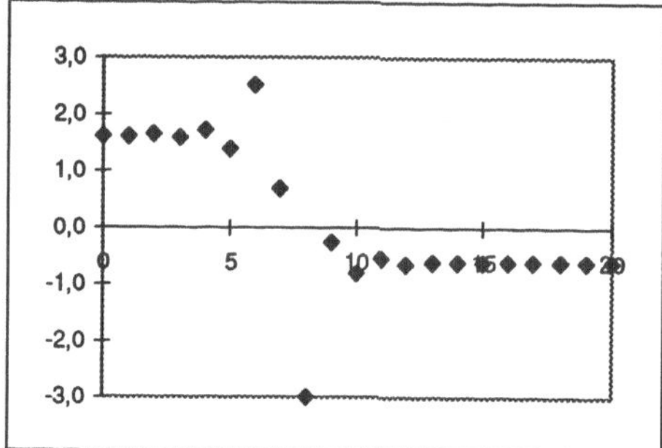

c) $x^2 = 1 + x$

$$x = \frac{1}{x} + 1 \ , \ \ \text{d.h.} \ \ \phi(x) = \frac{1}{x} + 1 \ .$$

Hier ist die Situation umgekehrt:
Für alle x_0 mit Ausnahme der singulären Stellen
konvergieren die Folgen gegen $x^{**} \approx 1{,}618$.

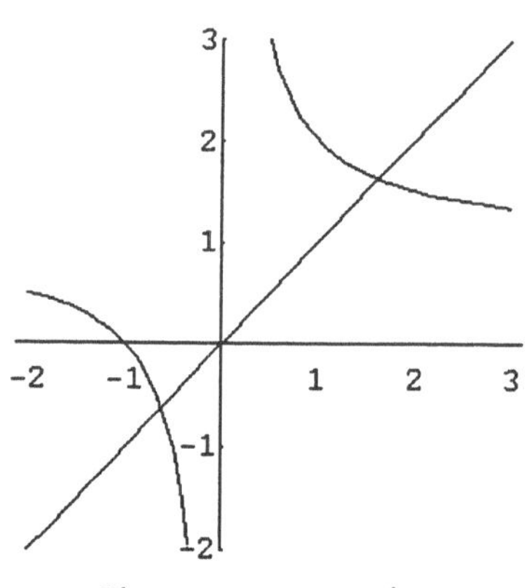

d) $x^2 = x + 1$

$$x = \pm\sqrt{x+1}$$

d.h. $\phi(x) = \pm\sqrt{x+1}$, definiert für $x \geq -1$. Je
nachdem ob man das positive oder negative Vorzeichen wählt, konvergieren die Folgen gegen die
positive oder die negative Lösung, und zwar im
ersten Fall monoton und relativ schnell, im zweiten Fall (hier muß $-1 < x_0 < 0$ gelten) oszillierend
und wesentlich langsamer.

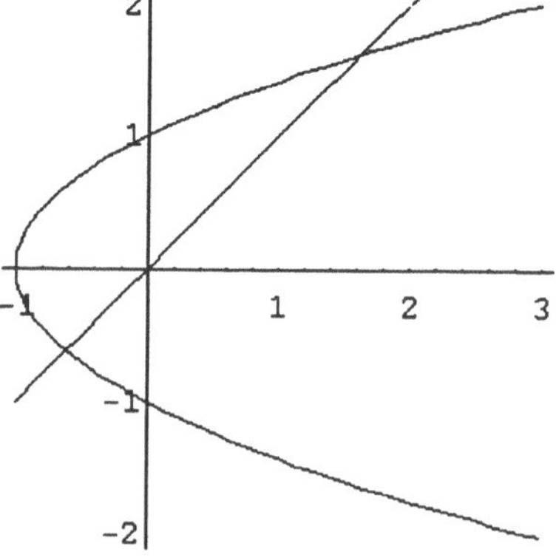

Sechstes Beispiel:

Die konvergenten Folgen sind natürlich für unser Problem der Fixpunktbestimmung besonders nützlich, deswegen werden wir sie im folgenden Abschnitt einer theoretischen Analyse unterziehen. Aber auch die divergenten Folgen haben Aufmerksamkeit verdient, weil sie so vielgestaltig sind. Abschließend werden daher noch einige Beispiele angefügt, mit der Iterationsfunktion

$$\phi(x) = x^2 - c \ ,$$

deren Fixpunkte Lösungen der quadratischen Gleichung $x^2 - x - c = 0$ sind (das obige Beispiel betrifft $c = 1$). Startwert ist immer $x_0 = 0$.

a) $c = 1{,}3$

Die Folge pendelt sich auf einen 4-Zyklus ein.

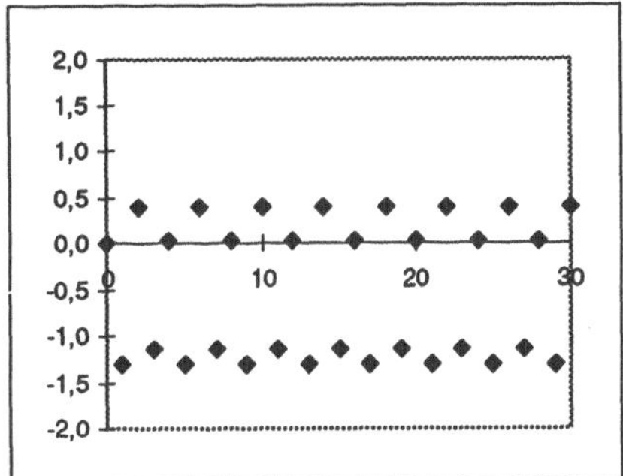
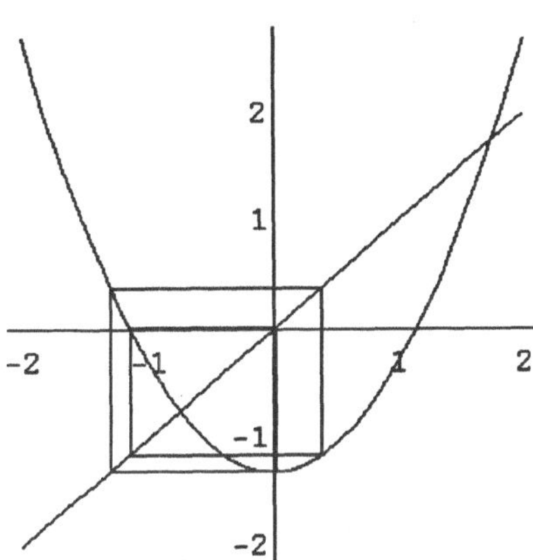

b) $c = 1{,}4$

Unregelmäßig, wobei gewisse Wertebereiche ausgespart bleiben. Der 4-Zyklus aus a) löst sich auf.

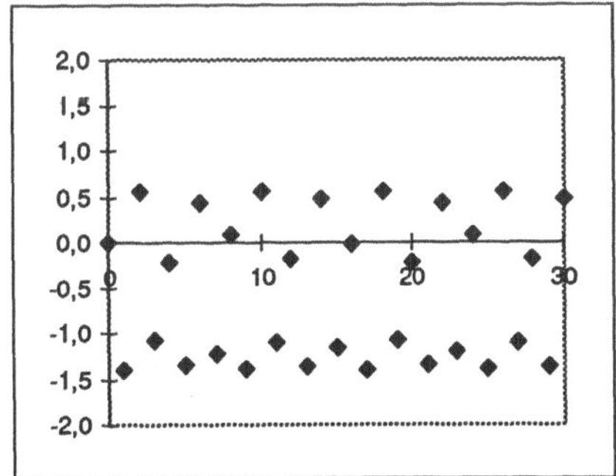
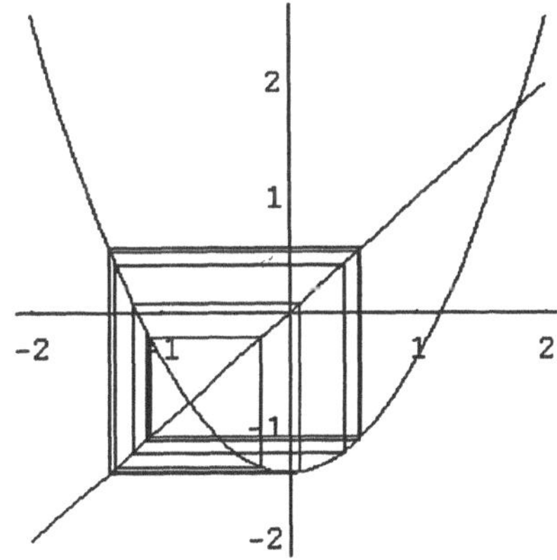

c) $c = 1{,}5$

Noch unregelmäßiger.

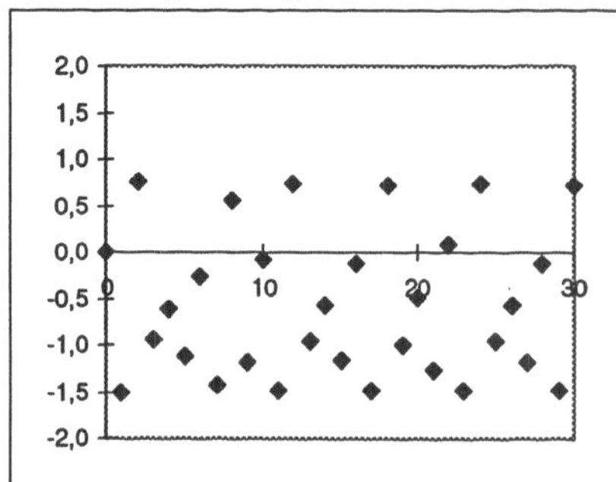

$c = 1{,}6$

Erst ordnet es sich, dann wieder aufgelöst.

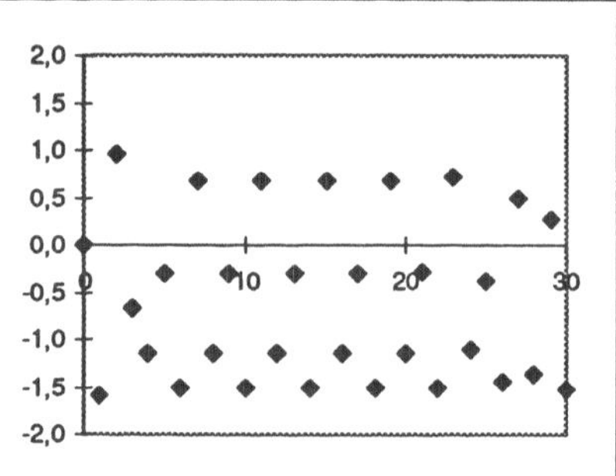

d) $c = 1{,}75$

Neue Ordnung: Ein 3-Zyklus.

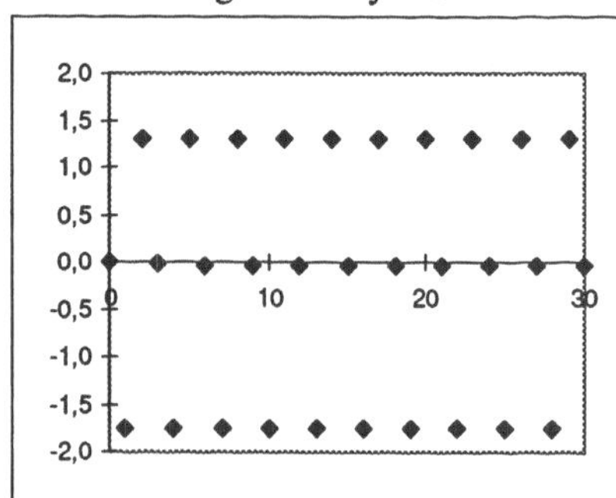

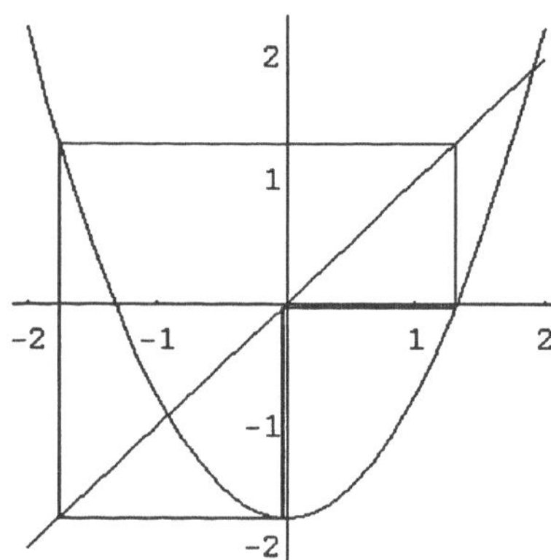

e) $c = 1{,}9$

Das Diagramm läßt keine Ordnung erkennen.
Das Spinngewebe, eher Labyrinth zu nennen,
sieht (mit 12 Schritten) fast nach einem 10-
Zyklus aus. Ob das so bleibt, ist zweifelhaft.

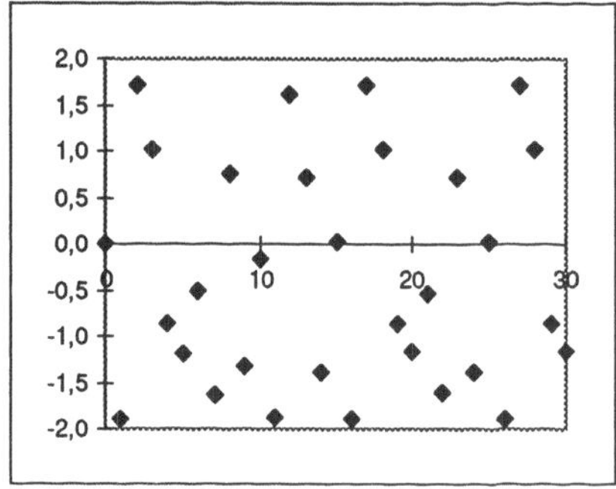

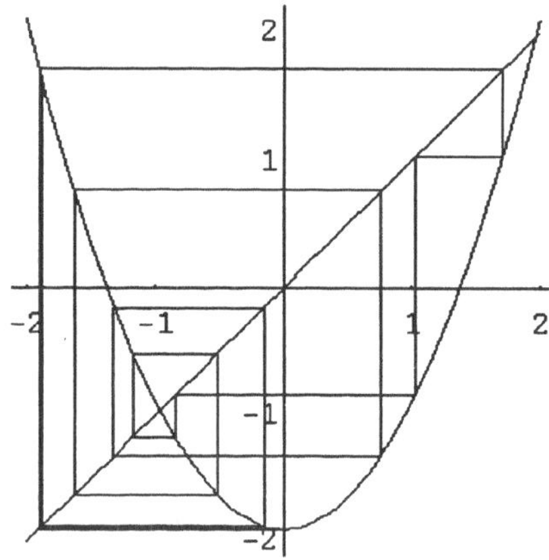

Aufgaben:

1. Im „Ersten Beispiel" wurde die Polynomgleichung $p(x) = x^3 - 3x^2 + 1 = 0$ in eine Fixpunktgleichung umgewandelt. Hier sind vier andere Möglichkeiten:

$$(1) \quad \phi_1(x) = 3 - \frac{1}{x^2} \qquad\qquad (3) \quad \phi_3(x) = x^3 - 3x^2 + x + 1$$

$$(2) \quad \phi_2(x) = \frac{x^3 + 1}{3x} \qquad\qquad (4) \quad \phi_4(x) = \pm\sqrt{\frac{1}{3 - x}}$$

   a) Verifizieren Sie, dass die Fixpunkte der Funktionen ϕ_i genau die Nullstellen von p sind (Vorsicht bei (4)).

   b) Zeichnen Sie die Graphen von ϕ_i über einem geeigneten Intervall. Zeichnen Sie jeweils auch die Diagonale $y = x$ ein.

   c) Testen Sie die Iterationsfunktionen mit geeigneten Startwerten! Welche Fixpunkte sind jeweils anziehend, welche abstoßend?

2. a) Bestimmen Sie eine Lösung der Gleichung $x = \sqrt{-\ln\left(\dfrac{x}{10}\right)}$ mit dem Fixpunktverfahren, beginnend mit $x_0 = 1{,}5$.

   b) Versuchen Sie das gleiche mit $x = 10\exp(-x^2)$, ebenfalls mit $x_0 = 1{,}5$.

   c) Welche Beziehung besteht zwischen den beiden Gleichungen?

3. a) Was passiert, wenn man irgendeine Zahl in den TR eintippt und wiederholt die Wurzeltaste drückt?

   b) Was passiert bei der tan-Taste? Oder bei $\tan^{-1}$?

   c) Die Gleichung $x = \tan(x)$ hat offenbar die Lösung $x = 0$, darüber hinaus aber noch unendlich viele weitere Lösungen (s. Grafik). Versuchen Sie, die *kleinste positive Lösung* mit einem einfachen Iterationsverfahren zu finden!

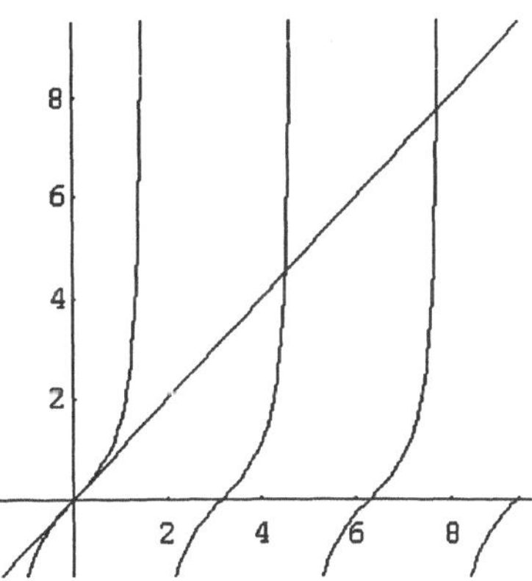

4. Einige Startwerte sind bei den Iterationsfunktionen $\phi(x) = \dfrac{1}{x-1}$ bzw. $\phi(x) = \dfrac{1}{x} + 1$ (aus dem „Fünften Beispiel", b und c) verboten, weil die Folgen irgendwann auf die Definitionslücke von ϕ treffen würden.

Welche sind es? (Es sind jeweils unendlich viele!)

3.3   Kontrahierende Funktionen

Es sei $D \subseteq \mathbf{R}$ und $\phi : D \to \mathbf{R}$ eine Funktion. $I = [a; b] \subseteq D$ sei ein abgeschlossenes Intervall.

Definition: ϕ heißt *kontrahierend* auf I, wenn gilt:

(1) $\phi(I) \subseteq I$, d.h. ϕ bildet das Intervall in sich selbst ab;

(2)   es gibt eine Konstante K mit $0 \le K < 1$, so dass für alle $x, y \in I$ gilt:

$$|\phi(x) - \phi(y)| \le K|x - y|$$

ϕ verringert also den Abstand zwischen zwei Zahlen.

I heißt dann *Kontraktions-Intervall* für ϕ.

Wichtige Anmerkung:

Eine auf I kontrahierende Funktion ist stetig auf I (vgl. Aufgabe 1).

Was die Bedeutung der kontrahierenden Funktionen ausmacht, manifestiert sich in dem folgenden zentralen Satz.

Banachscher Fixpunktsatz:

Die Funktion $\phi : D \to \mathbf{R}$ *sei kontrahierend auf dem Intervall* $I = [a; b] \subseteq D$.

Dann gibt es genau einen Fixpunkt x^* *von* ϕ *in* I, *und jede* ϕ*-Iterationsfolge* (x_n)

mit $x_0 \in I$, $x_{n+1} = \phi(x_n)$ *konvergiert gegen* x^*.

Beweis:

a) *Es gibt einen Fixpunkt.*

Denn wegen $\phi(I) \subseteq I$ ist $\phi(a) \ge a$ und $\phi(b) \le b$. Also gilt für die Funktion

$f(x) = \phi(x) - x$: f ist stetig auf I, und $f(a) \ge 0$, $f(b) \le 0$. Nach dem Zwischenwertsatz

für stetige Funktionen gibt es ein $x^* \in [a; b]$ mit $f(x^*) = 0$, d.h. $\phi(x^*) = x^*$.

b) *Der Fixpunkt* $x^* \in I$ *ist eindeutig bestimmt.*

Gäbe es zwei verschiedene Fixpunkte $x^*, y^* \in I$, dann wäre nach der Kontraktionsbedingung:

$$|x^* - y^*| = |\phi(x^*) - \phi(y^*)| \le K|x^* - y^*| < |x^* - y^*|$$

Widerspruch.

c) *Jede* ϕ*-Iterationsfolge konvergiert gegen* x^*.

Denn für alle $n \in \mathbf{N}$ gilt:

$$|x_n - x^*| = |\phi(x_{n-1}) - x^*| \le K|x_{n-1} - x^*| \le \,.... \le K^n|x_0 - x^*|$$

Wegen $0 \le K < 1$ bildet also $(x_n - x^*)$ eine Nullfolge. Daraus folgt die Behauptung.

In der Literatur wird dieser Satz zuweilen anders bewiesen, nämlich mit dem Cauchyschen
Konvergenzkriterium. Das hat den Vorteil, dass der Beweis auf *vollständige metrische Räume*
verallgemeinerbar ist (vgl. KÖHNEN). Allerdings ist der Zwischenwertsatz für stetige Funktionen im Bereich der reellen Zahlen so fundamental, dass es gerechtfertigt erscheint, den Beweis
darauf aufzubauen.

Teil c) des Beweises besagt: Die Folgen nähern sich dem Fixpunkt mindestens so schnell, wie
die geometrische Folge K^n gegen 0 konvergiert. Je kleiner also die Kontraktions-Konstante,
desto besser ist die Konvergenz.

Für die praktische Nutzung des Banachschen Fixpunktsatzes ist das folgende Kriterium von
Vorteil.

Hinreichende Bedingung für kontrahierende Funktionen:
> *Es sei* $\phi : D \to \mathbf{R}$ *auf dem (abgeschlossenen) Intervall* $I = [a; b] \subseteq D$ *stetig differen-*
> *zierbar, und es gelte:*
> (1) $\phi(I) \subseteq I$;
> (2) $|\phi'(x)| < 1$ *für alle* $x \in I$.
> *Dann ist* ϕ *kontrahierend auf* I .

Beweis:
Es sei $K = \max\limits_{x \in I} |\phi'(x)|$. Nach dem Minimax-Theorem nimmt die stetige Funktion $|\phi'|$ auf

dem beschränkten abgeschlossenen Intervall I ihr Maximum an, d.h. es gibt ein $\overline{x} \in I$ mit
$K = |\phi'(\overline{x})|$. Wegen der Bedingung (2) ist $K < 1$.
Der Mittelwertsatz für differenzierbare Funktionen besagt: Für alle $x, y \in I$ mit $x \neq y$ gibt es
ein $\xi \in [x; y]$ mit

$$\frac{\phi(x) - \phi(y)}{x - y} = \phi'(\xi) .$$

Also ist

$$|\phi(x) - \phi(y)| = |\phi'(\xi)| \cdot |x - y| \leq K |x - y| .$$

Wegen $0 \leq K < 1$ folgt die Behauptung.

Es sei betont, dass dieser Satz eine *lokale* hinreichende Bedingung für die *Konvergenz* des
Iterationsverfahrens darstellt. Hat man derart ein Kontraktions-Intervall gefunden, so ist die
Konvergenz für $x_0 \in I$ gesichert, aber für $x_0 \notin I$ weiß man nichts. Es kann sehr wohl sein,
dass Konvergenz auch in Intervallen vorliegt, die die Eigenschaften (1) und (2) der hinreichenden Bedingung *nicht* haben.

In gewissem Sinne ist jedoch die Ableitungs-Bedingung auch *notwendig* dafür, dass ϕ auf I *kontrahierend* ist. Denn wenn es ein $x_0 \in I$ gibt mit $|\phi'(x_0)| > 1$, dann ist ϕ nicht kontrahierend auf I (vgl. Aufgabe 2).

Der folgende Satz dient dazu, die Fixpunkte nach dem Kriterium „anziehend oder abstoßend" zu sortieren. Vorweg eine Begriffsklärung: Als *Umgebung* einer Zahl x bezeichnen wir ein (abgeschlossenes, beschränktes) Intervall I, das x im Innern enthält, d.h. $x \in I$ und x ist kein Randpunkt von I.

Satz zur Klassifikation von Fixpunkten:

> *Es sei* $\phi : D \to \mathbf{R}$ *stetig differenzierbar.* $x^* \in D$ *sei ein Fixpunkt von* ϕ.
>
> a) *Ist* $|\phi'(x)| < 1$ *in einer Umgebung* I *von* x^*, *dann ist* x^* ***anziehend****:*
>   *Jede* ϕ*-Iterationsfolge mit* $x_0 \in I$ *konvergiert gegen* x^*.
>
> b) *Ist* $|\phi'(x)| > 1$ *in einer Umgebung* I *von* x^*, *dann ist* x^* ***abstoßend****:*
>   *Keine* ϕ*-Iterationsfolge konvergiert gegen* x^*.

Beweis:

a) Zur Anwendung der hinreichenden Bedingung bleibt nur noch zu zeigen, dass $\phi(I) \subseteq I$. Dazu sei $x \in I$ beliebig. Nach dem Mittelwertsatz gilt:

$$|\phi(x) - \phi(x^*)| = |\phi'(\xi)| \cdot |x - x^*| \qquad \text{für ein } \xi \in [x; x^*] \subseteq I$$
$$< |x - x^*| \qquad\qquad \text{da } |\phi'(\xi)| < 1 \text{ nach Voraussetzung.}$$

Also ist $\phi(x) \in I$.

b) Der Beweis verläuft hier ähnlich wie bei der hinreichenden Bedingung, nur umgekehrt. Nach dem Minimax-Theorem gibt es eine Konstante $K > 1$, so dass $|\phi'(x)| \geq K$ für alle $x \in I$. Wir nehmen an, die Iterationsfolge (x_n) konvergiere gegen x^*. Dann muß I fast alle Folgenglieder enthalten; genauer: Es gibt ein $n_0 \in \mathbf{N}$, so dass $x_n \in I$ für alle $n \geq n_0$. Ist jedoch $x_n \in I$, so gilt für alle $m \geq 1$:

$$|x_{n+m} - x^*| = |\phi(x_{n+m-1}) - \phi(x^*)|$$
$$= |\phi'(\xi)| \cdot |x_{n+m-1} - x^*| \qquad \text{für ein } \xi \in I \text{ (Mittelwertsatz)}$$
$$\geq K \cdot |x_{n+m-1} - x^*|$$
$$\dots$$
$$\geq K^m \cdot |x_n - x^*|$$

Die geometrische Folge K^m wächst unbeschränkt, weil $K > 1$ ist. Also entfernen sich die Folgenglieder immer mehr von x^* und werden, da I beschränkt ist, langsam aber sicher aus dem Intervall hinausgeschoben: Für ein genügend großes m ist $x_{n+m} \notin I$. Widerspruch.

Im Falle eines *anziehenden* Fixpunkts x^* kann man am *Vorzeichen* der Ableitung ablesen, *wie* die Folgen konvergieren:

I sei eine Umgebung von x^*.

- $\phi' \geq 0$ in I: Monotone Konvergenz, $x_n - x^*$ behält das Vorzeichen;
- $\phi' \leq 0$ in I: Oszillierende Konvergenz, $x_n - x^*$ wechselt ständig das Vorzeichen.

Das folgt leicht aus dem schon mehrfach benutzten Mittelwertsatz.

Wir können also das Konvergenzverhalten des Iterationsverfahrens in der Umgebung eines Fixpunkts x^* von ϕ nach folgenden Typen unterscheiden (man sollte sich die Situation u.a. anhand der jeweiligen *Spinnweb-Diagramme* klarmachen!):

Anziehend:

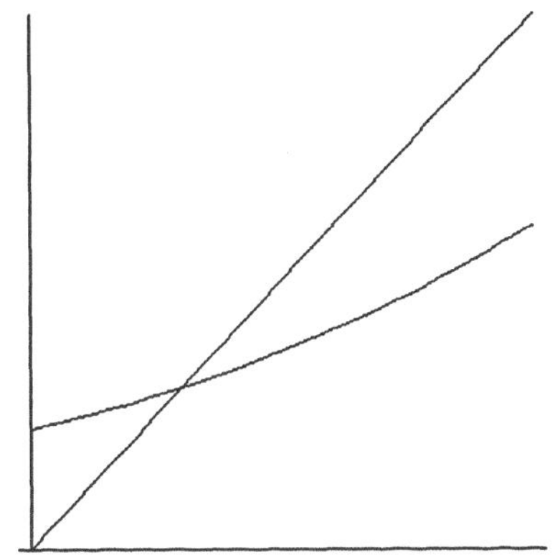

Flacher Anstieg: $0 \leq \phi' < 1$
Monotone Konvergenz gegen x^*

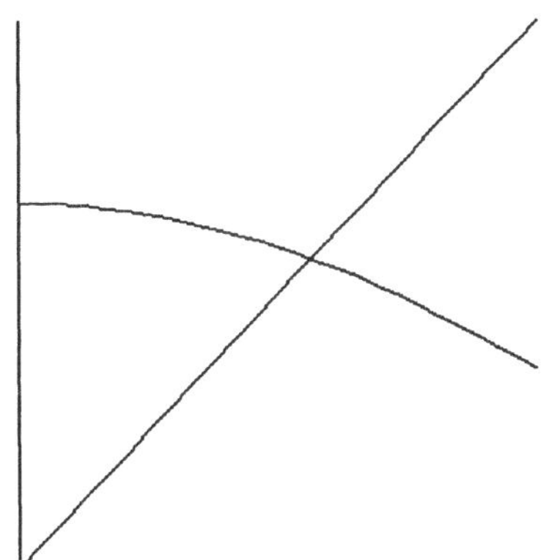

Flacher Abstieg: $0 \geq \phi' > 1$
Oszillierende Konvergenz gegen x^*

Abstoßend:

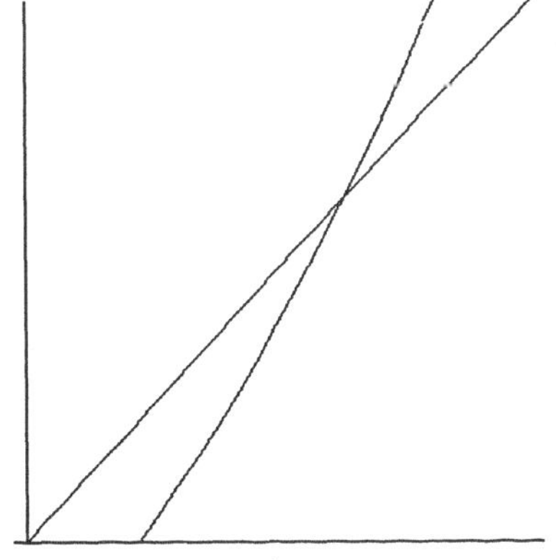

Steiler Anstieg: $\phi' > 1$
Monoton weg von x^*

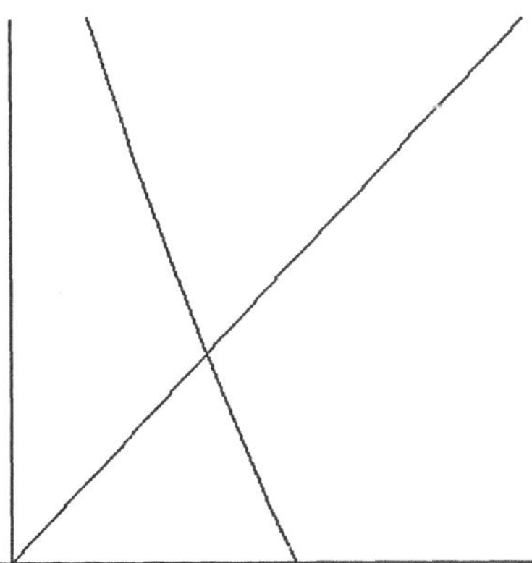

Steiler Abstieg: $\phi' < -1$
Oszillierend weg von x^*

Bei *positiver* Ableitung ist also der Charakter eines Fixpunkts optisch recht gut zu erkennen. Bei *negativer* Ableitung sollte man, wenn die Steigung nicht extrem groß oder klein ist, mit der optischen Beurteilung vorsichtig sein.

Noch einmal: Diese Kennzeichnung der Iteration ist ausschließlich *lokal* zu verstehen. Insbesondere im Fall abstoßender Fixpunkte kann man nicht folgern, dass die Folgen divergieren (vgl. die Beispiele in 3.2).

Aufgaben:

1. *Iteration der Quadratwurzel*

    (oder: Was passiert, wenn man immer wieder die Wurzeltaste drückt?)

    a) Für welche $x_0 \geq 0$ konvergiert die Folge (x_n) mit $x_{n+1} = \sqrt{x_n}$?

    b) Auf welchen der folgenden Intervalle ist die Funktion $\sqrt{x}$ kontrahierend?
    $$I_1 = [0 \,;\, 1] \quad , \quad I_2 = [0{,}25 \,;\, 1] \quad , \quad I_3 = [0{,}5 \,;\, 2] \quad , \quad I_4 = [1 \,;\, 10] \quad , \quad I_5 = [2 \,;\, 100]$$

2. Es sei $\phi(x) = \sqrt{x} + 1$. Untersuchen Sie die gleichen Fragen wie in Aufgabe 1 !

3. a) Zeigen Sie: Eine Funktion, die auf einem (abgeschlossenen) Intervall I kontrahierend ist, ist stetig auf I .

    b) Ist eine Funktion ϕ auch stetig, wenn man die Bedingung $K < 1$ fallenläßt, d. h. wenn nur noch gefordert wird, dass es eine Konstante $K > 0$ gibt mit
    $$|\phi(x) - \phi(y)| \leq K \cdot |x - y| \quad \text{für alle } x, y \in I ?$$
    (Diese Eigenschaft nennt man auch *Lipschitz-Bedingung*.)

    c) Erfüllt jede auf einem beschränkten und abgeschlossenen Intervall stetige Funktion die Bedingung aus b)?

4. Zeigen Sie: Wenn ϕ stetig differenzierbar auf dem Intervall I ist und wenn es ein $x_0 \in I$ gibt mit $|\phi'(x_0)| > 1$, dann ist ϕ nicht kontrahierend auf I .

3.4 Iterationsverfahren: Analysen

Wir werden jetzt einige Beispiele aus 3.2 im Lichte der Theorie genauer untersuchen.
Zunächst werden relativ einfache Funktionen ausführlich diskutiert; die dabei auftretenden
Überlegungen sind allerdings musterhaft, auch für kompliziertere Fälle.

Erstes Beispiel: $\phi(x) = \cos(x)$

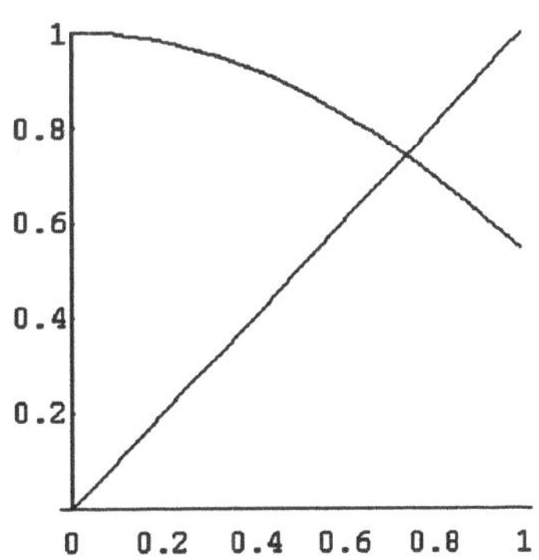

ϕ ist über dem Intervall $I = [0; 1]$ monoton fallend,

denn $\phi'(x) = -\sin(x) \leq 0$ für $x \in I$.

Also ist

$$\phi(I) = [\phi(1); \phi(0)] = [0{,}54...; 1] \subseteq I.$$

Weiterhin ist

$$|\phi'(x)| = \sin(x) < 1 \quad \text{für alle } x \in I.$$

Also ist die hinreichende Bedingung erfüllt, d.h. I ist ein

Kontraktionsintervall für ϕ.

Aus dem Graphen liest man als grobe Näherung ab: $x^* \approx 0{,}7$.

Mit $x_0 = 0{,}7$ ergibt sich nach 10 Schritten: $x_9 \approx 0{,}7401$; $x_{10} \approx 0{,}7383$. Wegen der oszillie-
renden Konvergenz $(-1 < \phi' < 0)$ schließen zwei benachbarte Folgenglieder den Grenzwert
ein; daraus erhält man:

$$x^* = 0{,}7392 \pm 0{,}001$$

In dieser Umgebung von x^* ist

$$\phi'(x) \approx -\sin(0{,}7392) \approx -0{,}674$$

Der absolute Fehler ändert sich bei jedem Schritt ungefähr um diesen Faktor, denn in der Nähe
des Fixpunkts gilt:

$$x_{n+1} - x^* = \phi(x_n) - \phi(x^*) \approx \phi'(x^*)\,(x_n - x^*) \approx -0{,}674\,(x_n - x^*)$$

Setzt man $K = |\phi'(x^*)| \approx 0{,}674$, so gilt für Startwerte x_0 nahe bei x^* :

$$|x_n - x^*| \approx K^n\,|x_0 - x^*|$$

Mit $x_0 = 0{,}7392$ hat man also nach weiteren 20 Schritten eine Fehlerschranke von

$$0{,}674^{20} \cdot 0{,}001 \approx 4{\cdot}10^{-7} \, ,$$

d.h. mindestens 6 Stellen sind dann sicher.

Wie viele Iterationsschritte braucht man, um die Genauigkeit um eine Dezimalstelle zu steigern? Der absolute Fehler muß dazu um den Faktor $0{,}1$ kleiner werden. Das führt auf die
Bedingung

$$K^n \leq 0{,}1$$

$$\log_{10}(K^n) = n \cdot \log_{10}(K) \leq -1$$

$$n \geq -1/\log_{10}(K) \approx 5{,}9$$

Die kleinste natürliche Zahl, die diese Bedingung erfüllt, ist $n = 6$. Man braucht also ca. 6 Schritte für eine weitere Dezimalstelle. Zur Bestätigung: Die folgende Tabelle enthält mit den Startwert $x_0 = 0{,}74$ jedes sechste Folgenglied. (Man beachte, dass diese Teilfolge *monoton* gegen x^* konvergiert.)

Zum Vergleich: Der SOLVER des TI-85 liefert für die Gleichung $x = \cos(x)$ die Lösung $x^* = 0{,}73908513321516$.
Die absoluten Fehler in der Tabelle sind mit Hilfe dieser Lösung berechnet. Die signifikanten Stellen der x_n sind hervorgehoben.

n	x_n	abs. Fehler
0	**0,74**	9,1 E–4
6	**0,7391**70627020	8,5 E–5
12	**0,739093**120601	8,0 E–6
18	**0,7390858**79431	7,5 E–7
24	**0,73908520**2930	6,9 E–8
30	**0,739085139**728	6,5 E–9

Nun könnte man sagen: Wenn sich der absolute Fehler schon so regelmäßig verhält, annähernd wie eine geometrische Folge (vgl. Diagramm, Startwert $x_0 = 0{,}5$), kann man dann nicht aus dieser Regelmäßigkeit Nutzen ziehen? Man müßte doch das Zentrum dieses Trichters näherungsweise berechnen können, aus den ersten Folgengliedern *extrapolierend*.

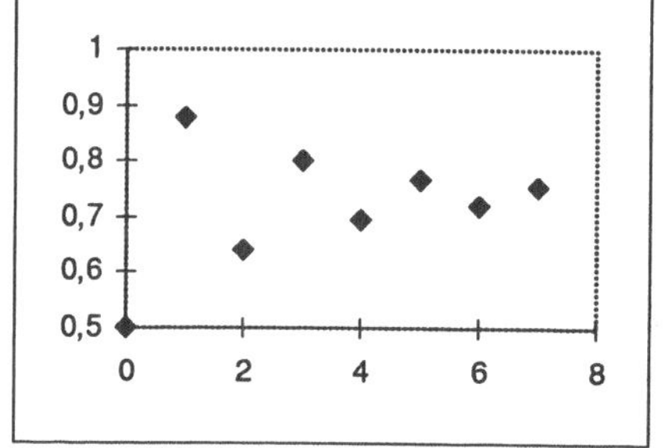

In der Tat: Wenn die Ableitung ϕ' in der Nähe des Fixpunkts keine großen Sprünge macht, verhält sich auch die *Differenzenfolge* $d_n = x_{n+1} - x_n$ wie eine geometrische Folge. Denn wenn x_0 eine Näherung für x^* ist, gilt für alle $n > 0$ nach der Definition der Ableitung:

$$d_n = x_{n+1} - x_n = \phi(x_n) - \phi(x_{n-1}) \approx \phi'(x_{n-1}) \cdot (x_n - x_{n-1}) \approx q \cdot (x_n - x_{n-1})$$

mit $q = \phi'(x^*)$. Man kann daher q näherungsweise bestimmen als den Quotienten zweier aufeinanderfolgender Differenzen (vgl. Tabelle):

$$q \approx \frac{x_{n+1} - x_n}{x_n - x_{n-1}}$$

Zur näherungsweisen Berechnung von q benötigt man also nicht mehr als 3 benachbarte Folgenglieder: x_0, x_1, x_2.

n	x_n	$d_n = x_{n+1} - x_n$	$q_n = d_{n+1}/d_n$
0	0,74	0,00153144	-0,67372219
1	0,73846856	-0,00103177	-0,67353758
2	0,73950032	0,00069493	-0,67366207
3	0,73880539	-0,00046815	-0,67357827
4	0,73927354	0,00031534	-0,67363475
5	0,73895821	-0,00021242	-0,67359672
6	0,73917063	0,00014309	
7	0,73902754		

Nun ist

$$x_2 - x^* \approx q\,(x_1 - x^*) \; ;$$

bestimmt man jetzt eine Näherung $\bar{x}$ für x^* so, dass die obige Ungefähr-Gleichung *exakt* gilt, so müßte $\bar{x}$ eine wesentlich bessere Näherung für x^* sein. Die resultierende Gleichung für $\bar{x}$, nämlich

$$x_2 - \overline{x} = q\,(x_1 - \overline{x})\ ,$$

hat die Lösung

$$\overline{x} = \frac{x_2 - q \cdot x_1}{1 - q}\ .$$

Mit diesem $\overline{x}$ als neuem Startwert kann man dann gegebenenfalls das Verfahren wiederholen. Die folgende Excel-Tabelle führt das mit $x_0 = 0{,}74$ in zwei Schritten durch.

n	x_n	$d_n = x_{n+1} - x_n$	$q_n = d_{n+1}/d_n$	$\overline{x}$
0	0,74	0,00153144	-0,67372219	
1	0,73846856	-0,00103177		
2	0,73950032			0,739085008681967
0	0,73908501	-2,0842E-07	-0,67361201	
1	0,73908522	1,4039E-07		
2	0,73908508			0,739085133215158

Nach dem ersten Schritt sind bereits 6 Stellen signifikant, gegenüber dem Startwert ein Gewinn von 4 Stellen. Nach dem zweiten Schritt sind 14 Stellen signifikant, weitere 8 Stellen sind hinzugekommen. Für diesen Gewinn von 12 Stellen hätte man mit dem normalen Iterationsverfahren ca. 70 Schritte gebraucht.

Zweites Beispiel: $\phi(x) = \exp(x) - 2$

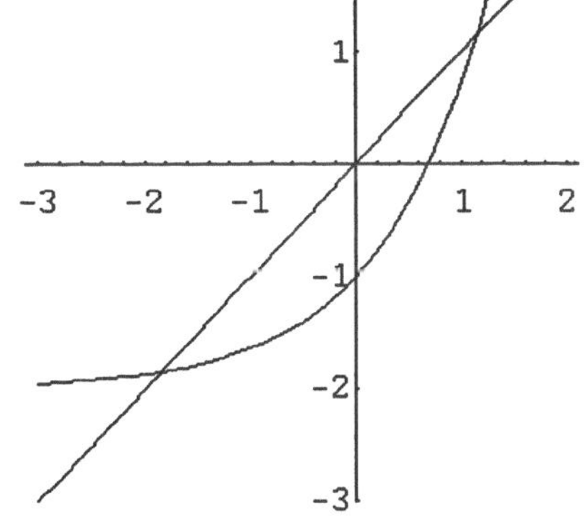

Der Graph zeigt: Es gibt genau zwei Fixpunkte

$$x^* \approx -1{,}8\ ;\quad x^{**} \approx 1{,}2$$

mit flachem Anstieg bei x^* (daher anziehend) und steilem Anstieg bei x^{**} (daher abstoßend).

ϕ ist global monoton wachsend, denn

$$\phi'(x) = \exp(x) > 0$$

für alle x .

Ein Kontraktionsintervall für x^* ist zu bestimmen. Erster Versuch: $I = [-3; 0]$. Wegen der Monotonie von ϕ gilt:

$$\phi(I) = [\phi(-3); \phi(0)] = [-1{,}95..; -1] \subseteq I\ .$$

Aber $\phi'(0) = \exp(0) = 1$, also ist die Bedingung $|\phi'(x)| < 1$ nicht auf ganz I erfüllt. Zweiter Versuch: $I = [-3; -1]$. Wie oben schließt man aus der Monotonie, dass $\phi(I) \subseteq I$. Da $\phi'(x) = \exp(x) < 1$ für alle $x < 0$, ist für dieses I die Ableitungs-Bedingung erfüllt, also ist I ein Kontraktionsintervall.

Alle Folgen sind monoton, da die Ableitung positiv ist. Mit $x_0 = -1,8$ ist bereits nach 14 Schritten die 12-stellige TR-Anzeige stabil:

$$x_{14} = -1,84140566044$$

Es ist $\phi'(x^*) \approx \phi'(x_{14}) \approx 0,16$, also ein relativ kleiner Wert. Das erklärt die schnelle Konvergenz.

Bezüglich des zweiten Fixpunkts $x^{**} = 1,14619322062$ (TI-85 SOLVER) gilt:

Für $x_0 > x^{**}$ steigen die Folgen sehr schnell an und wachsen unbeschränkt.

Für $x_0 < x^{**}$ fallen sie monoton und konvergieren schließlich gegen x^*. Das heißt: Der Einzugsbereich von x^* besteht aus allen Zahlen $< x^{**}$; dennoch ist z.B. $I = [-5; 1]$ *kein* Kontraktions-Intervall für x^* im Sinne der hinreichenden Bedingung, denn die Ableitungs-Bedingung ist für $x \geq 0$ nicht erfüllt.

Drittes Beispiel: $\phi(x) = \sin(2x) + 3,4$

ϕ hat drei Fixpunkte:

$x^* \approx 2,4$ anziehend (flacher Kurvenverlauf)

$x^{**} \approx 2,8$ abstoßend (steiler Anstieg)

$x^{***} \approx 4,2$? (Abstieg; ob flach oder steil, ist optisch nicht erkennbar)

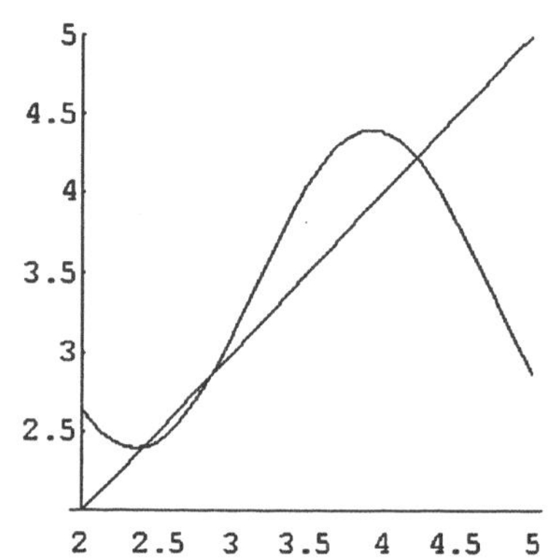

x^* ist zweifellos anziehend; aber erst ein Zoom auf das Intervall $[2,2; 2,6]$ macht deutlich, dass ein flacher *Anstieg* vorliegt.

Zum Kontraktions-Intervall: Dass $I = [2,2; 2,6]$ ein solches sein könnte, ist beim Anblick des gezoomten Graphen zu vermuten.

Die genaue Bestimmung von $\phi(I)$ fällt aber hier nicht so leicht, da ϕ in I ein lokales Minimum hat:

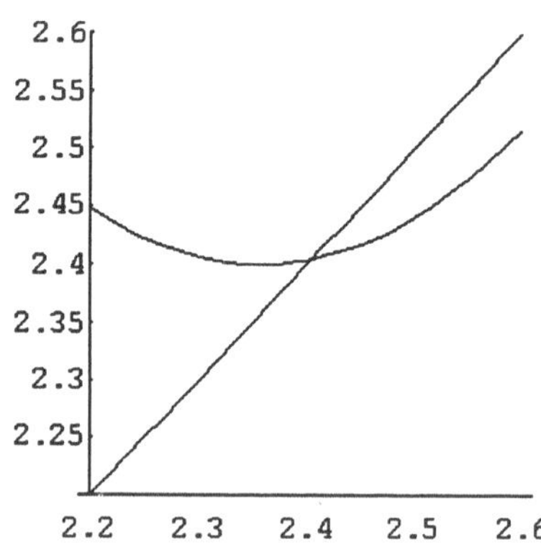

$$\phi'(x) = 0 \quad \Leftrightarrow \quad 2\cos(2x) = 0$$
$$\Leftrightarrow \quad 2x = n\cdot\pi/2 \ , \ n \text{ ungerade.}$$

Die einzige Zahl $x \in I$ von dieser Form ist

$$x_{min} = 3\pi/4 = 2,356... \text{ mit } \phi(x_{min}) = 2,4 \ .$$

Da ϕ links davon monoton fällt und rechts davon monoton steigt, liegt der größte Wert am Rand, also entweder $\phi(2,2) = 2,448...$ oder $\phi(2,6) = 2,516...$; somit gilt:

$$\phi(I) = [2,4 \,; 2,516...] \subseteq I$$

Da die Ableitung $\phi'(x) = 2\cos(2x)$ auf I monoton steigt (keine Wendepunkte), genügt die Überprüfung von ϕ' am Rand:

$$\phi'(2,2) = -0,614... \quad ; \quad \phi'(2,6) = 0,937...$$

Also ist $|\phi'(x)| < 1$ für alle $x \in I$, und I ist Kontraktions-Intervall für x^*.

Mit $x_0 = 2,4$ ist $\quad x_1 = 2,4038...$

$$x_2 = 2,4045... ;$$

aus dieser *Monotonie* der Folge hätte man auch ohne das Zoomen des Graphen schließen können, dass bei x^* die Funktion *ansteigt*. Wegen des relativ flachen Verlaufs mit

$$q = \phi'(x^*) \approx \frac{x_2 - x_1}{x_1 - x_0} \approx 0,18$$

ist die Konvergenz auch hier sehr schnell.

Dennoch soll auch in diesem Fall die im 1. Beispiel hergeleitete Methode der *Extrapolation* ausprobiert werden, denn auch im monotonen Fall verhält sich der Fehler im wesentlichen wie eine geometrische Folge, hier mit einem kleinen q (Diagramm).

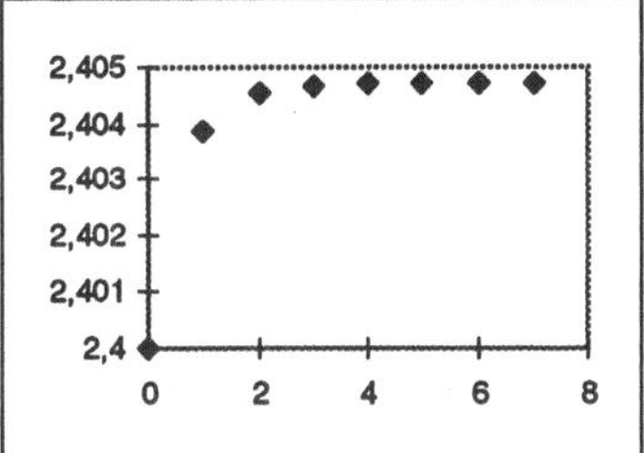

Zum Vergleich: $x^* = 2,4047023313615$

n	x_n	$d_n = x_{n+1} - x_n$	$q_n = d_{n+1}/d_n$	$\bar{x}$
0	2,4	0,00383539	0,18263758	
1	2,40383539	0,00070049		
2	2,40453588			2,404692399659460
0	2,4046924	8,0079E-06	0,19370354	
1	2,40470041	1,5512E-06		
2	2,40470196			2,404702331314360

Der Gewinn von 9 Stellen in 2 Schritten ist im Anbetracht der schnellen Konvergenz der normalen Iteration nicht so überzeugend wie im 1. Beispiel.

Wie in 3.2 bereits gesehen, ist x^{***} abstoßend; allerdings konnte man am anfangs gezeichneten Graphen nicht gut erkennen, ob ein flacher oder ein steiler Abstieg vorliegt. Das Diagramm rechts ($x_0 = 4,2$) zeigt noch einmal das typische Auseinanderlaufen. Wie im konvergenten Fall sieht man hier einen Trichter, in dessen Zentrum der Fixpunkt liegt; allerdings zieht er sich *nach links* zusammen, für die Iteration unzugänglich.

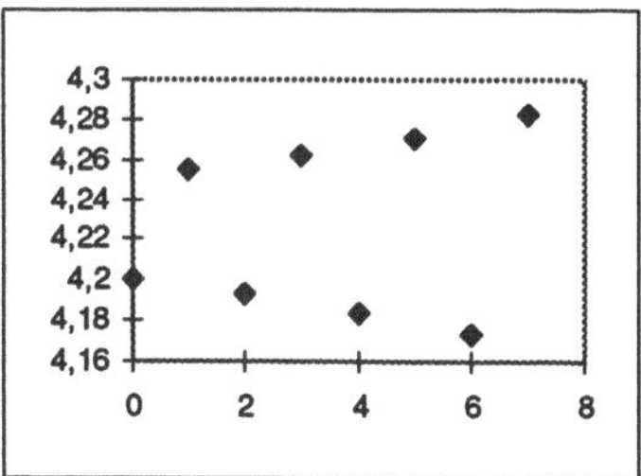

Dennoch müßte es genau wie vorher möglich sein, die ersten Folgenglieder zu extrapolieren, um in das Zentrum des Trichters zu gelangen.

Wie im konvergenten Fall ist auch hier der Fehler $x_n - x^{***}$ einer geometrischen Folge ähnlich, allerdings einer divergenten, mit $q < -1$. Das im 1. Beispiel entwickelte Verfahren funktioniert hier genauso (Startwert $x_0 = 4{,}2$; zum Vergleich: $x^{***} = 4{,}2262129966689$ mit TR):

n	x_n	$d_n = x_{n+1} - x_n$	$q_n = d_{n+1}/d_n$	$\bar{x}$
0	4,2	0,05459891	-1,12974215	
1	4,25459891	-0,06168269		
2	4,19291622			4,22563639360986
0	4,22563639	0,00122572	-1,12683527	
1	4,22686211	-0,00138119		
2	4,22548093			4,22621270588224
0	4,22621271	6,1842E-07	-1,12671579	
1	4,22621332	-6,9678E-07		
2	4,22621263			4,22621299666886

Denn eine geometrische Folge kann man sozusagen „nach links fortsetzen". Die im 1. Beispiel durchgeführte Berechnung einer besseren Näherung $\bar{x}$ funktioniert auch hier, und das Ergebnis bestätigt: Mit der Extrapolation kann man nicht nur bei anziehenden Fixpunkten die Konvergenz *beschleunigen*, sondern sogar bei abstoßenden Fixpunkten Konvergenz *herstellen*. Allerdings braucht man dazu einen relativ guten Startwert.

Ebenso geht es mit der Bestimmung von x^{**} (abstoßend, monotone Folgen): Mit dem Startwert 2,85 hat man nach 3 Schritten eine Genauigkeit von 14 Nachkommastellen.

n	x_n	$d_n = x_{n+1} - x_n$	$q_n = d_{n+1}/d_n$	$\bar{x}$
0	2,85	-0,00068554	1,66867001	
1	2,84931446	-0,00114394		
2	2,84817051			2,85102523305582
0	2,85102523	1,9311E-06	1,6716825	
1	2,85102716	3,2282E-06		
2	2,85103039			2,85102235806756
0	2,85102236	1,5171E-11	1,67168199	
1	2,85102236	2,5361E-11		
2	2,85102236			2,85102235804497

Eine wirksame Methode zur qualitativen optischen Beurteilung des Konvergenzverhaltens bieten die Graphen von ϕ^2, ϕ^3, ϕ^4, ... ; dabei bedeutet ϕ^n hier die n-fache Verkettung der Iterationsfunktion ϕ , z.B. $\phi^3(x) = \phi(\phi(\phi(x)))$. Es ist nämlich $\phi^n(x) = x_n$, wenn die Folge mit $x_0 = x$ startet; für ein festes n ist somit der Graph von ϕ^n eine „Momentaufnahme" der Iteration nach n Schritten, ein Querschnitt durch sämtliche Folgen.

Beispiel $\phi(x) = \sin(2x) + 3{,}4$ (die Diagonale $y = x$ ist mit eingezeichnet):

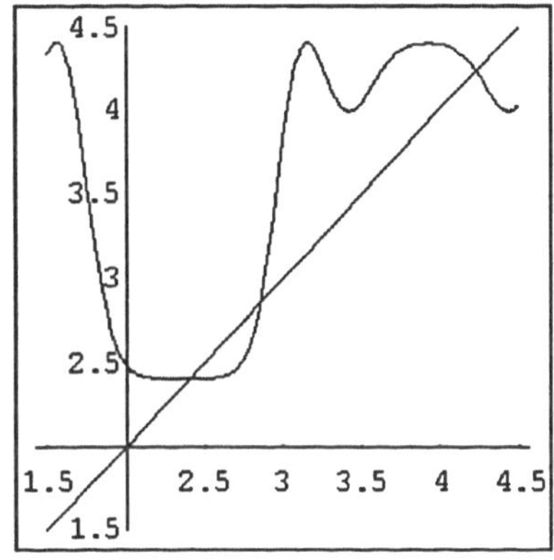

Graph von ϕ^3

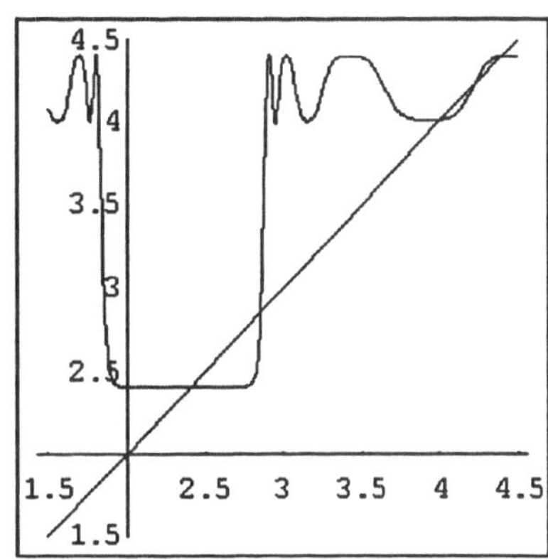

Graph von ϕ^6

Man erkennt, wie sich die unterschiedlichen Charaktere der Fixpunkte herauskristallisieren:
- Bei $x^* \approx 2{,}4$ waagerechter Verlauf (anziehend);
- bei $x^{**} \approx 2{,}8$ senkrechter Verlauf (abstoßend);
- bei $x^{***} \approx 4.2$ oszillierend (abstoßend, aber schließlich periodische Folgen).

Die Abbildung rechts zeigt noch einmal die Graphen von ϕ, ϕ^2, ... ϕ^6 übereinander gezeichnet.

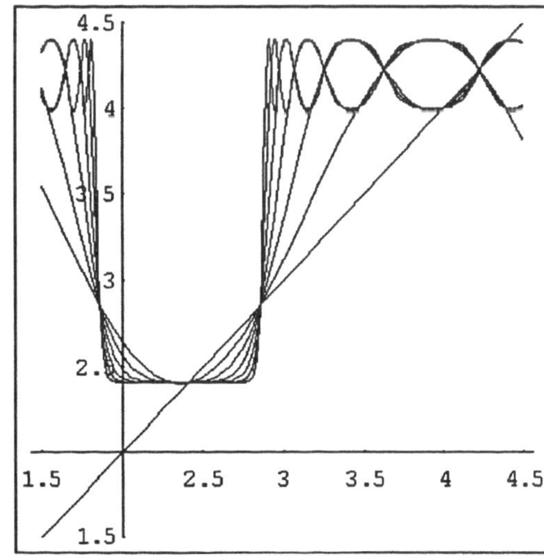

Viertes Beispiel: $\phi(x) = \dfrac{1}{2}\left(x+\dfrac{2}{x}\right)$

Das ist nichts anderes als das ***Heron-Verfahren*** zur
Quadratwurzelbestimmung, hier für $\sqrt{2}$.

Die Funktion ϕ scheint genau beim Fixpunkt einen
Tiefpunkt zu besitzen. Tatsächlich ist

$$\phi'(x) = \frac{1}{2}-\frac{1}{x^2} = 0 \;\Leftrightarrow\; x = \pm\sqrt{2}\;.$$

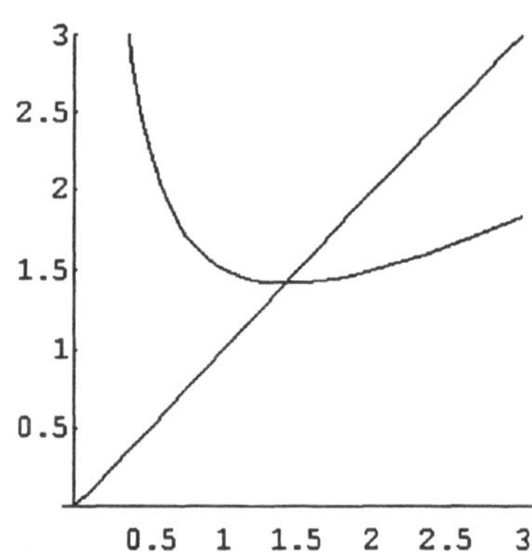

Die Konvergenz des Iterationsverfahren ist bekanntlich
um so besser, je kleiner die Ableitung von ϕ in der Nähe des Fixpunkts ist. Wenn $\phi'(x^*) = 0$
ist, müßte also eine sehr gute Konvergenz vorliegen, denn:

$$x_{n+1} - x^* = \phi(x_n) - \phi(x^*) = \phi'(\xi_n)\,(x_n - x^*)\quad \text{mit}\;\; \xi_n \in [x^*; x_n]\qquad \text{(Mittelwertsatz)}$$

Wenn nun auch $|\phi'(\xi_n)|$ beliebig klein wird, so konvergiert der Fehler noch eine Stufe schneller
gegen 0 als jede geometrische Folge.
Genau das haben wir beim Heron-Verfahren beobachtet (*quadratische Konvergenz*, s. 2.2).

Wenn man eine beliebige Gleichung in eine Fixpunkt-Gleichung umwandeln möchte, um ein
Iterationsverfahren zur Lösung zu verwenden, hat man bekanntlich gewisse Freiheiten. Mögli-
cherweise kann man, um die Konvergenz zu optimieren, durch geschicktes Umformen eine
Situation wie die obige *erzwingen*. Das ist der Inhalt des nächsten Abschnitts.

Aufgaben:

1. Es sei $a > 0$ beliebig, aber fest. Bekanntlich konvergiert das Heron-Verfahren zur Bestimmung von $\sqrt{a}$ für alle Startwerte $x_0 > 0$.

   Bestimmen Sie ein Kontraktions-Intervall für die Iterationsfunktion $\phi(x) = \dfrac{1}{2}\left(x+\dfrac{a}{x}\right)$!

2. Lösen quadratischer Gleichungen mit dem Fixpunktverfahren:
   Gegeben sei die Gleichung $x^2 + px + q = 0$ mit den reellen Lösungen x_1, x_2 (es gelte
   $p, q \neq 0$ und $x_1 \neq x_2$).

   a) Durch Umformung zu $x = \dfrac{-q}{x + p}$ erhält man eine Fixpunktgleichung mit

   $\phi(x) = \dfrac{-q}{x + p}$. Bestimmen Sie die Ableitung ϕ' von ϕ und zeigen Sie mit dem Vieta-

   schen Wurzelsatz:

$$\phi'(x_1) = \frac{x_1}{x_2} \quad \text{und} \quad \phi'(x_2) = \frac{x_2}{x_1}$$

Was folgt daraus für die Konvergenz des Fixpunktverfahrens?

b) Eine andere Umformung führt zu $x = -\dfrac{q}{x} - p$. Gilt für die Ableitung der Iterations-

funktion $\psi(x) = -\dfrac{q}{x} - p$ eine ähnliche Beziehung wie in a)? Was folgt daraus für die

Konvergenz *dieses* Iterationsverfahrens?

c) Zeichnen Sie für $p = -3$ und $q = 1$ die Graphen von ϕ und ψ über dem Intervall

[0; 3] . Zeichnen Sie auch die Diagonale $y = x$.

d) Zeigen Sie, dass ψ die Umkehrfunktion von ϕ ist!

3. Beweisen Sie, dass die Iterationsfolgen mit $x_0 = 2$ und

$$(1) \qquad x_{n+1} = \frac{1}{2}\left(x_n + \frac{2}{x_n^2}\right)$$

$$(2) \qquad x_{n+1} = \frac{1}{3}\left(2x_n + \frac{2}{x_n^2}\right)$$

$$(3) \qquad x_{n+1} = \sqrt{\frac{2}{x_n}}$$

konvergent sind! (Vgl. 2.2 Aufg. 5; was man für alle drei Folgen leicht beweisen kann, ist:
Wenn sie konvergieren, dann haben sie den Grenzwert $x^* = \sqrt[3]{2}$.)
Bestimmen Sie jeweils ein Kontraktions-Intervall, das $x_0 = 2$ enthält.
Vergleichen Sie: Wie schnell konvergieren die Folgen? Berechnen Sie dazu $\phi'(x^*)$ für die
jeweilige Iterationsfunktion ϕ .

4. Bestimmen Sie Kontraktionsintervalle für die anziehenden Fixpunkte der Funktionen aus 3.2
Aufgabe 1 !

5. Eine Gleichung $f(x) = 0$ ist äquivalent zu $c \cdot f(x) = 0$, wenn c eine beliebige von 0 verschiedene Konstante ist. Also sind die Nullstellen von $f(x)$ genau die Fixpunkte der Funktionen $\phi_c(x) = x + c\, f(x)$. Mit der Wahl der Konstanten c kann man das Konvergenzverhalten der Iterationen entscheidend beeinflussen.

a) Es sei $f(x)$ unser altbekanntes Polynom: $f(x) = x^3 - 3x^2 + 1$
Zeichnen Sie mit einem Funktionenplotter (graph. TR o.ä.) die Funktionen ϕ_c für verschiedene c . Suchen Sie Werte, so dass verschiedene Fixpunkte anziehend werden.

b) Man weiß: Je kleiner $|\phi'(x^*)|$, desto besser die Konvergenz von ϕ bzgl. des Fixpunkts
x^* von ϕ .
Welcher Wert von c ist optimal für die Konvergenz von ϕ_c gegen $x^{**} \approx 0{,}65$?

3.5   Newton-Verfahren

Eine Gleichung sei in der *Nullstellen-Form*

$$f(x) = 0$$

gegeben, mit einer differenzierbaren Funktion f.

x^* sei eine Nullstelle von f, und x_0 sei eine grobe Näherung für x^* als Startwert.

Idee: Ersetze f durch die Tangente an den Graphen in x_0 und bestimme deren Nullstelle!

Die Gleichung der Tangente lautet in der
Punkt-Steigungs-Form (mit $y_0 = f(x_0)$):

$$y - y_0 = f'(x_0) \cdot (x - x_0)$$

Um die Nullstelle x_1 der Tangente zu bestimmen, setze $y = 0$:

$$-y_0 = f'(x_0) \cdot (x_1 - x_0)$$

$$x_1 = x_0 - \frac{y_0}{f'(x_0)} = x_0 - \frac{f(x_0)}{f'(x_0)}$$

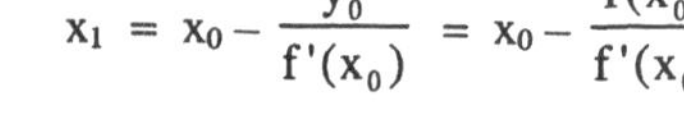

Dazu muß natürlich gelten: $f'(x_0) \neq 0$.

x_1 ist im allgemeinen eine bessere Näherung für x^* als x_0 .

Wiederholt man diesen Vorgang mit x_1 usw., so erhält man das

Newton-Verfahren:

> *Wähle einen geeigneten Startwert* x_0 ,
>
> *berechne die Folge* $\quad x_{n+1} = x_n - \dfrac{f(x_n)}{f'(x_n)} \quad$ *für alle* $n \geq 0$.

Das Newton-Verfahren ist also im Grunde auch ein Fixpunkt-Iterationsverfahren, mit der Iterationsfunktion

$$\phi(x) = x - \frac{f(x)}{f'(x)} \ .$$

Die Nullstellen von f sind offenbar Fixpunkte von ϕ , vorausgesetzt dass f' an diesen Stellen nicht Null ist.

Erstes Beispiel: $\qquad f(x) = x^3 - 3x^2 + 1 = 0$

(Wir haben diese Polynomgleichung bereits in den
Abschnitten 3.1 und 3.2 diskutiert.)
Die Funktion f hat 3 Nullstellen:

$$x^* \approx -0{,}5 \ ; \ x^{**} \approx 0{,}6 \ ; \ x^{***} \approx 2{,}8$$

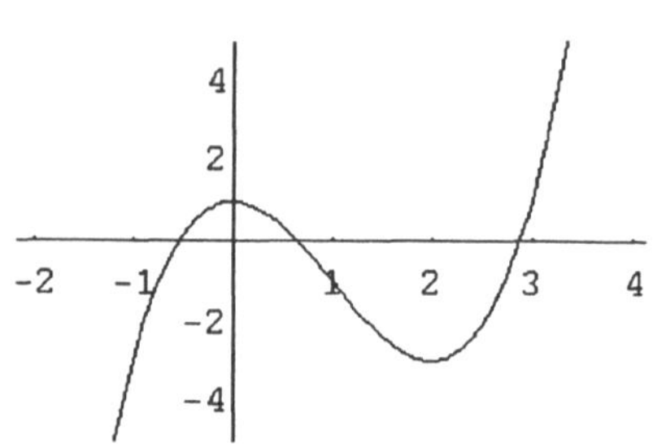

Wegen $f'(x) = 3x^2 - 6x$ ist die Iterationsfunktion

$$\phi(x) = x - \frac{x^3 - 3x^2 + 1}{3x^2 - 6x}$$

$$= \frac{2x^3 - 3x^2 - 1}{3x(x-2)}$$

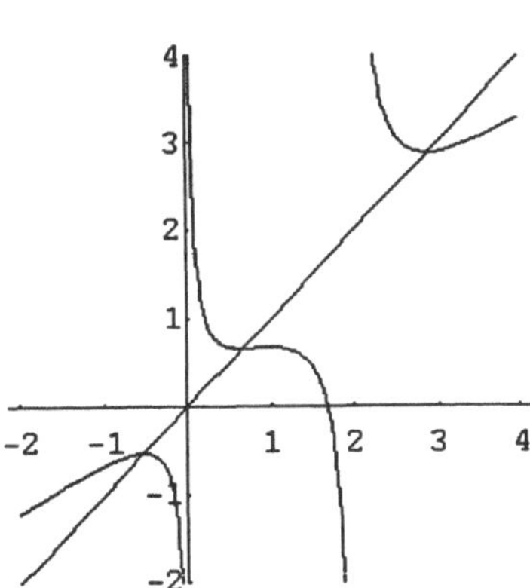

Der Graph von ϕ zeigt einen sehr flachen Verlauf der Kurve in der Nähe der Fixpunkte, vermutlich sogar waagerechte Tangenten an den Fixpunkten; das läßt auf eine gute Konvergenz hoffen.

Mit den o.g. Schätzwerten für die Lösungen als Startwerten sind tatsächlich in allen drei Fällen bereits nach 5 Schritten 14 Nachkommastellen stabil:

n	x_n	x_n	x_n
0	-0,50000000000000	0,60000000000000	2,80000000000000
1	-0,53333333333333	0,65396825396825	2,88452380952381
2	-0,53209064327485	0,65270427409327	2,87940472687952
3	-0,53208888624147	0,65270364466630	2,87938524185362
4	-0,53208888623796	0,65270364466614	2,87938524157182
5	-0,53208888623796	0,65270364466614	2,87938524157182

3 Schritte würden demnach für eine normale TR-Genauigkeit ausreichen.

Zweites Beispiel: Die Fixpunkt-Gleichung

$$x = \exp(x) - 2$$

(vgl. 2. Beispiel in 3.4) hat zwei Fixpunkte: $x^* \approx -1{,}8$ ist anziehend, $x^{**} \approx 1{,}2$ ist abstoßend. Umgeformt in eine Nullstellen-Gleichung lautet sie:

$$f(x) = \exp(x) - x - 2 = 0$$

Auf diese Funktion kann man wiederum das Newton-Verfahren anwenden, d.h. die Gleichung wird in eine andere Fixpunkt-Form umgewandelt, mit

$$\phi(x) = x - \frac{\exp(x) - x - 2}{\exp(x) - 1}$$

$$= \frac{(x-1)\exp(x) + 2}{\exp(x) - 1}$$

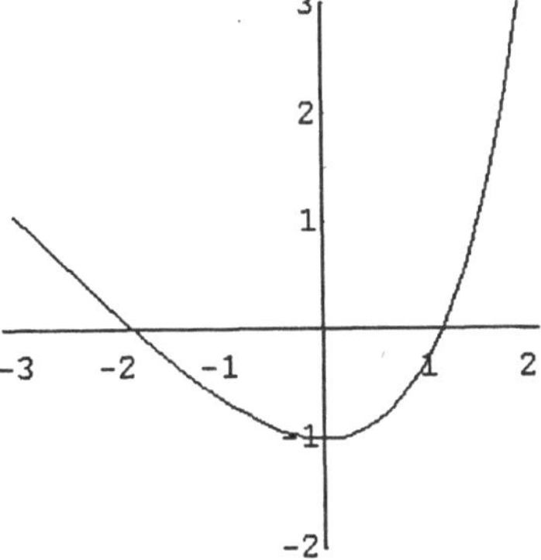

Graph von f

Auch hier ist eine schnelle Konvergenz zu beobachten.

n	x_n	x_n
0	-1,80000000000000	1,20000000000000
1	-1,84157309878800	1,14822807352533
2	-1,84140566307876	1,14619625065067
3	-1,84140566043696	1,14619322062731
4	-1,84140566043696	1,14619322062058

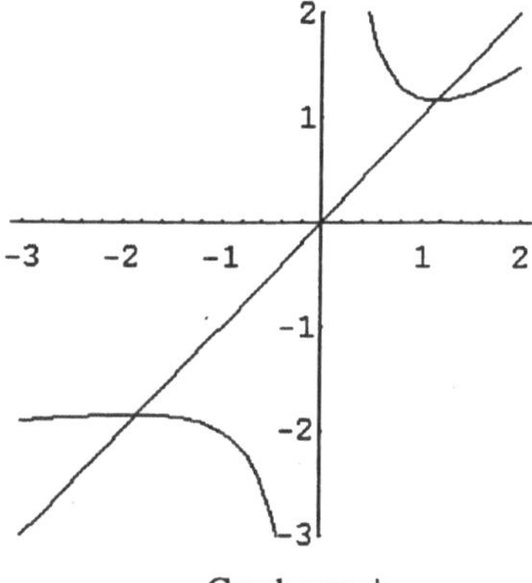

Graph von ϕ

Insbesondere ist auch der abstoßende Fixpunkt x^{**} stark anziehend geworden.

Satz über die Konvergenz des Newton-Verfahrens:

> *Die Gleichung* $f(x) = 0$ *sei gegeben;* x^* *sei die gesuchte Nullstelle von* f.
>
> *Die Funktion* f *sei zweimal stetig differenzierbar in einer Umgebung[1] von* x^*, *und es gelte* $f'(x^*) \neq 0$.
>
> a) *Dann gibt es eine Umgebung* I *von* x^*, *so dass das Newton-Verfahren für alle Startwerte* $x_0 \in I$ *konvergiert.*
>
> b) *Für den absoluten Fehler* $\Delta_n = x_n - x^*$ *gilt in diesem Fall:*
>
> $$\lim_{n \to \infty} \frac{\Delta_{n+1}}{\Delta_n^{\,2}} \;=\; \frac{f''(x^*)}{2\,f'(x^*)}$$

Letzteres bedeutet bezüglich der Güte der Konvergenz folgendes:

Für jede Newton-Folge (x_n) ist die Folge $\dfrac{\Delta_{n+1}}{\Delta_n^{\,2}}$ konvergent mit demselben Grenzwert, jetzt C genannt. Für genügend große n ist dann

$$\Delta_{n+1} \approx C \cdot \Delta_n^{\,2} \;,$$

d.h. der absolute Fehler konvergiert *quadratisch* gegen 0.

Faustregel: Die Anzahl der gültigen Nachkommastellen *verdoppelt sich* bei jedem Schritt. Ist z.B. $\Delta_n \approx 0{,}5 \cdot 10^{-4}$ (das bedeutet 4 gültige Nachkommastellen) und ist C nicht zu groß, etwa $C \leq 2$, so folgt: $\Delta_n \approx C \cdot (0{,}5 \cdot 10^{-4})^2 \leq 0{,}5 \cdot 10^{-8}$, d.h. 8 Nachkommastellen sind gültig. Eine Konvergenz von diesem Typ haben wir z.B. beim Heron-Verfahren beobachtet.

Beweis des Satzes:

a) In der Umgebung I_0 von x^* sei f zweimal stetig differenzierbar. Da f' stetig und $f'(x^*) \neq 0$ ist, gibt es eine Umgebung $I_1 \subseteq I_0$ von x^*, so dass $f'(x) \neq 0$ für alle $x \in I_1$ ist. Die Iterationsfunktion des Newton-Verfahrens

---

[1] Mit „Umgebung von x" ist wie vorher ein beschränktes abgeschlossenes Intervall gemeint, das x im Innern enthält.

$$\phi(x) \;=\; x - \frac{f(x)}{f'(x)}$$

ist dann auf I_1 definiert und stetig differenzierbar, und es gilt:

$$\phi'(x) \;=\; 1 - \frac{f'(x)^2 - f(x)\,f''(x)}{f'(x)^2}$$

$$\;=\; \frac{f(x)\,f''(x)}{f'(x)^2}$$

Wegen $f(x^*) = 0$ ist $\phi'(x^*) = 0$. Da ϕ' stetig auf I_1 ist, gibt es eine Umgebung $I \subseteq I_1$ von x^*, so dass $|\phi'(x^*)| \le 1$ für alle $x \in I$. Damit ist ϕ nach der hinreichenden Bedingung aus 3.3 kontrahierend auf I.

b) Bezüglich der Güte der Fixpunkt-Iteration wurde in 3.3 und 3.4 schon die Faustregel formuliert: Je flacher die Kurve beim Fixpunkt, also je kleiner $|\phi'(x^*)|$, desto besser die Konvergenz. Hier ist nun der optimale Fall $\phi'(x^*) = 0$ eingetreten. Im einzelnen wird b) wie folgt bewiesen:

Sei $x_0 \in I$ ein zulässiger Startwert und x_n ein beliebiges Folgenglied der zugehörigen Newton-Folge. Die Taylor-Entwicklung von f um den Punkt x_n ergibt:

$$f(x^*) \;=\; f(x_n) + (x^* - x_n)\,f'(x_n) + \frac{1}{2}(x^* - x_n)^2\,f''(\xi_n)$$

mit einem $\xi_n \in [x_n\,;\,x^*]$. Wegen $f(x^*) = 0$ folgt daraus mit Division durch $f'(x_n)$:

$$0 \;=\; \frac{f(x_n)}{f'(x_n)} + x^* - x_n + \frac{1}{2}(x^* - x_n)^2\,\frac{f''(\xi_n)}{f'(x_n)}$$

$$x_n - \frac{f(x_n)}{f'(x_n)} - x^* \;=\; \frac{1}{2}(x_n - x^*)^2\,\frac{f''(\xi_n)}{f'(x_n)}$$

$$x_{n+1} - x^* \;=\; \frac{f''(\xi_n)}{2\,f'(x_n)}(x_n - x^*)^2$$

Mit der obigen Bezeichnung $\Delta_n = x_n - x^*$ folgt:

$$\frac{\Delta_{n+1}}{\Delta_n^2} \;=\; \frac{f''(\xi_n)}{2\,f'(x_n)}$$

Da f' und f'' stetig sind und mit $x_n \to x^*$ auch $\xi_n \to x^*$ strebt, folgt die Behauptung.

Die Tabelle demonstriert dieses Konvergenzverhalten für die Funktion $f(x) = \exp(x) - x - 2$ (vgl. das 2. Beispiel). Übrigens ist hier:

$$\frac{f''(x^*)}{2\,f'(x^*)} \;=\; \frac{\exp(x^*)}{2\,(\exp(x^*) - 1)}$$

$$\approx 0{,}732971$$

n	x_n	Δ_n	Δ_{n+1}/Δ_n^2
0	2	8,54E-01	0,4436
1	1,469552928	3,23E-01	0,5847
2	1,207329481	6,11E-02	0,6989
3	1,148805629	2,61E-03	0,7314
4	1,146198212	4,99E-06	0,7330
5	1,146193221	1,83E-11	

Die Bestimmung von Kontraktions-Intervallen für das Newton-Verfahren verläuft im Prinzip
genauso wie bei jedem Iterationsverfahren. Weil aber die Iterationsfunktion oftmals relativ
kompliziert gebaut ist, muß man sich gegebenenfalls mit empirisch ermittelten Werten zufrie-
dengeben, wenn der Aufwand in vertretbaren Grenzen bleiben soll.

Für das erste Beispiel $f(x) = x^3 - 3x^2 + 1$ gilt $\phi(x) = \dfrac{2x^3 - 3x^2 - 1}{3x\,(x-2)}$ (s.o.).

Die Ableitung von ϕ kann man wegen $\phi' = \dfrac{f \cdot f''}{(f')^2}$ noch relativ leicht ausrechnen:

$$\phi'(x) = \frac{2\,(x^3 - 3x^2 + 1)\,(x-1)}{3\,x^2\,(x-2)^2}$$

Der Graph von ϕ' über dem Intervall $[-2; 4]$
zeigt Folgendes (zur Überprüfung der Bedin-
gung $|\phi'(x)| < 1$ sind die Grenzen $y = \pm 1$
mit eingezeichnet):

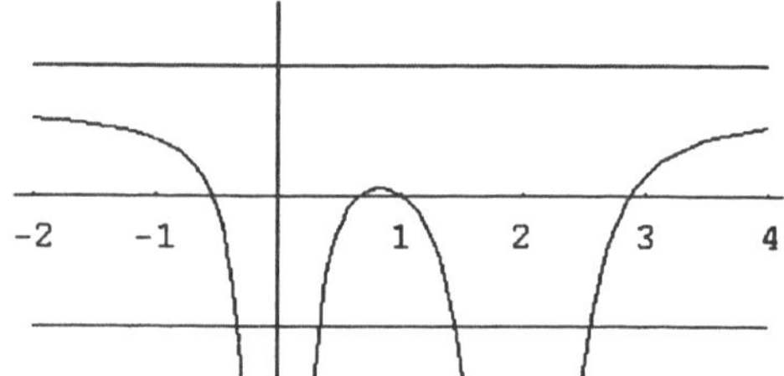

a) $\phi'(x) < 1$ für alle x

(Um diese offensichtliche Eigenschaft rechnerisch nachzuweisen, müßte man wieder ein
Polynom 4. Grades untersuchen.)

b) Mit der TRACE-Funktion (TI-85 o.ä.) kann man leicht Bereiche bestimmen, für die
$\phi'(x) > -1$ ist, hier etwa die folgenden drei (für jeden Fixpunkt einen):

    (1) $x < -0,33$

    (2) $0,4 < x < 1,4$

    (3) $2,6 < x$

c) $x^* \approx -0,53$ ist Hochpunkt von ϕ; $x^{**} \approx 0,65$ und $x^{***} \approx 2,88$ sind Tiefpunkte von ϕ.

Außerdem hat ϕ einen weiteren Hochpunkt, nämlich $x = 1$; am Graphen von ϕ war das
nicht klar zu erkennen, da ϕ hier in einem größeren Bereich sehr flach verläuft.

Die drei in b) genannten Bereiche sind also Kandidaten
für Kontraktionsintervalle; man muß nur noch prüfen,
ob sie unter ϕ auf sich abgebildet werden. Hier genügen Zoom-Ausschnitte des Graphen von ϕ etwa für
die Intervalle $I_1 = [-2 ; -0,33]$, $I_2 = [0,4 ; 1,4]$,
$I_3 = [2,6 ; 4]$. (Im ersten Fall kann die linke Intervallgrenze beliebig weit hinausgeschoben werden, ebenso
im dritten Fall die rechte Grenze.) Das Bild zeigt den
Ausschnitt über I_2.

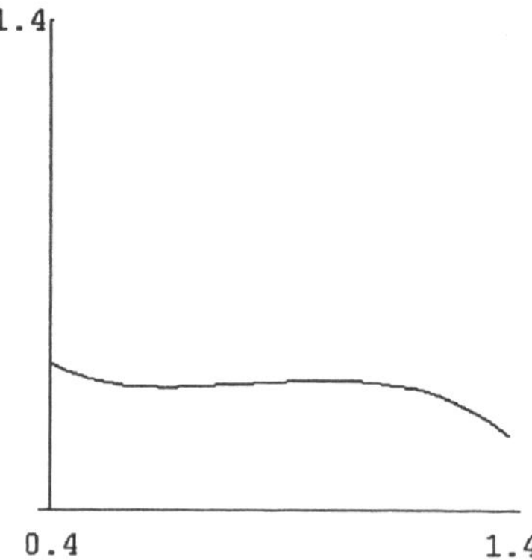

Um dieses Beispiel abzuschließen, sei noch der
Graph von $\phi^4(x)$ gezeichnet. Man sieht, wie
sich schon nach 4 Iterationsschritten die Einzugsbereiche der drei Fixpunkte sehr scharf
abzeichnen; das unterstreicht noch einmal die
gute Konvergenz des Newton-Verfahrens.

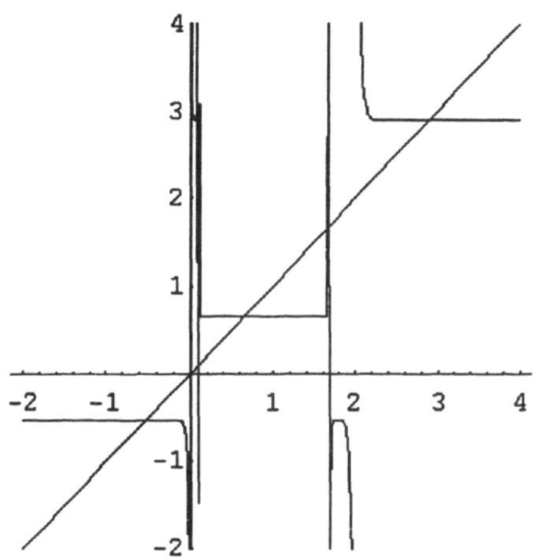

Warnung vor einem möglichen Mißverständnis:
Die Intervalle mit dem beinahe waagerechten
Kurvenverlauf stellen im allgemeinen *keine*
Kontraktionsintervalle im Sinne von 3.3 dar,
denn Konvergenz kann auch in Bereichen vor-
liegen, in denen ϕ nicht kontrahierend ist.

Außerhalb dieser Einzugsbereiche verläuft der Graph sehr unregelmäßig: Bei Nicht-
Konvergenz ist die Newton-Iteration häufig chaotisch, also „unberechenbar".

Eine Variante des Newton-Verfahrens ist das *Sekanten-Verfahren*.
Hier wählt man für die gesuchte Nullstelle der Funktion f *zwei* Näherungen x_0, x_1 und bestimmt x_2 als Nullstelle der *Sekante*, die durch die Punkte (x_0, y_0) und (x_1, y_1) geht. (Wie
vorher sei $y_i = f(x_i)$.)

Die Gleichung der Sekante lautet in der Zwei-
Punkte-Form:

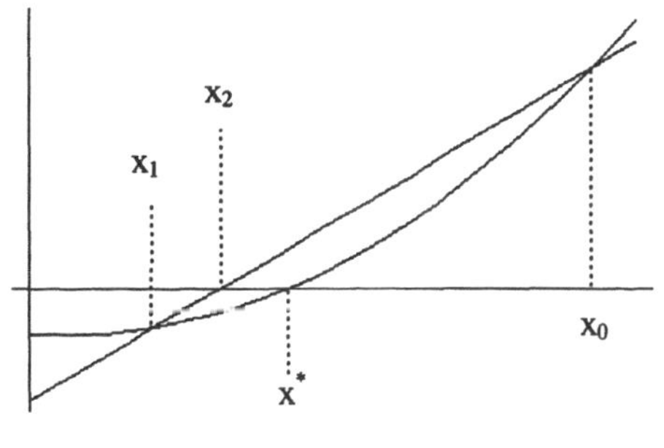

$$\frac{y - y_1}{x - x_1} = \frac{y_0 - y_1}{x_0 - x_1}$$

Für $x = x_2$ soll $y = 0$ gelten; daraus folgt:

$$\frac{- y_1}{x_2 - x_1} = \frac{y_0 - y_1}{x_0 - x_1}$$

$$x_2 = x_1 - y_1 \frac{x_0 - x_1}{y_0 - y_1}$$

Wiederholt man das Ganze mit x_1 und x_2, so erhält man eine weitere Näherung x_3, usw.;
die so definierte Folge (x_n) konvergiert unter ähnlichen Voraussetzungen wie beim Newton-
Verfahren gegen die Nullstelle von f. (Wir verzichten hier auf Einzelheiten.)

Als Beispiel sei wieder $f(x) = \exp(x) - x - 2$ gewählt, mit den Startwerten $x_0 = 1$ und

$x_1 = 1{,}3$ (zum Vergleich kann man die analoge Tabelle für das Newton-Verfahren heranziehen, siehe oben).

n	x_n	$\Delta_n = x_n - x^*$	Δ_{n+1}/Δ_n^2	Δ_{n+1}/Δ_n
0	1	-1,46E-01	7,196	-1,052079
1	1,3	1,54E-01	-0,692	-0,106446
2	1,12982108	-1,64E-02	-6,521	0,106772
3	1,14444514	-1,75E-03	6,914	-0,012088
4	1,14621435	2,11E-05	-60,679	-0,001282
5	1,14619319	-2,71E-08	-571,730	0,000015
6	1,14619322	-4,20E-13		

Beobachtungen:

- Die Folge konvergiert nicht ganz so schnell wie bei Newton; man beachte, dass die Newton-Tabelle mit dem viel schlechteren Startwert $x_0 = 2$ nach 5 Schritten ein vergleichbares Ergebnis hatte.

- Ein weiteres Indiz für schwächere Konvergenz: Die Quotienten $\dfrac{\Delta_{n+1}}{\Delta_n^2}$ wachsen stark an; beim Newton-Verfahren konvergieren sie, nämlich gegen $\dfrac{f''(x^*)}{2\,f'(x^*)}$.

- Dagegen konvergieren die Quotienten $\dfrac{\Delta_{n+1}}{\Delta_n}$ offenbar gegen 0; die Konvergenz ist also besser als bei einem normalen Iterationsverfahren, wo dieser Quotient gegen eine von 0 verschiedene Konstante strebt.

- Die Konvergenz der x_n scheint hier nicht monoton zu sein (Δ_n wechselt das Vorzeichen), aber auch nicht oszillierend.

- Die Zehnerexponenten des Fehlers Δ_n bilden den Anfang der Fibonacci-Folge. Zugegeben: Das ist hier durch die Wahl der Anfangswerte so „zurechtgebogen", aber ....

Um die letzte Beobachtung zu untermauern, werden in der Tabelle rechts die Quotienten $\dfrac{\Delta_{n+1}}{\Delta_n \cdot \Delta_{n-1}}$ ausgerechnet. Diese Folge scheint zu konvergieren, und zwar mit dem Grenzwert, der schon bei der Fehleranalyse des Newton-Verfahrens aufgetaucht ist:

Δ_n	$\Delta_{n+1}/\Delta_n\Delta_{n-1}$
-1,46E-01	
1,54E-01	0,72812
-1,64E-02	0,69419
-1,75E-03	0,73831
2,11E-05	0,73348
-2,71E-08	0,73306
-4,20E-13	

$$\lim_{n\to\infty} \frac{\Delta_{n+1}}{\Delta_n \cdot \Delta_{n-1}} = \frac{f''(x^*)}{2\,f'(x^*)} \approx 0{,}732971$$

Daraus würde folgen: $\Delta_{n+1} \approx C\,\Delta_n\,\Delta_{n-1}$, wobei C der obige Grenzwert sei. Geht man zum Logarithmus $\lambda_n = \log(|\Delta_n|)$ über, ergibt sich daraus eine Rekursion ähnlich wie bei Fibonacci:

$$\lambda_{n+1} \approx \log(|C|) + \lambda_n + \lambda_{n-1}$$

Zusammenfassung: Das Sekanten-Verfahren mit Startwerten x_0 und x_1 und der Rekursion

$$x_{n+1} = x_n - f(x_n)\,\frac{x_n - x_{n-1}}{f(x_n) - f(x_{n-1})} \quad \text{für } n \geq 2$$

ist ein *Zweischritt-Verfahren*, das bei jedem Schritt auf die beiden vorhergehenden Folgenglieder zurückgreift. Es konvergiert etwas langsamer als das Newton-Verfahren. Dafür bietet es den Vorteil, dass die Ableitung nicht benutzt wird; man braucht also f' nicht zu kennen. Bei komplizierten Funktionen kann das ein entscheidender Pluspunkt sein.

Aufgaben:

1. *Newton-Verfahren zur Wurzelberechnung:*

Es sei $a > 0$ beliebig. Für $k \in \mathbf{N}$ ist $\sqrt[k]{a}$ die positive Lösung der Gleichung $x^k - a = 0$.

a) Lösen Sie diese Gleichung mit dem Newton-Verfahren! Zeigen Sie, dass dies äquivalent ist zu der folgenden Iteration:

$$x_{n+1} = \frac{1}{k}\left((k-1)x_n + \frac{a}{x_n^{k-1}}\right)$$

b) Berechnen Sie $\sqrt[4]{7}$ mit dieser Methode! Probieren Sie verschiedene Startwerte aus.

c) Beweisen Sie: Dieses Newton-Verfahren konvergiert für alle Startwerte $x_0 > 0$ gegen $x^* = \sqrt[k]{a}$, und zwar monoton fallend (evtl. bis auf den ersten Schritt).

Tip: Zeigen Sie zunächst: $\phi(x) \geq \sqrt[k]{a}$ für alle $x > 0$ und $\phi(x) < x$ für alle $x > \sqrt[k]{a}$. Aber versuchen Sie es nicht durch explizites Rechnen mit Ungleichungen! Untersuchen Sie statt dessen die Funktion ϕ mit analytischen Mitteln.

d) Bestimmen Sie ein Kontraktions-Intervall für die zugehörige Iterationsfunktion ϕ .

e) Was ergibt sich für den Fall $k = 2$?

f) Prüfen Sie, ob das Verfahren auch für den Fall $k = -1$ anwendbar ist! Rechnen Sie ein Beispiel. Was für ein Wert wird dann mit dem Verfahren berechnet?

2. *Lösen von Fixpunktgleichungen mit dem Newton-Verfahren:*

Es sei die Fixpunktgleichung $x = \phi(x)$ vorgegeben; ϕ sei zweimal stetig differenzierbar, und es gelte $\phi'(x^*) \neq 1$ für alle Fixpunkte von ϕ .

Setze $f(x) = x - \phi(x)$ und bestimme die Nullstellen von f mit dem Newton-Verfahren!

a) Zeigen Sie, dass man die Iterationsfunktion $\psi(x) = x - \dfrac{f(x)}{f'(x)}$ des Newton-

Verfahrens direkt aus ϕ berechnen kann, nämlich als $\psi(x) = \dfrac{\phi(x) - x \cdot \phi'(x)}{1 - \phi'(x)}$.

b) Berechnen Sie mit diesem Verfahren den Fixpunkt von $x = 10 \exp(-x^2)$ (vgl. 3.2 Aufgabe 2b).

c) Beweisen Sie, dass ϕ und ψ dieselben Fixpunkte haben und dass die Iteration mit ψ für *alle* Fixpunkte von ϕ konvergiert (auch wenn sie bezüglich ϕ abstoßend sind)!

3. Bestimmen Sie die kleinste positive Lösung der Gleichung $x = \tan(x)$ mit dem Newton-Verfahren (vgl. 3.2 Aufgabe 3c)! Geben Sie ein Kontraktions-Intervall an. (Eine grafische Analyse reicht aus.)

Kapitel 4   Numerische Integration

4.1   Rechteck- und Trapezsummen

Wie berechnet man den Inhalt einer krummlinig begrenzten Fläche?

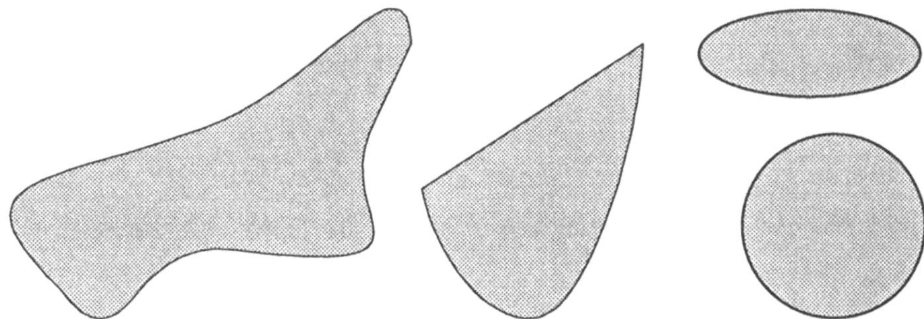

Wenn man den Rand durch einen geschlossenen Polygonzug approximieren kann, dann ergibt die Fläche innerhalb dieses Polygonzuges einen Näherungswert. So kann man z.B. den Kreis durch regelmäßige Polygone annähern (vgl. 0.2 und 1.3; dort wurde zwar der Umfang berechnet, aber die Fläche ließe sich ähnlich bestimmen). Aber je komplexer die Figuren werden, desto schwieriger werden solche geometrischen Methoden.

Die Analysis hilft, wenn man den Rand durch eine passende Funktion $f : [a; b] \to \mathbf{R}$ beschreiben kann. so dass die gesuchte Fläche A sich darstellt als Fläche unterhalb des Graphen von f. Dann ist A als Integral zu berechnen:

$$A = \int_a^b f(x)\, dx$$

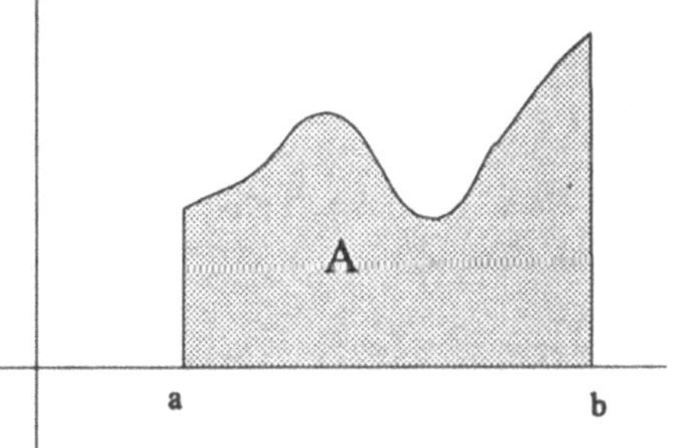

Manchmal muß man die gegebene Fläche erst verschieben, verzerren oder zerlegen, um eine passende Darstellung zu erzielen. Musterbeispiel ist wieder der Kreis: Verschiebt man seinen Mittelpunkt in den Nullpunkt, staucht seinen Radius auf 1 und halbiert ihn waagerecht, so wird sein Rand beschrieben durch die Funktion

$$f : [-1; 1] \to \mathbf{R} \quad \text{mit} \quad f(x) = \sqrt{1-x^2} \;;$$

zur Flächenberechnung braucht man wegen der

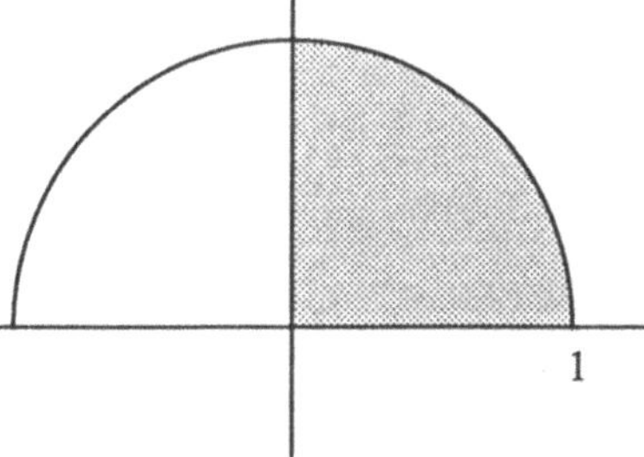

Symmetrie zur y-Achse nur über dem Intervall [0; 1] zu integrieren, d.h. die Fläche des Viertelkreises ist

$$\int_0^1 \sqrt{1-x^2}\, dx \; = \; \frac{\pi}{4} \; .$$

Wenn man also die gesuchte Fläche als Integral darstellen kann, so ist im günstigsten Fall die Funktion f elementar integrierbar und die Stammfunktion einfach zu berechnen. Aber was tun in den folgenden Fällen:

– Die Funktion ist nicht elementar integrierbar (solche sind nicht gerade selten; einfaches Beispiel: $f(x) = \dfrac{\sin(x)}{x}$):

– Man kann die Stammfunktion zwar hinschreiben, aber nicht leicht berechnen. Im Kreis-Beispiel $f(x) = \sqrt{1-x^2}$ liefert die Formelsammlung bzw. der TI-92 die Stammfunktion

$$F(x) \; = \; -\frac{1}{2}\,\arcsin(x) + \frac{x}{2}\sqrt{1-x^2} \; ;$$

damit ergibt sich die Viertelkreisfläche zu

$$\frac{\pi}{4} \; = \; \int_0^1 \sqrt{1-x^2}\, dx \; = \; F(1) - F(0) \; = \; \frac{1}{2}\,\arcsin(1) \; .$$

Das ist wegen $\arcsin(1) = \dfrac{\pi}{2}$ zwar richtig, aber trivial; wenn man π über die Kreisfläche bestimmen möchte, steht man jetzt vor dem Problem, wie man $\arcsin(1)$ berechnet.

Hier sind näherungsweise Berechnungen der Integrale, also numerische Methoden angebracht.

Ab jetzt sei $f : [a; b] \to \mathbf{R}$ eine stetige Funktion[1] über einem Intervall $I = [a; b]$. Zu berechnen ist das Integral

$$\int_a^b f(x)\, dx \; = \; \int_a^b f \qquad \text{(abkürzende Schreibweise)}.$$

Zerlegt man nun die gesamte Fläche in gleich breite vertikale Streifen, so bieten sich zwei Möglichkeiten an, die Flächen der einzelnen Streifen zu approximieren:

---

[1] Alle stetigen Funktionen sind integrierbar, es gibt aber auch unstetige Funktionen, die integrierbar sind (z.B. Treppenfunktionen). Wir werden auf den Begriff der integrierbaren Funktion in voller Allgemeinheit nicht weiter eingehen.

1. *Rechtecke:*

   Als Höhe eines Streifens wählt man
   sinnvollerweise den Funktionswert zur
   Mitte des jeweiligen Teilintervalls.
   Dadurch wird man in der Regel den
   Fehler gering halten, denn was zuviel
   und was zuwenig ist, gleicht sich ungefähr aus.

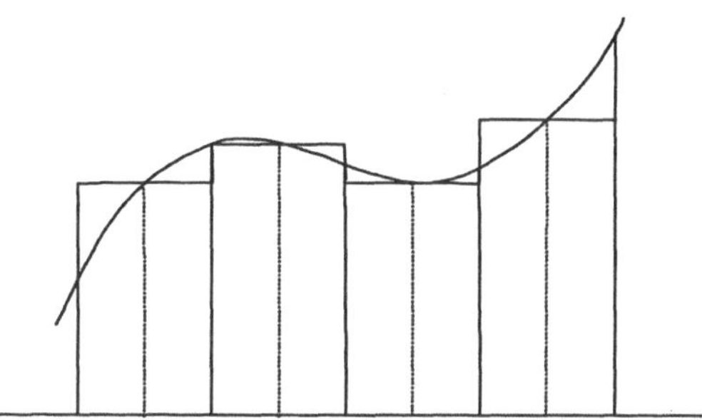

2. *Trapeze:*

   Hier verbindet man die Kurvenpunkte
   an den Rändern der Teilintervalle
   durch eine Strecke, schneidet also den
   gekrümmten Anteil ab bzw. füllt ihn
   aus.

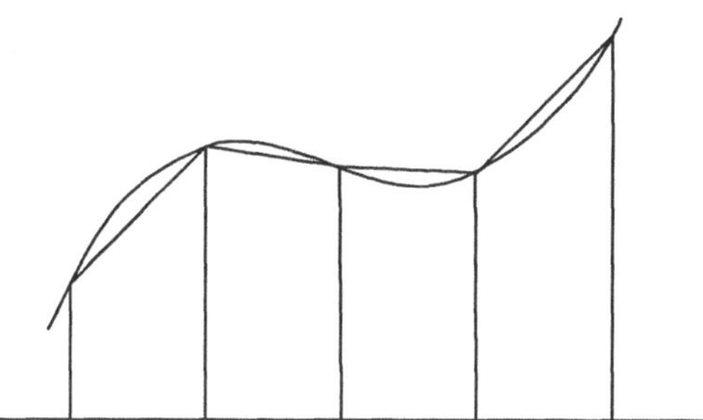

In beiden Fällen sind die Teilflächen einfach zu berechnen.

Für eine vorgegebene Anzahl von n Streifen beträgt $h = \dfrac{b-a}{n}$ die Streifenbreite. Das Inter-

vall $[a; b]$ wird in n Teilintervalle zerlegt, mit den Teilpunkten

$$x_k = a + k \cdot h \quad \text{für} \quad k = 0, 1, ..., n$$

als Intervallgrenzen. Die Intervallmitten sind

$$m_k = x_k - \frac{h}{2} \quad \text{für} \quad k = 1, ..., n .$$

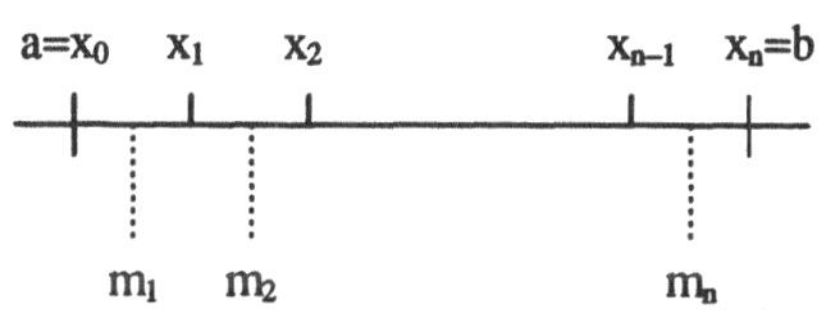

1. Bei der Rechteck-Methode beträgt die Fläche des k-ten Streifens $h \cdot f(m_k)$; als Näherung
   für die Gesamtfläche ergibt sich die n-te *Rechtecksumme* zu

$$RS_n = \sum_{k=1}^{n} h \cdot f(m_k) = h \cdot \sum_{k=1}^{n} f(x_k - \frac{h}{2}) .$$

2. Bei der Trapez-Methode beträgt die Fläche des k-ten Trapezes $h \cdot \dfrac{f_{k-1} + f_k}{2}$, wobei abkür-

   zend $f_k = f(x_k)$ geschrieben wird. Daraus ergibt sich die n-te *Trapezsumme* zu

$$TS_n = \sum_{k=1}^{n} h \cdot \frac{f_{k-1} + f_k}{2}$$

$$= h \cdot \left(\frac{f_0 + f_1}{2} + \frac{f_1 + f_2}{2} + ... + \frac{f_{n-2} + f_{n-1}}{2} + \frac{f_{n-1} + f_n}{2} \right)$$

$$= h \cdot \left(\frac{f_0}{2} + f_1 + f_2 + \ldots + f_{n-1} + \frac{f_n}{2} \right)$$

$$= h \cdot \left(\frac{f(a)+f(b)}{2} + \sum_{k=1}^{n-1} f(x_k) \right)$$

(beachte $f_0 = f(a)$ und $f_n = f(b)$).

Beide Methoden können durch Basic-Funktionsprozeduren realisiert werden, etwa so:

<table>
<tr><td>

Rechtecksummen:

```
Function RS(a,b,n)
  Dim h, x, s As Double
  Let h = (b-a)/n
  Let s = 0
  For x = a+h/2 To b Step h
    Let s = s + f(x)
  Next x
  Let RS = h * s
End Function
```

</td><td>

Trapezsummen:

```
Function TS(a,b,n)
  Dim h, x, s As Double
  Let h = (b-a)/n
  Let s = (f(a)+f(b))/2
  For k = 1 To n
    Let s = s + f(a+k*h)
  Next k
  Let TS = h * s
End Function
```

</td></tr>
</table>

Beide Prozeduren setzen voraus, dass der Integrand als Basic-Funktion namens f definiert ist (Beispiele siehe Kasten rechts). Weiterhin benötigen sie die Intervall-grenzen a und b sowie die Anzahl n der Teilintervalle als Eingaben. Man kann, wenn man die Ergebnisse mit Excel auswerten möchte, diese Funk-tionen TS , RS und f als „Visual-

```
Function f(x)
  Let f = sqr(1-x^2)
End Function

Function f(x)
  If x=0 Then f=1 Else f=sin(x)/x
End Function
```

Basic-Modul" in Excel einfügen und dann analog zu den Excel-Standardfunktionen benutzen; vgl. das 7. Beispiel im Anhang. (Die kursiv geschriebenen *Dim*-Zeilen in TS und RS sind notwendig, damit die Zahlen mit maximaler Genauigkeit berechnet werden; in anderen Basic-Versionen mögen sie anders lauten oder sind gar überflüssig.)

Erstes Beispiel: $f(x) = \dfrac{\sin(x)}{x}$ über $I = [0; \pi]$

f läßt sich für $x = 0$ stetig ergänzen durch $f(0) = 1$ (vgl. 2.4 Aufgabe 3).

Für $\displaystyle\int_0^\pi \frac{\sin(x)}{x}\,dx$ liefert der TI-85 den Wert

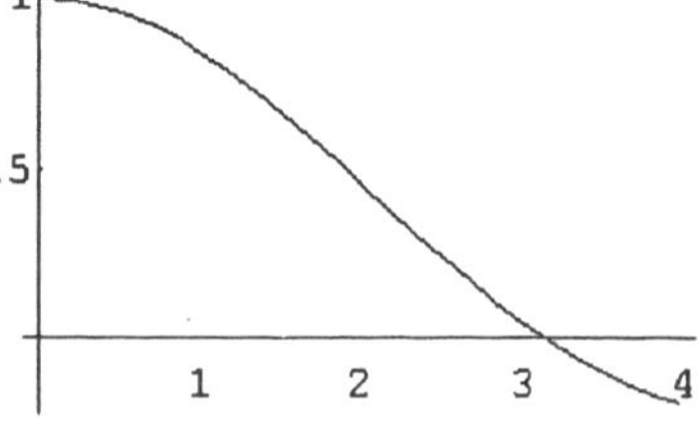

1,8519370519852 .

In der folgenden Tabelle werden Rechteck- und Trapezsummen für n = 2, 4, 8, ..., 64 ausgerechnet (d.h. die Streifenbreite h wird bei jedem Schritt halbiert); zur Berechnung der absoluten Fehler wird der obige TR-Wert herangezogen.

n	Rechtecksumme	abs. Fehler		Trapezsumme	abs. Fehler
2	1,885618083	0,034		1,785398163	-0,067
4	1,860176490	0,0082		1,835508123	-0,016
8	1,853985974	0,0020		1,847842306	-0,0041
16	1,852448604	0,00051		1,850914140	-0,0010
32	1,852064898	0,00013		1,851681372	-0,00026
64	1,851969011	0,000032		1,851873135	-0,000064

Auffällig ist:

- Der absolute Fehler wird bei jedem Schritt ungefähr *geviertelt*, und zwar sowohl bei Rechteck- als auch bei Trapezsummen. Das würde bedeuten: Der Fehler ist ungefähr proportional zu h^2, denn bei jedem Schritt wird h halbiert.

Nach 5 Schritten wird also der Fehler ungefähr um den Faktor $\dfrac{1}{4^5} \approx \dfrac{1}{1000}$ reduziert, das bedeutet einen Gewinn von 3 signifikanten Dezimalstellen. Wenn es so weitergeht, dann steigt die Genauigkeit in den nächsten 5 Schritten um weitere 3 Stellen.

- Der absolute Fehler der Rechtecksumme ist jeweils etwa halb so groß wie der absolute Fehler der Trapezsumme, aber mit dem umgekehrten Vorzeichen.

Zweites Beispiel: Der Viertelkreis

$$\int_0^1 \sqrt{1-x^2}\, dx \;=\; \frac{\pi}{4} \;=\; 0,78539816339745$$

Die Skizzen für RS_2 und TS_2 machen plausibel, wie sich die Fehler hier verhalten werden:

- Die Rechtecksummen sind vermutlich größer als das Integral, da bei jedem Streifen mehr hinzugefügt als abgeschnitten wird;

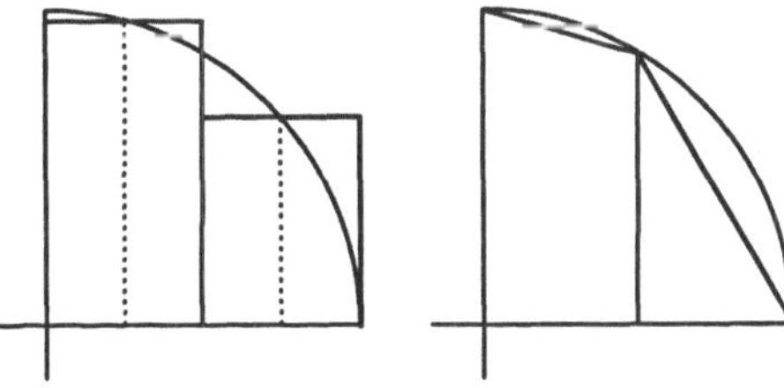

- die Trapezsummen werden kleiner als das Integral sein, weil bei jedem Streifen etwas abgeschnitten wird.

Um das Verhalten des Fehlers $\Delta_n = RS_n - \dfrac{\pi}{4}$ zu überprüfen, werden in diesem Beispiel zusätzlich die Quotienten Δ_n/Δ_{2n} von zwei aufeinanderfolgenden Fehlern ausgerechnet, ebenso für die Trapezsummen.

n	Rechtecksumme	Fehler Δ_n	Δ_n/Δ_{2n}	Trapezsumme	Fehler Δ_n	Δ_n/Δ_{2n}
2	0,814841832	0,02944	2,78	0,683012702	-0,10239	2,81
4	0,795982305	0,01058	2,80	0,748927267	-0,03647	2,82
8	0,789171733	0,00377	2,82	0,772454786	-0,01294	2,82
16	0,786737952	0,00134	2,82	0,780813259	-0,00458	2,83
32	0,785872851	0,00047	2,83	0,783775606	-0,00162	2,83
64	0,785566168	0,00017		0,784824228	-0,00057	

- Die obigen Vermutungen werden bestätigt, was das Vorzeichen des Fehlers angeht.
- Diesmal ist die Trapezsumme deutlich schlechter, der Betrag des Fehlers ist bei gleichem n etwa um den Faktor 3,5 größer als bei der Rechtecksumme.
- Der Fehler wird bei jedem Schritt ebenfalls um einem konstanten Faktor reduziert, aber nur um ca. $\dfrac{1}{2,83}$, also nicht so stark wie im 1. Beispiel. Das würde erst nach 6 oder 7 Schritten einen Gewinn von 3 Dezimalstellen bringen.

Die besten Näherungen für π , die man aus der Tabelle erhält, sind übrigens
$$4 \cdot RS_{64} \approx 3{,}1423 \quad \text{und} \quad 4 \cdot TS_{64} \approx 3{,}1393 \,,$$
also noch keine überwältigenden Resultate.

An den obigen Skizzen für RS_2 und TS_2 erkennt man deutlich, dass der Fehler in der rechten Intervallhälfte wesentlich größer ist als in der linken. Wenn man also π mit weniger Aufwand genauer berechnen möchte, sollte man die rechte Hälfte weglassen. Wie man sich geometrisch leicht überlegt, wird bei x = 0,5 der Bogen gedrittelt, so dass die Fläche über [0; 0,5] aus einem Zwölftelkreis (Tortenstück) plus einem halben gleichseitigen Dreieck besteht:

$$\int\limits_{0}^{0,5} \sqrt{1-x^2}\, dx \;=\; \frac{\pi}{12} + \frac{\sqrt{3}}{8} \;\approx\; 0{,}478305738745$$

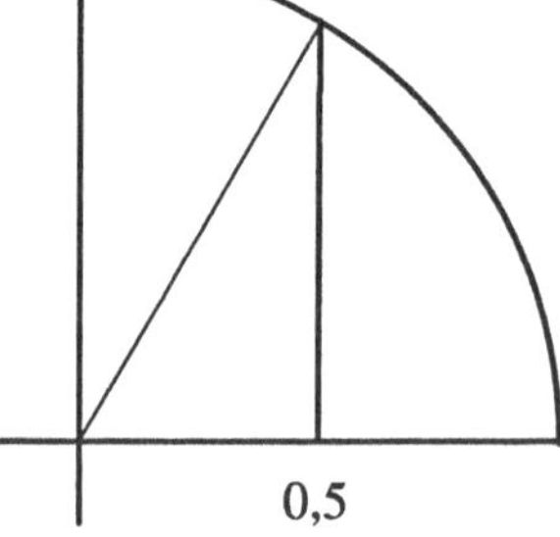

Mit dem neuen Intervall ergeben sich die folgenden Werte:

n	Rechtecksumme	Fehler Δ_n	Δ_n/Δ_{2n}	Trapezsumme	Fehler Δ_n	Δ_n/Δ_{2n}
2	0,479795388	0,0014896	3,97	0,475314635	-0,0029911	3,98
4	0,478680717	0,0003750	3,99	0,477555011	-0,0007507	4,00
8	0,478399652	0,0000939	4,00	0,478117864	-0,0001879	4,00
16	0,478329228	0,0000235	4,00	0,478258758	-0,0000470	4,00
32	0,478311612	0,0000059	4,00	0,478293993	-0,0000117	4,00
64	0,478307207	0,0000015		0,478302802	-0,0000029	

Die Fehler sind in der Tat wesentlich geringer; aus der letzten Zeile errechnet man als Näherungen für π :

$$(RS_{64} - \frac{\sqrt{3}}{8}) \cdot 12 \approx 3,141610 \; ; \quad (TS_{64} - \frac{\sqrt{3}}{8}) \cdot 12 \approx 3,141557$$

Das bedeutet einen Gewinn von 2 Dezimalstellen bei gleichem Aufwand.

Außerdem sind hier wieder die gleichen Phänomene wie im ersten Beispiel zu beobachten:
- Bei Halbierung der Streifenbreite wird der Fehler ungefähr geviertelt.
- Der Fehler in der Trapezsumme ist etwa doppelt so groß wie in der Rechtecksumme, mit dem umgekehrten Vorzeichen.

Wenn sich also der Fehler so regelmäßig verhält, sollte man das zur Berechnung von besseren Näherungen ausnutzen. Aufgrund der zweiten Beobachtung können wir z.B. die *Hypothese* formulieren:

Ist $R = RS_n$ *und* $T = TS_n$ *, so liegt der gesuchte Wert* $A = \int_a^b f$ *zwischen* R *und* T *,*

und zwar so, dass A *das Intervall* [R; T] *ungefähr drittelt.*

Dann wird der Wert $\tilde{A}$, der das Intervall [R; T] *exakt* drittelt, eine wesentlich bessere Näherung für A bilden:

$$\tilde{A} = R + \frac{1}{3}(T-R) = \frac{2R + T}{3}$$

Dieses *gewichtete Mittel* wirkt sich so aus:

n	Rechtecks. R	Trapezs. T	(2*R+T)/3	Fehler	Näherung für π
2	0,479795388	0,475314635	0,478301804	-3,94E-06	3,141545432163
4	0,478680717	0,477555011	0,478305482	-2,57E-07	3,141589571117
8	0,478399652	0,478117864	0,478305722	-1,62E-08	3,141592458621
16	0,478329228	0,478258758	0,478305738	-1,02E-09	3,141592641367
32	0,478311612	0,478293993	0,478305739	-6,37E-11	3,141592652825
64	0,478307207	0,478302802	0,478305739	-3,98E-12	3,141592653542

Die rechte Spalte enthält zur besseren Beurteilung die aus $\tilde{A}$ resultierende Näherung für π :

$$\tilde{\pi} \;=\; (\tilde{A} - \frac{\sqrt{3}}{8}) \cdot 12$$

Das Ergebnis ist verblüffend: Schon bei $n = 2$ sind 4 Nachkommastellen von $\tilde{\pi}$ gültig, also hat man hier die gleiche Genauigkeit wie mit einfachen Rechteck- und Trapezsummen erst bei $n = 64$. Pro Schritt kommt eine Stelle hinzu (sogar etwas mehr), so dass man bei $n = 64$ bereits 10 gültige Nachkommastellen hat. Außerdem verringert sich jetzt bei jedem Schritt der absolute Fehler $\tilde{A} - A$ um einen Faktor von ca. $\dfrac{1}{16}$, also ist der Fehler vermutlich proportional zu h^4. (Führt man dasselbe Verfahren mit dem 1. Beispiel durch, so ist genau der gleiche Effekt zu beobachten.)

Auch die erste Beobachtung, dass nämlich der Fehler bei jedem Schritt geviertelt wird, kann zur Verbesserung der Näherungswerte per *Extrapolation* verwendet werden; Näheres hierzu in Abschnitt 4.3.

Für die bisherigen Fehleranalysen sind wir davon ausgegangen, dass wir den exakten Wert kennen; in diesem Punkt haben wir dem TR vertraut. Wenn man ein Verfahren erst einmal ausprobieren will, ist diese Vorgehensweise sicher gerechtfertigt. Allerdings darf man nicht das eigentliche Ziel aus den Augen verlieren, nämlich einen *unbekannten* Integralwert zu berechnen; dazu brauchen wir eine *Abschätzung* des Fehlers, also eine *Fehlerschranke*, so dass man aus dem Näherungswert und der Fehlerschranke ein Intervall angeben kann, in dem der exakte Wert mit Sicherheit liegt. Das ist der Inhalt des nächsten Abschnitts.

Vorher soll aber noch eine Variante der Trapezsummen diskutiert werden, nämlich für

Kurven in Parameterdarstellung:
Der Rand einer Fläche sei gegeben durch eine Parameterdarstellung

  (x(t) , y(t))

mit stetigen Funktionen $x , y : [a; b] \to \mathbf{R}$. Beispiele:

1. Die ***Zykloide*** entsteht als Bahn eines Punktes auf einem Kreis, der auf einer Geraden abrollt. Sie hat die Darstellung
$$x(t) = t - \sin(t) \; ;$$
$$y(t) = 1 - \cos(t) \; .$$

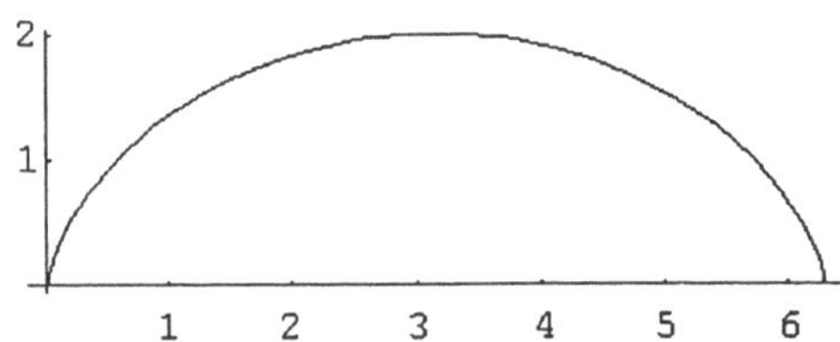

Mit $t \in [0; 2\pi]$ beschreibt diese Kurve einen Zykloidenbogen, der einem vollen Umlauf des Kreises entspricht.

2. Eine (dreizackige) *Astroide* wird beschrieben durch

$$x(t) = 2\cos(t) - \cos(2t) \quad ;$$
$$y(t) = 2\sin(t) + \sin(2t)$$

mit $t \in [0; 2\pi]$.

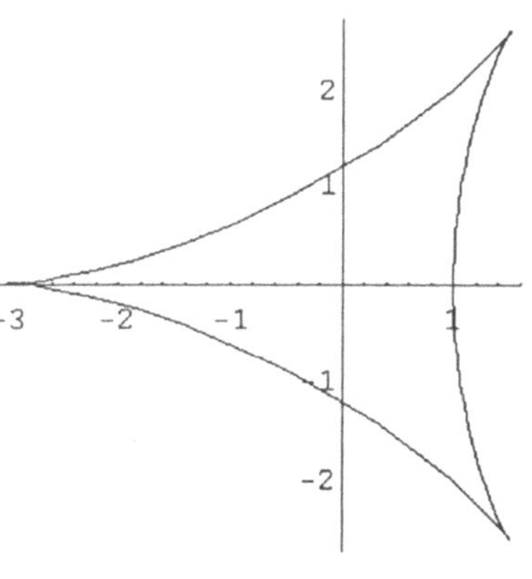

Dann kann man die Fläche zwischen Kurve und x-Achse im Prinzip genauso wie bisher mit Trapezsummen approximieren. Dazu wird das t-Intervall äquidistant geteilt:

$$a = t_0 < t_1 < t_2 < \dots t_{n-1} < t_n = b$$

mit $t_k = a + k\cdot h$, $h = \dfrac{b-a}{n}$. Dadurch wird eine

Folge von Punkten $P_k = (\, x(t_k)\,,\, y(t_k)\,)$ auf der Kurve definiert, also die Kurve durch einen Polygonzug approximiert (diese *Kurvenpunkte* sind in der Regel *nicht* äquidistant!). Dann wird genau wie vorher die Fläche unterhalb des Polygonzuges ausgerechnet:

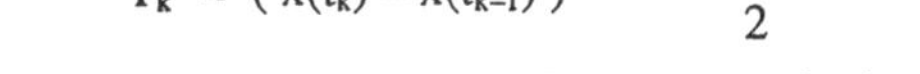

$$T_k = (\, x(t_k) - x(t_{k-1})\,) \cdot \frac{y(t_k) + y(t_{k-1})}{2}$$

ist die Fläche des k-ten Teil-Trapezes, und wie vorher ist

$$TS_n = T_1 + T_2 + \dots + T_n$$

die Näherung für die Fläche unterhalb der Kurve. (Mit Rechtecksummen wäre das ebensogut möglich.) Die obige Basic-Prozedur für Trapezsummen kann entsprechend modifiziert werden:

```
Function TSP(a, b, n)
  Dim h, t, s As Double
  Let h = (b - a) / n
  Let t = a + h
  Let s = 0
  For k = 1 To n
      Let s = s + (x(t)-x(t-h))*(y(t)+y(t-h))/2
      Let t = t + h
  Next k
  Let TSP = s
End Function
```

Die Funktionen x(t) und y(t) müssen als Basic-Functions definiert sein.

Diese Prozedur berechnet für die Fläche eines Zykloidenbogens mit n = 1000 den Wert
9,42475729 (übrigens ist $3\pi = 9,42477796$).

Für die Fläche innerhalb der Astroide wird, ebenfalls mit n = 1000 , der Wert –6,283267989
ausgerechnet. Damit ist wohl dieser Flächeninhalt als 2π entlarvt (abgesehen von dem negativen Vorzeichen).

Das Beispiel der Astroide demonstriert den großen Vorteil dieser Verallgemeinerung: Die
Approximation einer Fläche mit Trapez- oder Rechtecksummen funktioniert auch noch, wenn
der Rand eine geschlossene Kurve ist oder eine Kurve, die sich nicht als „normaler" Funktions-
graph darstellen lässt (siehe Bild links); sogar Schlingen sind erlaubt, wobei man nur berücksichtigen muß, dass die Fläche innerhalb der Schlinge entweder doppelt oder negativ gezählt
wird, je nach Durchlaufssinn (Bild rechts; beim Durchlaufen der Kurve „von links nach rechts"
würde die Fläche der Schlinge negativ gerechnet).

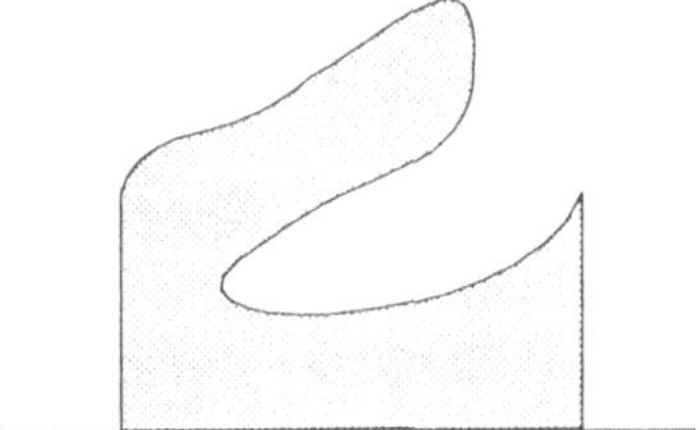 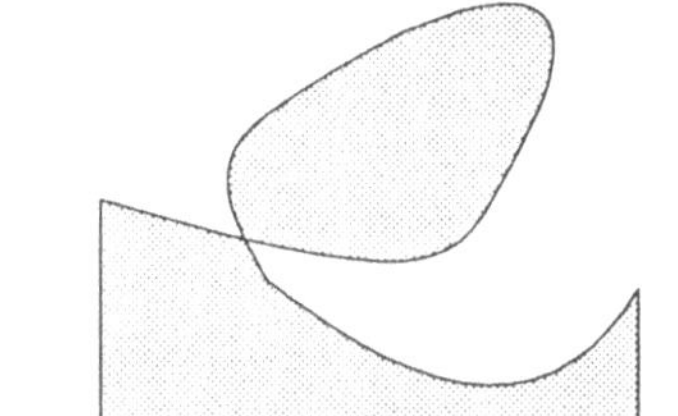

Aufgaben

1. a) Berechnen Sie Näherungen für $\ln(2) = \int\limits_{1}^{2} \frac{1}{x}\,dx$ mit Rechteck- und Trapezsummen für

   n = 2 und n = 5 . Wie genau sind sie? Berechnen Sie die absoluten und relativen Fehler
   durch Vergleich mit dem TR-Wert von ln(2) .

   b) Berechnen Sie in beiden Fällen das gewichtete Mittel $\frac{1}{3}\,(\,2\,RS_n + TS_n\,)$. Wie genau

   sind diese Näherungen?

   c) Zeigen Sie für beliebige n : $TS_n \;=\; \frac{1}{4n} + \sum\limits_{k=n+1}^{2n} \frac{1}{k}$

   (d.h. TS_n besteht im wesentlichen aus einem Abschnitt der harmonischen Reihe).
   Gibt es eine ähnliche Beziehung für RS_n ?

2. Es ist $\arctan(x) = \int \dfrac{1}{1+x^2}\, dx$.

Zeichnen Sie den Graphen des Integranden über dem Intervall [0; 2] !

Wegen $\arctan(1) = \dfrac{\pi}{4}$, also $\pi = 4 \cdot \displaystyle\int_0^1 \dfrac{1}{1+x^2}\, dx$, kann man mit Hilfe dieses Integrals

Näherungen für π bestimmen. Führen Sie das durch, analog zu Aufg. 1 a) und b) !
Wie viele signifikante Stellen haben die Näherungen jeweils?

3. Es ist $\displaystyle\int_{-\infty}^{\infty} \exp(-x^2)\, dx = \sqrt{\pi}$.

Man kann auch solche *uneigentlichen* Integrale näherungsweise berechnen, indem man die
Integrationsgrenzen auf geeignete *endliche* Werte setzt und dann Rechteck- oder Trapezsummen ausrechnet (in dieser Approximation steckt also ein doppelter Abbrechfehler).

a) Zeichnen Sie den Graphen des Integranden über dem Intervall [0; 4] !

b) Berechnen Sie $\displaystyle\int_0^4 \exp(-x^2)\, dx$ näherungsweise durch die Rechteck- und Trapezsumme

für $n = 4$ sowie das gewichtete Mittel. Leiten Sie daraus eine Näherung für π ab.
(Warum ist wohl die untere Integrationsgrenze auf 0 gesetzt?)

c) Ebenso für $n = 8$ (das ist mit einem TR gerade noch zumutbar, dafür aber *wesentlich*
genauer).

4.2 Fehlerabschätzung

Wir gehen jetzt davon aus, dass der Integrand f auf dem Intervall I = [a; b] *zweimal stetig differenzierbar* ist. Diese Voraussetzung dient im Hinblick auf die geplante Fehlerabschätzung bei Rechtecksummen den folgenden Zwecken:

1. Das Rechteck über einem Teilintervall kann umgewandelt werden in ein *flächengleiches Trapez*, indem die obere Seite durch die *Tangente* an den Graphen von f über dem Mittelpunkt m des Teilintervalls ersetzt wird. f wird demnach lokal approximiert durch die lineare Funktion

    $$L(x) = f(m) + f'(m) \cdot (x - m) \; ;$$

    hierfür braucht man natürlich die 1. Ableitung.

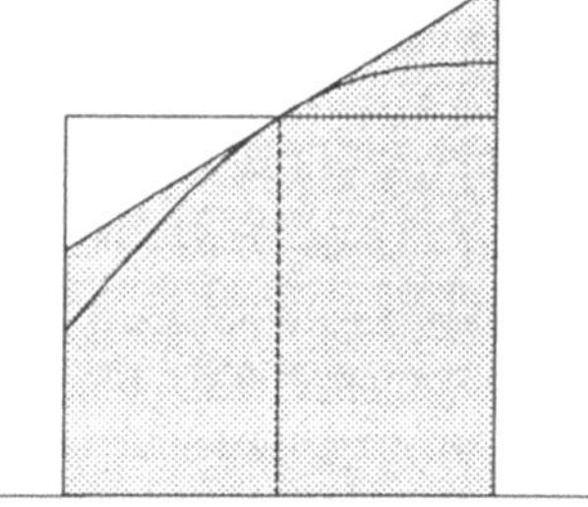

2. Der (lokale) Fehler beim Integral ist dann die Fläche zwischen den Graphen von f(x) und L(x) . Grob gesagt ist der Fehler um so größer, je stärker der Integrand gekrümmt ist, d.h. je mehr er von der linearen Funktion L(x) abweicht. Diese Krümmung wird aber durch die 2. Ableitung gemessen. Die Existenz von f'' sichert also, dass die Krümmung (und damit der Fehler) messbar ist, und die Stetigkeit von f'' soll erzwingen, dass die Krümmung beschränkt bleibt. Wie sich zeigt, kann man dann die Fehlerfunktion

    $$\delta(x) = L(x) - f(x)$$

    durch eine Parabel *majorisieren*; das Integral über die Parabel ergibt dann eine Abschätzung für den lokalen Fehler.

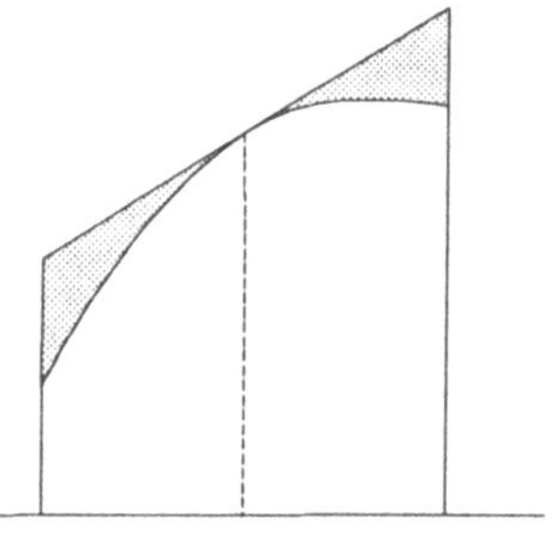

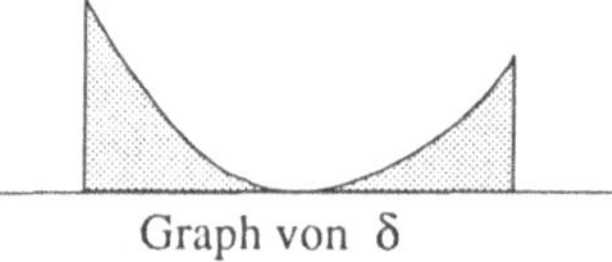

Graph von δ

Eine Zwischenbemerkung: Der Begriff der Krümmung einer Funktion ist hier im o.g. *analytischen* Sinne zu verstehen, als Abweichung von der linearen Näherung. Beispielsweise ist der Kreis im *geometrischen* Sinne eine überall gleichmäßig gekrümmte Kurve, aber die Kreisfunktion $f(x) = \sqrt{1-x^2}$ ist durchaus nicht gleichmäßig gekrümmt, im Gegenteil: Es ist

$$f''(x) = -\frac{1}{\sqrt{(1-x^2)^3}}$$

, also wird $|f''|$ in der Nähe von 1 sogar beliebig groß, die Krümmung steigt hier bis ins Unendliche. Im Gegensatz dazu ist jede Parabel überall gleichmäßig gekrümmt: Die 2. Ableitung ist konstant.

Wir kommen nun zum zentralen Punkt der Fehleranalyse:

Satz über die Fehlerabschätzung bei Rechtecksummen

Es sei $f : [a; b] \to \mathbf{R}$ zweimal stetig differenzierbar; C sei eine obere Schranke für $|f''|$ auf $[a; b]$ (wegen der Stetigkeit von $|f''|$ auf dem abgeschlossenen, beschränkten Intervall existiert eine solche Schranke). Das Intervall $[a; b]$ werde durch die Teilpunkte

$$a = x_0 < x_1 < \ldots < x_{n-1} < x_n = b$$

in n gleich große Teile mit der Länge $h = \dfrac{b-a}{n}$ zerlegt.

Dann gilt für die Rechtecksumme $RS_n = h \cdot \sum_{k=1}^{n} f(x_k - \dfrac{h}{2})$ die Fehlerabschätzung:

$$| RS_n - \int_a^b f | \ \leq \ \frac{C \cdot (b-a)^3}{24} \cdot \frac{1}{n^2} \ = \ \frac{C \cdot (b-a)}{24} \cdot h^2$$

Beweis:

Wir suchen zunächst für das erste Teilintervall $I_1 = [x_0; x_1]$ eine Abschätzung für den Fehler

$$\Delta = R - \int_{x_0}^{x_1} f \ ,$$

wobei $R = h \cdot f(m)$ die Rechteckfläche ist (m sei die Intervallmitte von I_1). Wie oben skizziert, sei

$$L(x) = f(m) + f'(m) \cdot (x - m)$$

die Funktion, die f in m linear approximiert. Nach dem Satz von Taylor ist

$$f(x) = L(x) + \frac{f''(\xi)}{2} \cdot (x - m)^2 \quad \text{für ein } \xi \in [m; x] \ .$$

Definiert man $\delta = L - f$ als den Fehler bei linearer Approximation, so ist für alle $x \in I_1$:

$$\delta(x) = -\frac{f''(\xi)}{2} \cdot (x - m)^2 \quad \text{für ein } \xi \in [m; x] \ .$$

Nach Voraussetzung ist $|f''| \leq C$; daraus folgt:

$$|\delta(x)| \leq \frac{C}{2}(x - m)^2 \quad \text{für alle } x \in I_1 \ .$$

Das bedeutet: Man kann $|\delta|$ durch eine Parabel mit Scheitelpunkt m majorisieren, und der

Fehler $\Delta = \int_{x_0}^{x_1} (L - f) = \int_{x_0}^{x_1} \delta$ beim Integral ist höchstens so groß wie die Fläche unterhalb des

Parabelbogens. Im einzelnen erhält man durch Integration der obigen Abschätzung:

$$|\Delta| = \left| \int_{x_0}^{x_1} \delta \right| \leq \int_{x_0}^{x_1} |\delta| \leq \int_{x_0}^{x_1} \frac{C}{2}(x-m)^2 dx = \frac{C}{2} \cdot \left[\frac{(x_1 - m)^3}{3} - \frac{(x_0 - m)^3}{3} \right]$$

Wegen $x_1 - m = m - x_0 = \dfrac{h}{2}$ folgt daraus (beachte $\displaystyle\int_{x_0}^{x_1} L = h \cdot f(m) = R$):

$$|\Delta| = \left| R - \int_{x_0}^{x_1} f \right| \leq \frac{C}{24} \cdot h^3$$

Entsprechend gilt diese Abschätzung für *jedes* Teilintervall. Wenn jetzt R_k die Fläche des k-ten Rechteckstreifens bezeichnet, so gilt nach der Dreiecksungleichung:

$$\left| RS_n - \int_a^b f \right| = \left| \sum_{k=1}^{n} R_k - \int_a^b f \right|$$

$$\leq \sum_{k=1}^{n} \left| R_k - \int_{x_{k-1}}^{x_k} f \right|$$

$$\leq \sum_{k=1}^{n} \frac{C}{24} \cdot h^3 = n \cdot \frac{C}{24} \cdot \left(\frac{b-a}{n} \right)^3 = \frac{C \cdot (b-a)^3}{24} \cdot \frac{1}{n^2} \quad ;$$

q. e. d.

Über die Abschätzung des Fehlers hinaus kann man dem Beweis auch noch etwas über das *Vorzeichen* des Fehlers entnehmen:

Wenn sich f nach *unten* krümmt, d.h. wenn $f'' \leq 0$ auf I ist,
dann gilt für die Fehlerfunktion δ in jedem Teilintervall I_k :

$$\delta(x) = - \frac{f''(\xi)}{2} (x - m)^2 \geq 0$$

Dann ist auch jeder lokale Fehler $\Delta = \displaystyle\int_{x_{k-1}}^{x_k} \delta \geq 0$, also wird die

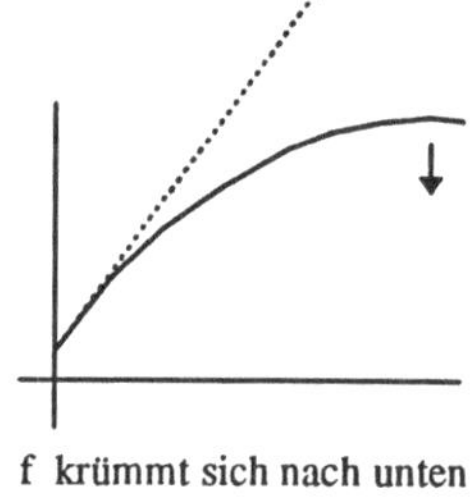

Rechtecksumme einen zu *großen* Wert liefern.

Wenn sich umgekehrt f nach *oben* krümmt, d.h. wenn $f'' \geq 0$ auf I ist, so ist die Rechtecksumme *kleiner* als das Integral.

Wenn f auf dem Integrationsbereich nicht einseitig gekrümmt ist, d.h. wenn f'' das Vorzeichen wechselt (Wendepunkte), so werden sich die lokalen Fehler teilweise ausgleichen, so dass die Fehlerschranke aus dem Satz vermutlich deutlich größer als der tatsächliche Fehler sein wird.

Mit Hilfe des Satzes berechnen wir jetzt Fehlerschranken für die Beispiele aus Abschnitt 4.1.

Erstes Beispiel:
$$\int_0^\pi \frac{\sin(x)}{x}\,dx$$

Der Integrand $f(x) = \dfrac{\sin(x)}{x}$ hat bei $x = 0$ die stetige Ergänzung $f(0) = 1$, und auch die

Ableitungen sind stetig ergänzbar in $x = 0$:

$$f'(x) = \frac{x \cdot \cos(x) - \sin(x)}{x^2} \quad \text{für } x \neq 0 \; ; \quad \lim_{x \to 0} f'(x) = 0$$

$$f''(x) = \frac{-2x \cdot \cos(x) - x^2 \cdot \sin(x) + 2\sin(x)}{x^3} \quad \text{für } x \neq 0 \; ; \quad \lim_{x \to 0} f''(x) = -\frac{1}{3}$$

Damit ist f über dem gesamten Intervall $I = [0; \pi]$ stetig differenzierbar.
Der Graph von f'' zeigt, dass $|f''|$ bei $x = 0$ den
größten Wert hat; die zur Fehlerabschätzung benötigte
obere Grenze ist also $C = \dfrac{1}{3}$. (Mit analytischen Mitteln wird die Bestimmung dieser Schranke sehr aufwendig, deshalb begnügen wir uns hier mit der grafischen Methode.)

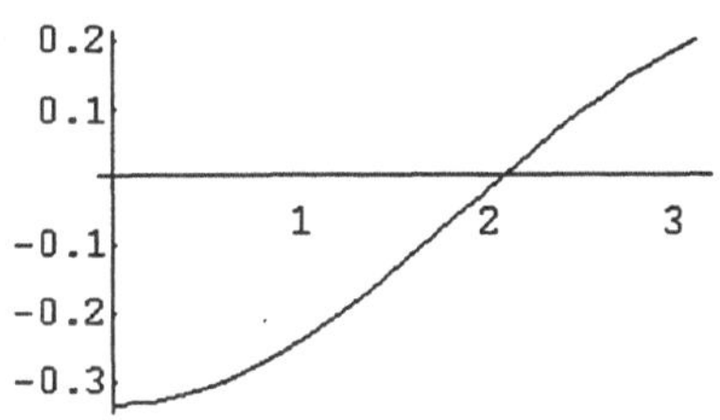

Die Fehlerschranke für die Rechtecksumme RS_n berechnet sich damit zu

$$\varepsilon_n = \frac{C \cdot (b-a)^3}{24} \cdot \frac{1}{n^2} = \frac{\pi^3}{72} \cdot \frac{1}{n^2} \approx 0{,}431 \cdot \frac{1}{n^2}$$

Vergleicht man diese Werte mit der Tabelle aus 4.1,
so fällt auf, dass die Fehlerschranken etwa dreimal so
groß sind wie der tatsächliche Fehler Δ_n .

n	ε_n	Δ_n
2	0,11	0,034
4	0,027	0,0082
8	0,0067	0,0020
16	0,0017	0,00051
32	0,00042	0,00013

Eine wichtige Interpretation des Satzes bezieht sich auf das Verhalten des Fehlers für wach-

sende n : Die Fehlerschranke ist proportional zu $\dfrac{1}{n^2}$, d.h. verdoppelt man die Anzahl der

Teilintervalle, so wird die Schranke geviertelt. (Genau das haben wir in 4.1 für den tatsächlichen Fehler beobachtet, wenigstens näherungsweise). Daraus folgt auch, dass man bei fünf
Verdopplungsschritten einen Gewinn von mindestens drei Dezimalstellen erzielt.

Wie groß muß n sein, damit das Integral durch die Rechtecksumme RS_n auf 6 Nachkommastellen genau berechnet wird? Solche Aufwands-Untersuchungen dürfen natürlich nicht von

der Kenntnis des exakten Integralwertes ausgehen, wenn sie denn realistisch sein sollen; statt dessen muß man von der *Fehlerschranke* ausgehen. In diesem Fall soll gelten:

$$\varepsilon_n \approx 0{,}431 \cdot \frac{1}{n^2} \le 0{,}5 \cdot 10^{-6}$$

$$\frac{1}{n^2} \le \frac{0{,}5}{0{,}431} \cdot 10^{-6}$$

$$n^2 \ge 0{,}862 \cdot 10^6$$

$$n \ge 929$$

Man braucht also ca. 1000 Teilintervalle.

Zweites Beispiel: $f(x) = \sqrt{1-x^2}$ (Kreisfunktion)

Es ist $f'(x) = -\dfrac{x}{\sqrt{1-x^2}}$, $\lim\limits_{x \to 1} f'(x) = -\infty$; damit ist f an der Stelle $x = 1$ nicht stetig diffe-

renzierbar, also ist die Fehlerabschätzung für das Intervall $I = [0;\ 1]$ nicht anwendbar. (Die Tabellen in 4.1 zeigen auch, dass sich der Fehler bei den Rechtecksummen zwar regelmäßig verhält, aber wesentlich schlechter als im Normalfall.)

Dagegen ist f über $I = [0;\ 0.5]$ zweimal stetig differenzierbar, mit

$$f''(x) = -\frac{1}{\sqrt{(1-x^2)^3}} \ .$$

Da $|f''|$ offensichtlich monoton wachsend ist, liegt die obere Grenze am rechten Intervallrand:

$$C = |f''(0{,}5)| = \frac{8}{3\sqrt{3}} \approx 1{,}54$$

Damit erhält man die Fehlerschranke:

$$\varepsilon_n = \frac{C \cdot 0{,}5^3}{24} \cdot \frac{1}{n^2} \approx 0{,}008 \cdot \frac{1}{n^2}$$

n	ε_n	Δ_n
2	0,002	0,0015
4	0,0005	0,0004
8	0,000125	0,0001
16	0,000031	0,000025

In diesem Fall unterscheiden sich die Fehlerschranken nur wenig von dem tatsächlichen Fehler (vgl. Tabelle). Der Grund liegt darin, dass hier der Integrand über dem gesamten Teilintervall *nach unten* gekrümmt ist ($f'' < 0$); daher sind die Rechteckstreifen in *jedem* Teilintervall etwas größer als das Integral, und die lokalen Fehler addieren sich. Im ersten Beispiel hat jedoch $f(x) = \dfrac{\sin(x)}{x}$ in $I = [0;\ \pi]$ einen Wendepunkt,

d.h. f ist teils nach oben, teils nach unten gekrümmt; daher sind die Rechteckstreifen teils größer, teils kleiner als die Integrale, und die lokalen Fehler heben sich teilweise auf.

Für die *Trapezsummen* kann man den Fehler ganz ähnlich abschätzen; man erhält:

$$\left| TS_n - \int_a^b f \right| \;\le\; \frac{C \cdot (b-a)^3}{12} \cdot \frac{1}{n^2}$$

Diese Schranke ist also genau doppelt so groß wie bei den Rechtecksummen.

Im Prinzip kann man das wie bei den Rechtecksummen beweisen. Wir werden jetzt einen stärker geometrisch orientierten Weg einschlagen, der die Abschätzung zwar nicht in voller Schärfe beweist, aber einfach ist und trotzdem das asymptotische Verhalten gut erkennen läßt.

Wie oben betrachten wir exemplarisch das Intervall $I_1 = [x_0; x_1]$ und setzen voraus, dass f auf I_1 einseitig gekrümmt ist; o.B.d.A. sei $f'' \ge 0$ auf I_1, d.h. f krümmt sich nach oben. Dann liegt f im gesamten Intervall unterhalb der Sekanten, aber oberhalb der beiden Tangenten in x_0 und x_1. Somit ist das Integral einerseits kleiner als das Trapez über I_1, andererseits größer als die beiden Trapeze, die halb so breit sind und die Tangenten in x_0 bzw. x_1 als Oberkanten haben (vgl. Skizze):

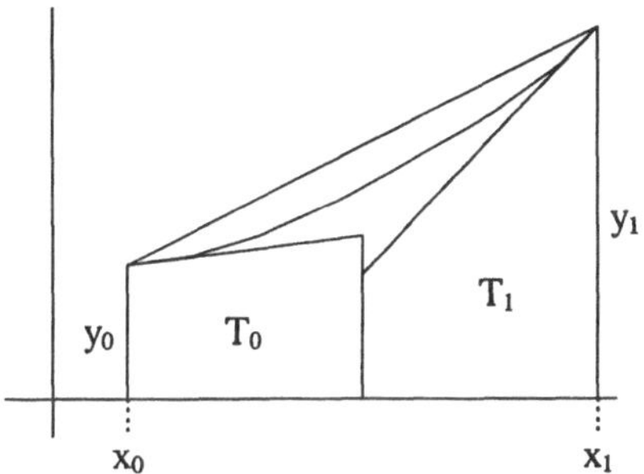

$$T = h \cdot \frac{y_0 + y_1}{2} \;>\; \int_{x_0}^{x_1} f \;>\; T_0 + T_1$$

Die Tangente in x_0 hat die Gleichung $y = y_0 + f'(x_0) \cdot (x - x_0)$; für die Intervallmitte ist $x - x_0 = \dfrac{h}{2}$, daher hat die rechte Kante von T_0 die Länge $y_0 + f'(x_0) \cdot \dfrac{h}{2}$, und die Fläche beträgt

$$T_0 \;=\; \frac{h}{2} \cdot \frac{y_0 + \left(y_0 + f'(x_0) \cdot \dfrac{h}{2} \right)}{2} \;=\; \frac{h}{2} \cdot y_0 + \frac{h^2}{8} \cdot f'(x_0)$$

Analog ist $T_1 = \dfrac{h}{2} \cdot y_1 - \dfrac{h^2}{8} \cdot f'(x_1)$, und insgesamt folgt:

$$T_0 + T_1 \;=\; \frac{h}{2} \cdot (y_0 + y_1) - \frac{h^2}{8} \cdot (f'(x_1) - f'(x_0))$$

Damit hat man eine untere Schranke für das Integral, und man kann abschätzen:

$$\left| T - \int_{x_0}^{x_1} f \right| \;\le\; \left| T - (T_0 + T_1) \right| \;=\; \frac{h^2}{8} \cdot \left| f'(x_1) - f'(x_0) \right|$$

$$=\; \frac{h^2}{8} \cdot \left| f''(\xi) \cdot h \right| \qquad \text{für ein } \xi \in [x_0; x_1]$$

$$\leq \frac{h^3}{8} \cdot C \; ,$$

wobei C eine obere Schranke für $|f''|$ auf $[a; b]$ ist. Wie bei den Rechtecksummen kann man diese lokale Abschätzung auf das gesamte Intervall $[a; b]$ übertragen, und es ergibt sich eine Fehlerschranke, die um den Faktor 1,5 größer ist als die oben genannte:

$$\left| \, TS_n - \int_a^b f \, \right| \; \leq \; \frac{C \cdot (b-a)}{8} \cdot h^2 \; = \; \frac{C \cdot (b-a)^3}{8} \cdot \frac{1}{n^2}$$

Bezüglich des tatsächlichen Fehlers haben wir in 4.1 etwas Merkwürdiges festgestellt:

$$TS_n - \int_a^b f \; \approx \; -2 \cdot \left(RS_n - \int_a^b f \, \right)$$

Um dies plausibel zu machen, vergleichen wir die *lokalen* Fehler bei Rechtecken und Trapezen:

Jeder Rechteckstreifen ist
flächengleich zu einem Trapez
mit der Tangente an der Stelle m
als Oberkante, f wird also durch
diese *Tangente* approximiert:

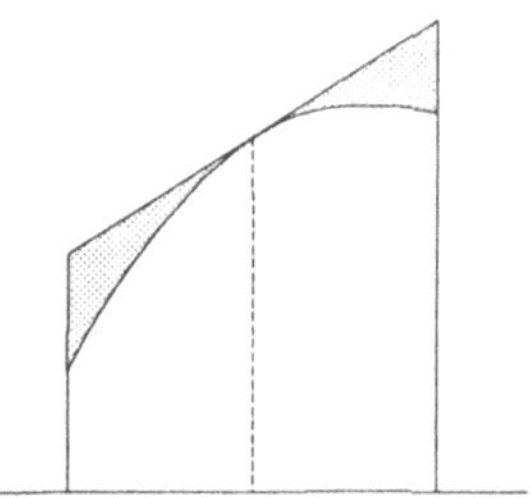

Der Fehler ist die Fläche
zwischen *Tangente* und Graph von f .

Bei den Trapezsummen wird f
in jedem Teilintervall durch diese
Sekante approximiert:

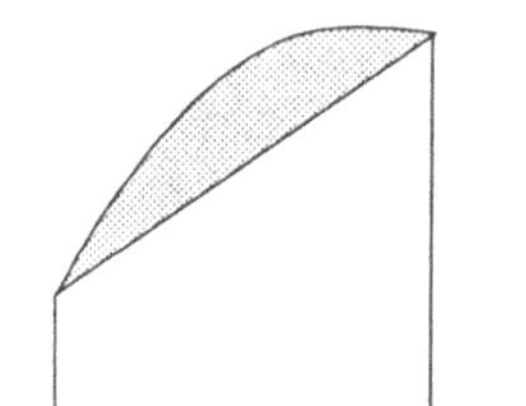

Der Fehler ist die Fläche
zwischen *Sekante* und Graph von f .

Die Fehlerfunktionen $\delta = L - f$ (L sei die jeweils approximierende lineare Funktion) sehen in beiden Fällen nahezu gleich aus, nur vertikal verschoben, denn Tangente und Sekante sind nahezu parallel; beide Funktionen sind näherungsweise Parabelbögen mit der gleichen Höhe:

Hier ist $\delta(m) = 0$.

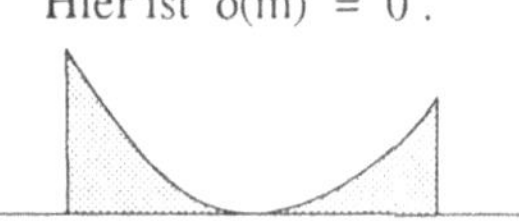

Hier ist $\delta(x_0) = \delta(x_1) = 0$.

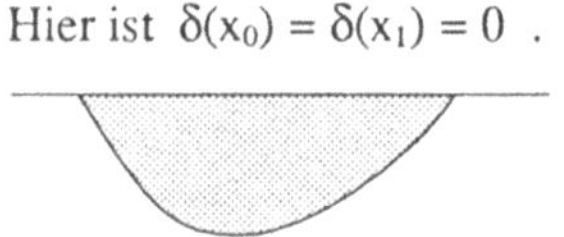

Wenn man nun annimmt, dass die Fehlerfunktionen *identische exakte Parabeln* sind, so kann man beide Flächen zu einem Rechteck zusammenschieben. Die Fläche im Innern des Parabelbogens beträgt dann aber genau $\frac{2}{3}$ der Rechteckfläche

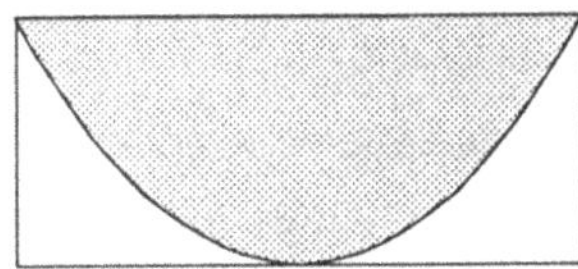

(vgl. Aufg. 3), d.h. die beiden Teilflächen außerhalb und innerhalb der Parabel verhalten sich wie $1:2$.

Dieses Verhältnis der Fehler auf der *lokalen* Ebene setzt sich mit bemerkenswerter Genauigkeit auf das Verhältnis der Gesamtfehler fort. (Das setzt natürlich „gutartige" Integranden und nicht zu grobe Intervallteilungen voraus; wir verzichten hier auf Einzelheiten.)

Aufgaben:

1. Berechnen Sie Fehlerschranken für Rechtecksummen zu den Beispielen aus 4.1 Aufgaben 1, 2 und 3b !

   Vergleichen Sie die Fehlerschranken mit dem tatsächlichen Fehler.

2. Wenn man π mit der „Zwölftelkreismethode" $\int\limits_{0}^{0,5} \sqrt{1-x^2}\, dx$ (vgl. das „Zweite Beispiel")

   approximieren möchte: Wie groß muß n sein, um π mit Rechtecksummen auf 10 Nachkommastellen genau zu bestimmen?

   Beachten Sie, dass man π noch aus dem Integralwert *berechnen* muß. (Man darf davon ausgehen, dass Wurzeln beliebig genau zur Verfügung stehen.)

3. Zeigen Sie, dass die Fläche innerhalb eines (symmetrischen) Parabelbogens genau $\frac{2}{3}$ des umbeschriebenen

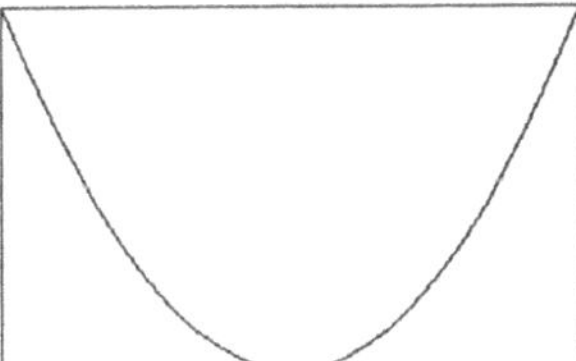

   Rechtecks beträgt, und zwar

   a) mit Integralrechnung;

   b) ohne Integralrechnung (vgl. die Bilder unten): Die blattförmige Fläche im linken Bild ist genauso groß wie die kleine Parabel (Mitte).

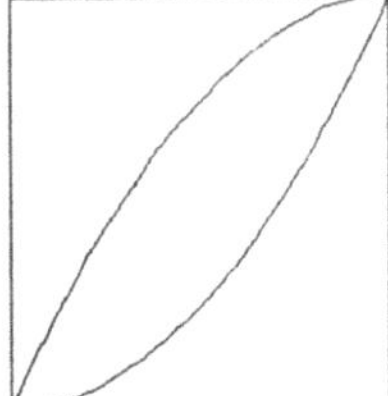 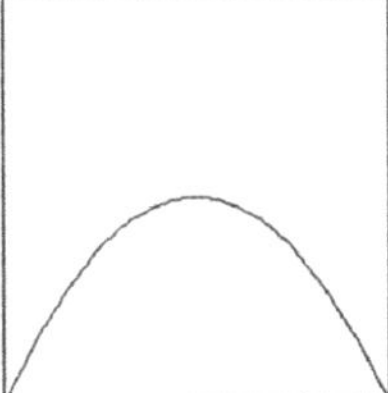 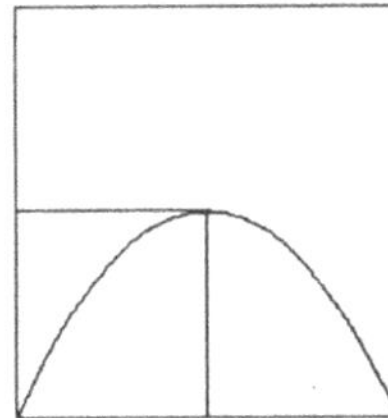

4.3   Verbesserungen und Varianten

Die Fehleranalyse der Rechtecksummen hat bestätigt, was wir bereits bei den ersten Tests beobachtet hatten: Bei gutartigen Integranden verhält sich der Fehler regelmäßig. Hat man diese
Regeln einmal erkannt, so kann man das Verfahren derart verfeinern, dass man mit wenig
Aufwand wesentlich bessere Näherungen erzielt. (Ein Beispiel haben wir schon in 4.1 diskutiert, nämlich die gewichtete Mittelung von Rechteck- und Trapezsummen.)

Wir setzen daher weiterhin voraus, dass der Integrand f über dem Intervall I = [a; b] zweimal stetig differenzierbar ist. Es gelten die gleichen Bezeichnungen wie in 4.2.

Verbesserte Rechtecksummen:
In 4.2 haben wir den Integranden f lokal durch eine *Gerade* approximiert und dann den Fehler
durch eine Parabel majorisiert, und zwar mit Hilfe der 2. Ableitung; dahinter steckte im wesentlichen die Restgliedabschätzung des Satzes von Taylor. Wenn man jetzt f lokal durch eine
Parabel (Taylorpolynom 2. Grades) approximiert, sollte man eine wesentliche Verbesserung
erwarten.

Wir betrachten zunächst das erste Teilintervall $[x_0; x_1]$ mit der Mitte m . Dann ist nach dem
Satz von Taylor:

$$f(x) \;\approx\; f(m) + f'(m) \cdot (x - m) + \frac{f''(m)}{2} \cdot (x - m)^2$$

$$=\; L(x) + \frac{f''(m)}{2} \cdot (x - m)^2$$

Das Integral über den linearen Anteil L ist bekanntlich die Rechteckfläche h·f(m) , also ist

$$\int_{x_0}^{x_1} f \;\approx\; h \cdot f(m) + \frac{f''(m)}{2} \cdot \int_{x_0}^{x_1} (x - m)^2 \, dx \;=\; h \cdot f(m) + \frac{f''(m)}{2} \cdot \frac{h^3}{12}$$

Die neue Näherung besteht also lokal aus dem alten Rechteck plus einem Korrekturglied, in
dem die zweite Ableitung vorkommt. Die wesentliche Verbesserung ergibt sich aber erst, wenn
man diese lokalen Korrekturen über alle Teilintervalle aufsummiert. Dann ist nämlich, wenn
man jetzt mit m_k die Mitte des k-ten Teilintervalls bezeichnet:

$$\int_{a}^{b} f \;\approx\; \sum_{k=1}^{n} h \cdot f(m_k) + \sum_{k=1}^{n} \frac{f''(m_k)}{2} \cdot \frac{h^3}{12} \;=\; RS_n + \frac{h^2}{24} \cdot \sum_{k=1}^{n} h \cdot f''(m_k)$$

Die letzte Summe ist nichts anderes als die Rechtecksumme für das Integral über f'' :

$$\sum_{k=1}^{n} h \cdot f''(m_k) \;\approx\; \int_{a}^{b} f'' \;=\; f'(b) - f'(a)$$

Letztendlich ergibt sich daraus:

$$\int_a^b f \;\approx\; RS_n \;+\; \frac{h^2}{24}\cdot(\,f'(b)-f'(a)\,)$$

Also braucht man nur die Rechtecksumme mit einem Korrekturglied zu versehen, das sich relativ leicht berechnen läßt, nämlich aus zwei Werten der Ableitung. Zudem braucht man es, wenn man mehrere Rechtecksummen ausrechnet, nicht jedesmal ganz neu zu berechnen, sondern nur mit einem passenden Faktor zu versehen (Faktor $\frac{1}{4}$ bei Halbierung von h).

Um die Auswirkungen zu testen, nehmen wir das erste Beispiel aus 4.1:

$$f(x) = \frac{\sin(x)}{x} \quad \text{über } [0; \pi]$$

Die Ableitung $f'(x) = \dfrac{x\cos(x)-\sin(x)}{x^2}$ ist bei $x = 0$ stetig ergänzbar durch $f'(0) = 0$; mit

$f'(\pi) = \dfrac{-1}{\pi}$ ist

$$\frac{h^2}{24}\cdot(\,f'(\pi)-f'(0)\,) \;=\; \frac{\pi^2}{24\,n^2}\cdot\frac{-1}{\pi} \;=\; -\frac{\pi}{24}\cdot\frac{1}{n^2}$$

Die Tabelle zeigt das Ergebnis. Eine Genauigkeit wie bei $n = 64$ würde mit einfachen Rechtecksummen erst bei ca. 10000 Teilpunkten erreicht.

n	verbesserte R.S.	Fehler Δ_n	Δ_n/Δ_{2n}
2	1,85289315968923	9,56E-04	16,43
4	1,85199525873971	5,82E-05	16,10
8	1,85194066656892	3,61E-06	16,03
16	1,85193727753280	2,26E-07	16,01
32	1,85193706607373	1,41E-08	16,05
64	1,85193705286308	8,78E-10	

Außerdem zeigen die Fehlerquotienten, dass sich der Fehler bei Verdopplung von n um einen Faktor von ca. $\frac{1}{16}$ verkleinert, der Fehler scheint also zu $\dfrac{1}{n^4}$ proportional zu sein. Also wird man mit fünf Verdopplungsschritten einen Gewinn von ca. sechs Dezimalstellen erzielen können, denn $\dfrac{1}{16^5} \approx 10^{-6}$.

Optimierung des Rechenaufwandes:

Wenn man eine *Folge* von Näherungen berechnen möchte, wobei jeweils die Schrittweite h halbiert bzw. n verdoppelt wird, dann haben die Trapezsummen einen kleinen Vorteil: Man kann die Information, die in TS_n steckt, weiterverwenden (immerhin sind das n+1 Funktionsauswertungen); für TS_{2n} braucht man nur noch die Funktionswerte der Intervallmitten neu zu berechnen. Bei Rechtecksummen ist das nicht der Fall; zur Bestimmung von RS_n müßte man jedesmal sämtliche n Funktionswerte neu berechnen, denn die Mittelpunkte werden beim Halbieren der Teilintervalle zu Randpunkten.

Im einzelnen: Die Trapezfläche über dem ersten Intervall $I_1 =$ [x_0; x_1] beträgt

$$T = h \cdot \frac{f(x_0) + f(x_1)}{2} \; ;$$

teilt man I_1 in der Mitte durch $m = x_1 - \dfrac{h}{2}$, so beträgt die Summe der neuen Trapezflächen:

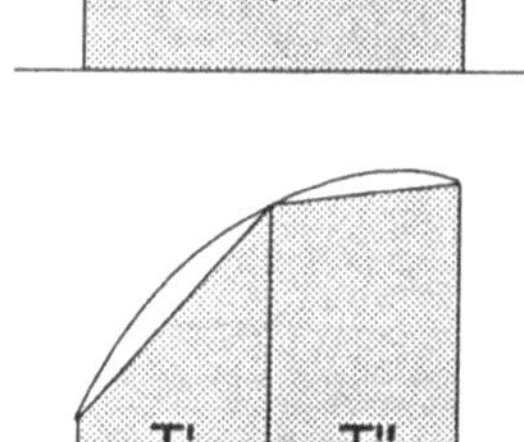

$$
\begin{aligned}
T' + T'' &= \frac{h}{2} \cdot \frac{f(x_0) + f(m)}{2} + \frac{h}{2} \cdot \frac{f(m) + f(x_1)}{2} \\[2mm]
&= \frac{1}{2} \left(h \cdot \frac{f(x_0) + f(x_1)}{2} + h \cdot f(m) \right) \\[2mm]
&= \frac{1}{2} \left(T + h \cdot f(m) \right)
\end{aligned}
$$

Diese lokale Beziehung setzt sich offenbar auf die Summen fort, so dass gilt:

$$TS_{2n} = \frac{1}{2} \left(TS_n + h \cdot \sum_{k=1}^{n} f(x_k - \frac{h}{2}) \right)$$

Somit kann man eine Folge TS_n für n = 2, 4, 8, 16, ... (o.ä.) *rekursiv* berechnen.

Übrigens ergibt sich aus der obigen Herleitung, dass

$$TS_{2n} = \frac{1}{2} \left(TS_n + RS_n \right) \; ;$$

dies belegt wieder einmal den engen Zusammenhang zwischen Trapez- und Rechtecksummen. Im Grunde besteht zwischen den beiden Verfahren kein großer Unterschied.

Extrapolation:

Folgen von Näherungen sind, wenn sich der Fehler regelmäßig verhält, für Extrapolationsverfahren prädestiniert; schon bei den Iterationsverfahren haben sie sich als sehr wirksam erwiesen (vgl. 3.2).

Es sei $A = \int_a^b f$. Wir gehen davon aus, dass der Fehler $TS_n - A$ ungefähr proportional zu $\dfrac{1}{n^2}$ ist, dass also gilt (vgl. die Tabellen in 4.1):

$$TS_{2n} - A \;\approx\; \frac{1}{4}\,(TS_n - A)$$

Wenn diese beiden Trapezsummen bekannt sind, dann kann man $\tilde{A}$ so bestimmen, dass *exakt* gilt:

$$TS_{2n} - \tilde{A} \;=\; \frac{1}{4}\,(TS_n - \tilde{A})$$

Dann ist $\tilde{A}$ eine bessere Näherung für A als die Trapezsummen. Durch Auflösen der linearen Gleichung nach $\tilde{A}$ erhält man:

$$\tilde{A} \;=\; \frac{4T_{2n} - T_n}{3}$$

Diese Näherung sei mit E_n bezeichnet. Wie die Tabelle für das Beispiel $f(x) = \sqrt{1 - x^2}$ über $I = [0;\,0{,}5]$ zeigt, ist nun

$$E_{2n} - A \;\approx\; \frac{1}{16}\,(E_n - A)$$

Also ist der Fehler wohl proportional zu $\dfrac{1}{n^4}$, und E_n ist in der Tat eine qualitativ bessere Näherung.

n	Trapezsumme T_n	E_n	$\Delta_n = E_n - A$	Δ_n/Δ_{2n}
2	0,47531403461102	0,47830180362637	-3,94E-06	15,3
4	0,47755501137253	0,47830548187252	-2,57E-07	15,8
8	0,47811786424752	0,47830572249783	-1,62E-08	16,0
16	0,47825875793526	0,47830573772667	-1,02E-09	
32	0,47829399277882			

In Fortsetzung der obigen Idee kann man aus E_n und E_{2n} eine weitere Näherung $\tilde{A}$ so bestimmen, dass exakt gilt:

$$E_{2n} - \tilde{A} \;=\; \frac{1}{16}\,(E_n - \tilde{A})$$

Durch Auflösen dieser Gleichung ergibt sich, wenn wir dieses $\tilde{A}$ mit F_n bezeichnen:

$$F_n = \frac{16\,E_{2n} - E_n}{15}$$

n	E_n	F_n	$\Delta_n = F_n - A$	Δ_n/Δ_{2n}
2	0,47830180362637	0,47830572708893	-1,17E-08	56,7
4	0,47830548187252	0,47830573853952	-2,06E-10	61,8
8	0,47830572249783	0,47830573874193	-3,33E-12	
16	0,47830573772667			

Mit F_8 ist die Grenze der Rechengenauigkeit schon beinahe erreicht. Wenn man jetzt mutig annimmt, dass es mit dem Fehlerverhalten analog weitergeht, dass also

$$F_{2n} - A \approx \frac{1}{64}\,(F_n - A) \;,$$

dann kann man noch einen Schritt weitergehen:

$$G_n = \frac{64\,F_{2n} - F_n}{63}$$

n	F_n	G_n	$\Delta_n = G_n - A$	Δ_n/Δ_{2n}
2	0,47830572708893	0,47830573872128	-2,40E-11	204,5
4	0,47830573853952	0,47830573874514	-1,17E-13	
8	0,47830573874193			

In unserem Beispiel hat die Näherung G_4, berechnet im 3. Schritt der Extrapolation, also im Prinzip aus den vier Trapezsummen TS_n für $n = 4, 8, 16$ und 32, eine Genauigkeit von 12 signifikanten Stellen. Zum Vergleich: TS_{32} hat nur 3 signifikante Stellen. (Wie groß müßte n sein, damit TS_n die Genauigkeit von G_4 erreicht?)

Wenn der Integrand es zulässt, kann man die Extrapolation unbegrenzt fortsetzen (wie wird wohl der nächste Schritt lauten?). Dazu muß f beliebig oft differenzierbar sein: In diesem Fall kann man durch lokale Fehlerbetrachtungen mit Hilfe der Taylor-Polynome die obigen Annahmen zum Verhalten des Fehlers rechtfertigen; insbesondere müsste man noch präzisieren, was „Ungefähr gleich" in bezug auf die Fehler bedeutet.

Ein ähnliches Extrapolationsverfahren beruht auf der Idee, die Trapezsummen TS_n als Funktion der Teilintervall-Länge $h = \dfrac{b-a}{n}$ aufzufassen:

$$TS_n = T(h)$$

Damit ist eine Funktion T auf einer abzählbaren Menge definiert, die bei 0 einen Häufungspunkt hat (vgl. Bild 1 unten). Man kann sich jetzt T zu einer *stetigen* Funktion auf dem Intervall $[0; b-a]$ fortgesetzt denken (Bild 2 ist ein Polygonzug), besser noch zu einer möglichst glatten Kurve (Bild 3; die drei Bilder beziehen sich auf das Beispiel $\int_0^{0,5} \sqrt{1-x^2}\,dx$):

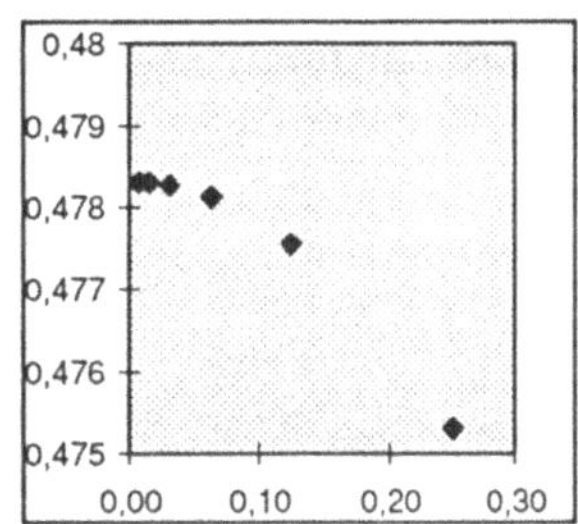 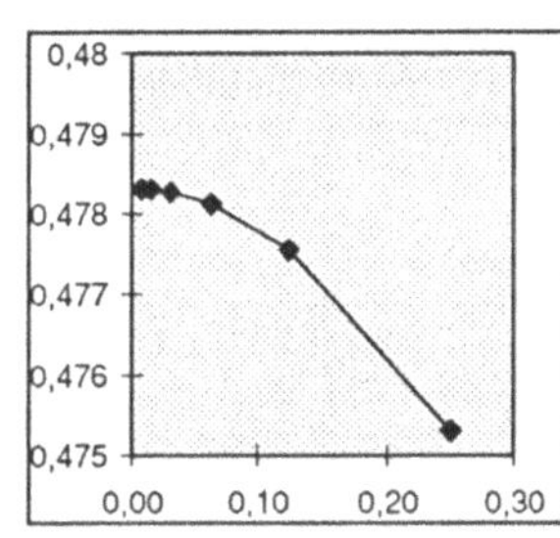 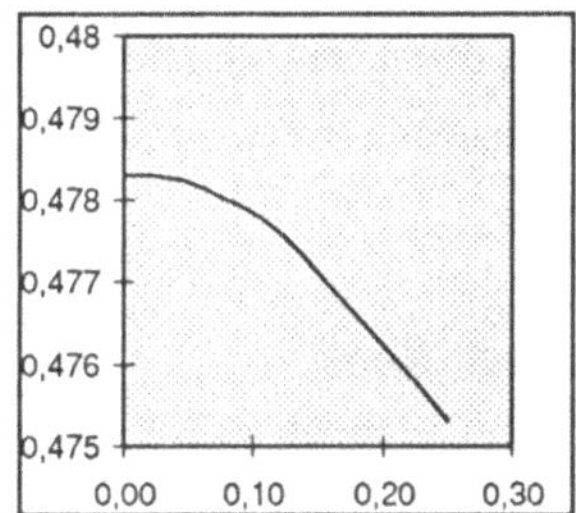

Wegen $\lim\limits_{n\to\infty} TS_n = \int_a^b f = A$ sollte man insbesondere verlangen, dass T in 0 stetig ist,

denn dann ist

$$A = \lim_{n\to\infty} TS_n = \lim_{h\to 0} T(h) = T(0)$$

der gesuchte Wert des Integrals. Wenn man annimmt, dass T monoton ist, also an der Stelle $h = 0$ einen Extremwert hat, dann kann man T durch eine Parabel approximieren, deren Scheitelpunkt über $h = 0$ liegt:

$$p(h) = c\,h^2 + d$$

Aus zwei Funktionswerten $T(h_1)$ und $T(h_2)$, also aus zwei Trapezsummen, kann man per *Interpolation* eine solche Parabel bestimmen: Die beiden Bedingungen

$$p(h_1) = c\,h_1^2 + d = T(h_1)$$
$$p(h_2) = c\,h_2^2 + d = T(h_2)$$

ergeben ein lineares 2×2-Gleichungssystem für die Unbekannten c und d; gesucht ist jedoch nur

$$d = p(0) \approx T(0) = A$$

als neue Näherung für das Integral. Wählt man $h_2 = \dfrac{h_1}{2}$, so erhält man das gleiche wie bei der

1. Stufe der obigen Extrapolation:

$$d = \frac{4\,T(h_2) - T(h_1)}{3}$$

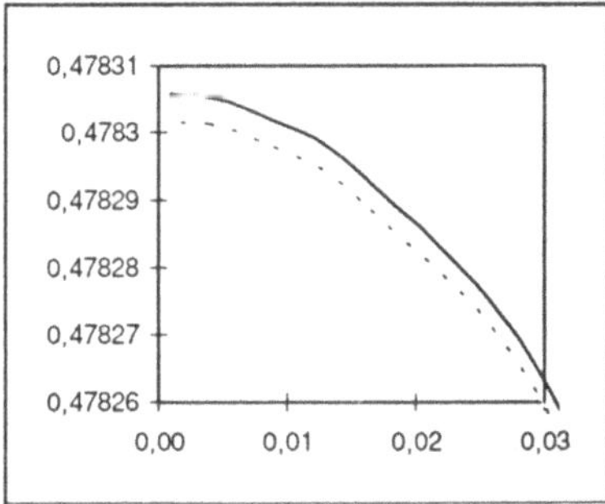

Das Bild rechts zeigt für das gleiche Beispiel die Funktion $T(h)$ zusammen mit der aus $TS_2 = T(0{,}25)$ und $TS_4 = T(0{,}125)$ interpolierten Parabel (letztere ist gestrichelt). Der Ausschnitt auf der y-Achse mußte mit dem Faktor 100 verkleinert werden, um den Unterschied der beiden Funktionen sichtbar zu machen.

Auch diese Methode ist fortsetzbar: Aus 3 bekannten Funktionswerten für T (d.h. 3 Trapezsummen) kann man ein *symmetrisches* Polynom 4. Grades

$$p(h) = c\,h^4 + d\,h^2 + e$$

interpolieren; das führt auf ein lineares 3×3-Gleichungssystem für die Koeffizienten c, d und e , von denen nur $c = p(0) \approx T(0)$ gesucht ist. Und so weiter.

Simpson-Regel:

Dieses Verfahren, auch *Keplersche Fassregel* genannt, ist historisch von großer Bedeutung, soll hier aber nur kurz erwähnt werden, weil es zu zwei der bereits diskutierten Methoden äquivalent ist (s.u.). Der Integrand f wird dabei stückweise durch *Parabelbögen* approximiert: Ist die Anzahl der Teilintervalle gerade, so kann man zu je drei benachbarten Punkten x_k , x_{k+1} , x_{k+2} (k gerade) eine Parabel durch die Punkte (x_k, f_k) legen (*quadratische Interpolation*). Durch Integration dieser Parabel erhält man (vgl. Aufgabe 3):

$$\int_{x_k}^{x_{k+2}} f \;\approx\; \frac{h}{3}\left(f_k + 4f_{k+1} + f_{k+2}\right)$$

Summation über alle geraden k führt zu der Näherung:

$$\int_a^b f \;\approx\; \frac{h}{3}\left(f_0 + 4f_1 + 2f_2 + 4f_3 + 2f_4 + \ldots + 2f_{n-2} + 4f_{n-1} + f_n\right)$$

Dies ist wiederum identisch mit dem gewichteten Mittel von Rechteck- und Trapezsummen

$$\frac{1}{3}\,(2\,RS_m + TS_m) \qquad \text{mit } m = \frac{n}{2}\,,$$

bzw. mit der entsprechenden Trapezsummen-Extrapolation.

Aufgaben:

1. Berechnen Sie bessere Näherungen für die Beispiele aus 4.1 Aufgaben 1, 2 und 3b mit Hilfe der verbesserten Rechteckregel!

2. Berechnen Sie für das Beispiel $\displaystyle\int_0^1 \frac{1}{1+x^2}\,dx$ die Trapezsummen TS_n für $n = 2\,,\,4\,,\,8$ und verbessern Sie diese mit Extrapolation in 2 Stufen! Welche Näherung für π ergibt sich daraus?

3. Quadratische Interpolation bei der Simpson-Regel: Zur Vereinfachung nehmen wir an, dass f über dem Intervall [-h; h] integriert werden soll. Es sei $f(-h) = f_0$, $f(0) = f_1$, $f(h) = f_2$.
   a) Bestimmen Sie die interpolierende Parabel $p(x) = ax^2 + bx + c$!
      (Tip: Aus $p(-h) = f_0$, $p(0) = f_1$, $p(h) = f_2$ ergibt sich ein lineares Gleichungssystem für die drei Koeffizienten der Parabel.)

   b) Zeigen Sie: $\displaystyle\int_{-h}^{h} p \;=\; \frac{h}{3}\left(f_0 + 4f_1 + f_2\right)$

Kapitel 5   Lineare Gleichungssysteme

5.1   Algebraisch alles im Griff, aber ...

Für lineare Gleichungssysteme (LGS) mit beliebiger Anzahl von Gleichungen bzw. Unbekannten gibt es algebraische Lösungsverfahren, die mit Sicherheit die gesamte Lösungsmenge produzieren (entweder eine eindeutige Lösung oder unendlich viele) bzw. die Nicht-Lösbarkeit diagnostizieren. Das geläufigste unter ihnen ist die Gauß-Elimination (vgl. 5.2). Wenn man ein LGS lösen muss, kann man sich also beruhigt zurücklehnen – könnte man meinen.

Doch selbst einfache Standard-Schulbuchaufgaben erweisen sich zuweilen als tückisch, wenn man sie unter numerischen Aspekten betrachtet. Ein Beispiel:

Ein Goldschmied möchte den Feingehalt eines silbernen Armbandes bestimmen, das aus einer Silber-Kupfer-Legierung besteht[1]. Die Masse des Armbands wird bestimmt zu $22{,}0$ g *, sein Volumen zu* $2{,}15 \, \mathrm{cm}^3$ *.*
Die Dichte von Silber beträgt $10{,}5 \, \mathrm{g/cm}^3$ *, von Kupfer* $9{,}0 \, \mathrm{g/cm}^3$ *.*

Lösungsansatz: Es seien x und y die Massen von Silber bzw. Kupfer im Armband. Dann ist

$$x + y = 22{,}0 \qquad \textit{(1. Gleichung)}$$

Die Dichte D einer Substanz beträgt $D = \dfrac{M}{V}$, wenn M ihre Masse und V ihr Volumen ist.

Also ist $V = \dfrac{M}{D}$. Für das Gesamt-Volumen des Armbandes ergibt sich daher

$$V_{\text{Silber}} + V_{\text{Kupfer}} = 2{,}15$$

$$\frac{x}{10{,}5} + \frac{y}{9{,}0} = 2{,}15 \qquad \textit{(2. Gleichung)}$$

Das sind die beiden linearen Gleichungen für die Unbekannten x, y . Setzt man $x = 22{,}0 - y$ in die 2. Gleichung ein, so ergibt sich mit der Abkürzung $c = \dfrac{1}{9{,}0} - \dfrac{1}{10{,}5}$ die Lösung (nachrechnen!)

$$y = \frac{1}{c} \cdot \left(2{,}15 - \frac{22{,}0}{10{,}5}\right) = 3{,}45 \; ; \quad x = 22{,}0 - \frac{1}{c} \cdot \left(2{,}15 - \frac{22{,}0}{10{,}5}\right) = 18{,}55$$

Somit beträgt der Feingehalt: $\dfrac{18{,}55}{22{,}0} \cdot 1000 = 843$.

---

[1] Der Feingehalt ist der (Massen-) Anteil des Edelmetalls an der Legierung, gemessen in Tausendsteln; z.B. bedeutet „Feingehalt 800", dass der Anteil des Silbers an der Gesamtmasse $800/1000 = 80\%$ beträgt.

So weit, so gut. Die Probleme beginnen jedoch, wenn man Masse und Volumen als gemessene, also fehlerbehaftete Größen ansieht, etwa mit den Fehlerschranken

$$M = 22{,}0 \pm 0{,}1 \text{ g} \quad ; \quad V = 2{,}15 \pm 0{,}01 \text{ cm}^3$$

Der relative Fehler beträgt in beiden Fällen weniger als 0,5 % , zweifellos ein akzeptabler Wert. Die beiden Zahlenwerte für die Dichten nehmen wir der Einfachheit halber als exakt an (obwohl sie streng genommen auch etwas ungenau sind), somit ist auch der Wert der Konstanten c fehlerfrei.

Mittels Intervallrechnung (vgl. 1.2) kann man dann Fehlerschranken für x und y bestimmen:

$$y_{max} = \frac{1}{c} \cdot (2{,}16 - \frac{21{,}9}{10{,}5}) = 4{,}68$$

$$y_{min} = \frac{1}{c} \cdot (2{,}14 - \frac{22{,}1}{10{,}5}) = 2{,}22 \qquad \text{also} \quad y = 3{,}45 \pm 1{,}23$$

$$x_{max} = 22{,}1 - \frac{1}{c} \cdot (2{,}14 - \frac{22{,}1}{10{,}5}) = 19{,}88$$

$$x_{max} = 21{,}9 - \frac{1}{c} \cdot (2{,}16 - \frac{21{,}9}{10{,}5}) = 17{,}22 \qquad \text{also} \quad x = 18{,}55 \pm 1{,}33$$

Das ergibt bei y eine *relative* Fehlerschranke von satten 36 % , bei x immerhin noch 7,2 % . Damit ist der Wert von y praktisch unbrauchbar, und x hat im Vergleich zu den relativen Fehlerschranken der Meßwerte immer noch einen viel zu großen Maximalfehler. Zwar wird im vorliegenden Kontext nur der Wert von x benötigt, aber in ähnlichen Aufgaben zu einem anderen Kontext könnte y einen wesentlichen Bestandteil der Lösung ausmachen, so dass man die Brauchbarkeit in Frage stellen muss. Und auch hier wäre mit x der Feingehalt nur sehr unsicher bestimmt:

$$\text{maximal} \quad \frac{x_{max}}{M_{max}} \cdot 1000 = 900$$

$$\text{minimal} \quad \frac{x_{min}}{M_{min}} \cdot 1000 = 786$$

(Beim Maximalwert wurde hier im Nenner M_{max} eingesetzt und nicht M_{min} wie eigentlich notwendig, da bei der Berechnung von x_{max} auch M_{max} verwendet wurde. Analog für den Mimimalwert.)

Der Grund für diese großen Fehlerschranken wird sofort klar, wenn man die Gleichungen graphisch darstellt: Die Abbildung zeigt die Geraden

$$y = 22{,}0 - x \quad \text{und} \quad y = 9{,}0 \cdot (2{,}15 - \frac{x}{10{,}5}) \ .$$

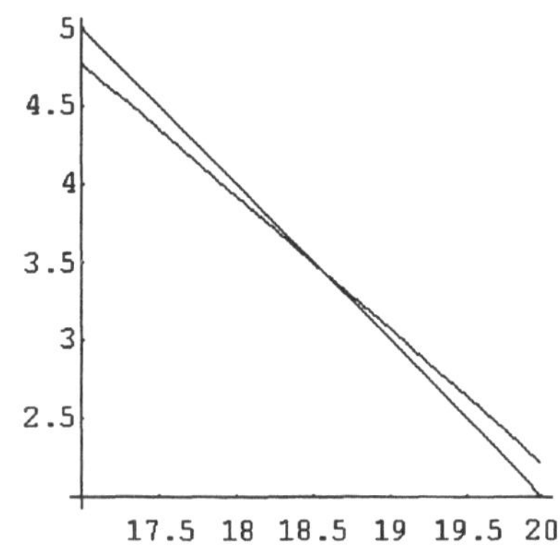

Diese beiden Geraden, die sich im Lösungspunkt schneiden, bilden einen sehr kleinen Winkel miteinander („schleifender Schnitt"), so dass kleine Änderungen der rechten Seiten (d.h. der Messwerte) relativ große Änderungen des Schnittpunkts (x, y) nach sich ziehen.

Zeichnet man die Graphen der Gleichungen jeweils mit den maximalen und minimalen Messwerten, so sieht man, dass die Lösung innerhalb eines Parallelogramms liegt, und im vorliegenden Fall ist dieses Parallelogramm eben sehr spitz.
Man sagt: Das Gleichungssystem ist *schlecht konditioniert*.

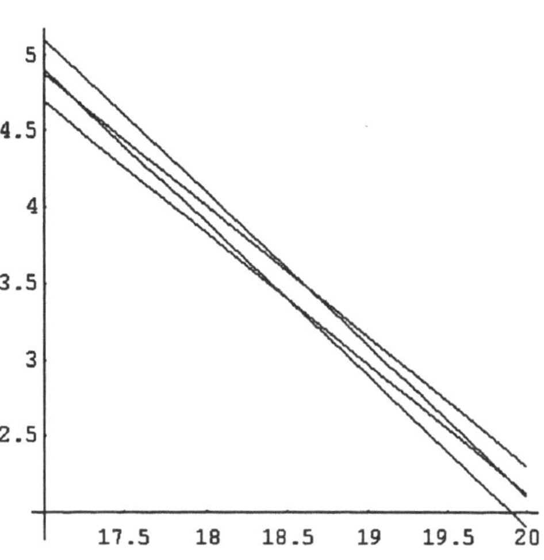

Wenn die Geraden der beiden Gleichungen nahezu senkrecht aufeinander stehen, dann ist das Gebiet möglicher Lösungen eher rechteckig und nicht so ausgedehnt; in diesem Fall hat man ein *gut konditioniertes* LGS. (Vgl. Aufgabe 3)

Diese graphische Interpretation macht plausibel, dass es sich hier um ein grundsätzliches Problem handelt, das von dem speziellen Lösungsverfahren für LGS unabhängig ist. Denn es wäre immerhin möglich, dass man mit einer anderen Lösungsmethode bessere Ergebnisse erzielen könnte; das ist jedoch nicht der Fall. Wenn man z.B. die Cramersche Regel zur Lösung verwendet, so kommt man mit Intervallrechnung zu denselben Ergebnissen (vgl. Aufgabe 2).

Im Kontext unserer Aufgabe weisen auch die Zahlenwerte auf die prinzipielle Natur des Problems hin: Die Dichten von Silber und Kupfer ($10,5$ und $9,0$ g/cm^3) sind nicht sehr unterschiedlich, so dass sich die Dichte einer Silber-Kupfer-Legierung sowieso nur in dem sehr kleinen Bereich zwischen diesen beiden Werten bewegt. Mit den gemessenen Größen ist

$$D_{max} = \frac{22,1}{2,14} = 10,33 \text{ g/cm}^3$$

$$D_{min} = \frac{21,9}{2,16} = 10,14 \text{ g/cm}^3 \qquad \text{also } D = 10,23 \pm 0,1 \text{ g/cm}^3$$

Die Fehlerschranke von $0,1$ ist daher schon relativ groß. Der Effekt würde sicherlich etwas gemildert, wenn es sich um einen goldenen Armreif handeln würde, denn die Dichte von Gold beträgt $19,3$ g/cm^3, ist also mehr als doppelt so groß wie die von Kupfer. (Vgl. Aufgabe 1)

Selbstverständlich treten solche Schwierigkeiten auch bei größeren Gleichungssystemen auf, sogar noch vielfach verstärkt; je mehr Gleichungen ein LGS enthält, desto mehr Fehlerquellen gibt es. Wir haben bisher auch nur den Fall diskutiert, dass die rechte Seite des LGS mit Fehlern behaftet ist; nicht auszudenken, was passiert, wenn auch noch die Koeffizienten fehleranfällige Größen sind. Die Lösung kann dann völlig unbrauchbar werden.

Fazit:

Lineare Gleichungssysteme machen algebraisch wenig Probleme. Wenn aber die Koeffizientenmatrix oder die rechte Seite eines LGS ungenau sind, so muss man die Lösung kritisch hinterfragen, sonst kann man Überraschungen erleben.

Manchmal bietet der Kontext einer Aufgabe Möglichkeiten zur Kontrolle der Lösung bzw. zur Beurteilung ihrer Qualität. Ansonsten muss man mathematische Methoden heranziehen, indem man etwa den Begriff der *Kondition* einer Matrix präzisiert und quantifiziert (vgl. 5.3). Die im Beispiel gezeigte Methode der Intervallrechnung ist bei größeren Systemen nur schwer durchführbar, zumindest auf diese elementare Art; die Lösungsterme werden zu kompliziert. (Wenn man allerdings die Intervallrechnung *automatisiert*, so wie es z.T. beim wissenschaftlichen Rechnen gemacht wird, so kann man damit auch bei aufwendigen Rechnungen verläßliche Ergebnisse erzielen; vgl. KULISCH.)

Graphische TR haben heutzutage in der Regel eine Routine zum Lösen von LGS, so dass man kleine Systeme ohne großen Aufwand lösen kann (die meiste Arbeit macht das Eingeben des Koeffizienten). Damit ist in einfachen Fällen sogar eine Intervallrechnung möglich: Wenn z.B. nur die rechte Seite ungenau ist, kann man die Intervallgrenzen einsetzen und die Auswirkung auf die Lösung beobachten. Allerdings ist das Verfahren aufwendig genug, denn man weiß nicht von vornherein, welche Kombination von Maxima und Minima zu den extremen Lösungen führt.

In der Praxis kommen LGS recht häufig vor, und sie bringen eine Reihe anderer numerischer Probleme mit sich:

- Die Gauß-Elimination ist ein probates algebraisches Verfahren. Für große LGS, etwa mit 100 Gleichungen und Unbekannten (oder auch 1000) lohnt es sich aber zu fragen:
  - Wie groß ist der *Rechenaufwand*, wie viele Rechenoperationen braucht man?
  - Welchen Einfluss haben die *Rundungsfehler*? (Deren Wirkung steigt mit der Anzahl der Rechenoperationen!)
- Manchmal sind die LGS einfach gebaut, so dass man spezielle Lösungsverfahren finden kann, die besser sind als der universelle Gauß-Algorithmus. Das ist beispielsweise der Fall, wenn die Koeffizientenmatrix des LGS
  - *symmetrisch* (zur Hauptdiagonalen) ist,
  - eine *Bandmatrix* ist (z.B. eine *Tridiagonalmatrix*, in der nur die Hauptdiagonale und die

beiden Nebendiagonalen besetzt sind),

– *schwach besetzt* ist (d.h. nur wenige Koeffizienten sind verschieden von 0).

* Im Gegensatz zu den *direkten* (algebraischen) Verfahren gibt es auch *Iterationsverfahren*, die ein LGS *näherungsweise* lösen. Dass man sich mit Näherungslösungen zufrieden gibt, obwohl es eine effektives *exaktes* Verfahren gibt, mag zunächst seltsam klingen. In bestimmten Fällen erweisen sie sich aber als vorteilhaft; wenn z.B. eine Iterationsmethode schneller ist als eine algebraische, so hat sie eine Existenzberechtigung. Hinzu kommt, dass man zuweilen *überbestimmte* Systeme zu lösen hat (mit mehr Gleichungen als Unbekannten), die algebraisch gar nicht lösbar sind, so dass man grundsätzlich „nur" eine Näherungslösung erreichen kann.

In den folgenden Abschnitten werden wir einige dieser Probleme diskutieren, wenigstens ansatzweise. Für weitere Informationen vgl. BJÖRCK/DAHLQUIST, eine ausführliche Behandlung dieses Themas findet man in KIELBASINSKI/SCHWETLICK.

Aufgaben

1. Eine goldene Halskette habe die Masse 120 g und das Volumen $6{,}9$ cm^3. Bestimmen Sie den Feingehalt sowie eine Fehlerschranke für diesen mit Intervallrechnung!
   (Dichte von Gold $19{,}3$ g/cm^3, von Kupfer $9{,}0$ g/cm^3. Fehlerschranken für Masse und Volumen seien wie im Textbeispiel $0{,}1$ g bzw. $0{,}01$ cm^3.)
   Zeichnen Sie die Graphen der zugehörigen Gleichungen und beurteilen Sie die Kondition des Systems.

2. Ein 2×2-System $\begin{pmatrix} a_{11}\, x + a_{12}\, y = b_1 \\ a_{21}\, x + a_{22}\, y = b_2 \end{pmatrix}$ wird mit der *Cramerschen Regel* wie folgt gelöst:

   Es sei $D = a_{11} a_{22} - a_{21} a_{12}$ die Diskriminante des Systems; wenn $D \neq 0$, so ist

$$x = \frac{a_{22}\, b_1 - a_{12}\, b_2}{D} \quad \text{und} \quad y = \frac{a_{11}\, b_2 - a_{21}\, b_1}{D}\,.$$

   a) Beweisen Sie die Cramersche Regel.
   b) Führen Sie die Intervallrechnung in Aufgabe 1 mit dieser Formel aus.

3. a) Lösen Sie das System $\begin{pmatrix} 3x - y = 5 \\ x + 3y = 4 \end{pmatrix}$ graphisch. Zeichnen Sie den Bereich möglicher

   Lösungen, wenn $b_1 = 5 \pm 0{,}5$ und $b_2 = 4 \pm 0{,}5$. Welche Gestalt hat dieser Bereich? Bestimmen Sie graphisch Intervalle für x und y.

   b) Bestimmen Sie Fehlerschranken für x und y mit Intervallrechnung (beliebiges Lösungsverfahren). Wie verhält sich dieses System bezüglich der Fehlerfortpflanzung?

5.2 Gauß-Elimination

Als Grundlage für die weiteren Untersuchungen soll zunächst der Gauß-Algorithmus kurz dargestellt und an einem Beispiel ausprobiert werden. (Nähere Informationen findet man in jedem Lehrbuch über lineare Algebra.)

Wir gehen aus von einem LGS mit n Gleichungen und n Unbekannten:

$$a_{11}\, x_1 \;+\; a_{12} x_2 \;+\; ... \;+\; a_{1n}\, x_n \;=\; b_1$$
$$...\qquad\qquad\qquad ...\qquad\qquad ...$$
$$a_{n1}\, x_1 \;+\; a_{n2} x_2 \;+\; ... \;+\; a_{nn}\, x_n \;=\; b_n$$

Wir nehmen außerdem an, dass das System eindeutig lösbar ist (die Fälle von Nicht- oder mehrdeutiger Lösbarkeit sind sowieso „singulär", d.h. Ausnahmefälle).

Üblicherweise wird das LGS in *Matrixform* geschrieben als

$$A\,\vec{x} = \vec{b} \qquad \text{mit} \qquad A = \begin{pmatrix} a_{11} & ... & a_{1n} \\ \vdots & & \vdots \\ a_{n1} & ... & a_{nn} \end{pmatrix}, \quad \vec{x} = \begin{pmatrix} x_1 \\ \vdots \\ x_n \end{pmatrix}, \quad \vec{b} = \begin{pmatrix} b_1 \\ \vdots \\ b_n \end{pmatrix}$$

A ist in diesem Fall eine *quadratische* $n{\times}n$-Matrix.

Fügt man der Matrix A den Spaltenvektor $\vec{b}$ an der rechten Seite hinzu, so erhält man die *erweiterte Matrix*

$$A|\vec{b} = \left(\begin{array}{ccc|c} a_{11} & ... & a_{1n} & b_1 \\ \vdots & & \vdots & \vdots \\ a_{n1} & ... & a_{nn} & b_n \end{array} \right)$$

Eine *Zeilenoperation* besteht darin, dass man in der erweiterten Matrix ein Vielfaches einer Zeile zu einer anderen Zeile addiert. Durch solche Zeilenoperationen ändert sich die Lösungsmenge des LGS nicht (Äquivalenzumformung!). Ebenso kann man eine Zeile mit einer Konstanten $\neq 0$ multiplizieren oder zwei Zeilen vertauschen, ohne dass sich die Lösungsmenge ändert.

Bei der Gauß-Elimination wird nun die erweiterte Matrix durch passende Zeilenoperationen in eine *obere Dreiecksmatrix* umgewandelt, in der alle Matrixelemente unterhalb der Hauptdiagonalen gleich 0 sind.
Anschließend wird das Gleichungssystem von unten nach oben aufgelöst.

$$\left(\begin{array}{cccc|c} \times & \cdots & \cdots & \times & \times \\ 0 & \times & & \vdots & \vdots \\ \vdots & \ddots & \times & \vdots & \vdots \\ 0 & \cdots & 0 & \times & \times \end{array} \right)$$

Im einzelnen:

<u>1. Schritt:</u>   Addiere zur Zeile i das $(-\frac{a_{i1}}{a_{11}})$-fache der Zeile 1 , für i = 2, ..., n .

Dazu muss $a_{11} \neq 0$ sein. Ist das nicht der Fall, vertauscht man vorher zwei Zeilen so, dass $a_{11} \neq 0$ ist (das ist immer möglich, sonst wäre das LGS nicht eindeutig lösbar).

<u>2. Schritt:</u>   In der *neuen Matrix*[1] addiere zur Zeile i das $(-\frac{a_{i2}}{a_{22}})$-fache der Zeile 2 ,

für i = 3, ..., n (falls $a_{22} = 0$, vorher passenden Zeilentausch durchführen!).

....   usw. bis zum (n–1)-ten Schritt. Dann hat die Matrix Dreiecksform, und es sind alle Diagonal-Elemente $a_{ii} \neq 0$.

Das anschließende Auflösen durch *Rückeinsetzen* kann ebenfalls in der Matrixform durchgeführt werden:

<u>n. Schritt:</u>   Dividiere Zeile n durch a_{nn} (Auflösen nach x_n);

addiere das $(-a_{in})$-fache der Zeile n zu Zeile i (dadurch werden in der Spalte n alle Elemente *oberhalb* der Diagonalen gleich 0).

....   usw. mit der (n–1). Spalte bis hin zur 1. Spalte. (Noch einmal: *Alle* Operationen sind in der *erweiterten* Matrix auszuführen.) Nach Beenden des Verfahrens enthält die rechte Spalte der erweiterten Matrix den Lösungsvektor $\vec{x}$.

Beispiel eines 4×4-Gleichungssystems (in der Matrixform, die leeren Zellen enthalten Nullen):

2	–1	–3	2	16,5	
2	–1	–2	–1	7,5	+ (–2/2) · Zeile 1
4	2	2	–3	–7	+ (–4/2) · Zeile 1
3	2	–1	–1	–1,5	+ (–3/2) · Zeile 1

2	–1	–3	2	16,5	
	0	1	–3	–9	Zeilentausch,
	4	8	–7	–40	da $a_{22} = 0$
	3,5	3,5	–7	–26,25	

2	–1	–3	2	16,5	
	4	8	–7	–40	
	0	1	–3	–9	+ 0/4 · Zeile 2
	3,5	3,5	–7	–26,25	+ (–3,5/4) · Zeile 2

2	–1	–3	2	16,5	
	4	8	–7	–40	
		1	–3	–9	
		–3,5	–0,875	8,75	+ 3,5/1 · Zeile 3

---

[1] Für die neue Matrix, die nach dem 1. Schritt entstanden ist, verwenden wir keine neuen Bezeichnungen, ebensowenig für die weiteren geänderten Matrizen.

Beim anschließenden Rückeinsetzen sind zuerst die Divisionen auszuführen.

2	−1	−3	2	16,5	+ (−2) · Zeile 4
	4	8	−7	−40	+ 7 · Zeile 4
		1	−3	−9	+ 3 · Zeile 4
			−11,375	−22,75	: (−11,375)

2	−1	−3		12,5	+ 3 · Zeile 3
	4	8		−26	+ (−8) · Zeile 3
		1		−3	: 1
			1	2	

2	−1			3,5	+ 1 · Zeile 2
	4			−2	: 4
		1		−3	
			1	2	

2				3	: 2
	1			−0,5	
		1		−3	
			1	2	

Eine Anmerkung: Rechnet man mit der Hand, so kann man manchmal Tricks verwenden, um
die Rechnung zu vereinfachen. Das Beispiel nimmt auf besondere Situationen keine Rücksicht,
denn hier steht der *algorithmische* Aspekt im Vordergrund. Ein Computerprogramm kann auf
kleine Rechentricks keine Rücksicht nehmen. (Nebenbei gesagt: Auch beim Rechnen per Hand
sollte man sich möglichst eng an den Algorithmus halten!)

Wie viele ***Rechenoperationen*** braucht man zum Lösen eines solchen Gleichungssystems?
Ein kleines System ($n = 4$ oder $n = 10$) bringt einen Computer nicht zum Schwitzen, aber bei
großen Systemen ($n = 100$ oder $n = 1000$) lohnt es sich, über den Aufwand nachzudenken.

Wir zählen jetzt nur die *wesentlichen* Operationen, nämlich Multiplikationen und Divisionen.
Denn Additionen nehmen wesentlich weniger Zeit in Anspruch (das ist beim maschinellen
Rechnen nicht anders als beim schriftlichen), und außerdem weiß man, dass bei den Zeilenoperationen zu jeder Multiplikation eine Addition gehört, so dass man ungefähr so viele Additionen wie wesentliche Operationen auszuführen hat. Für die folgenden Abzählungen sollte man
das Beispiel konsultieren, um sich die einzelnen Operationen noch einmal vor Augen zu führen.

1. Schritt: Eine Zeilenoperation (in der erweiterten Matrix) benötigt

                 1 Division zur Berechnung des Multiplikators $-\dfrac{a_{i1}}{a_{11}}$, sowie

                 n Multiplikationen.

                 Es werden $n-1$ Zeilenoperationen ausgeführt, das macht zusammen

                 $(n-1)\cdot(n+1) = n^2 - 1$ wesentliche Operationen.

2. Schritt: Pro Zeilenoperation eine Multiplikation weniger als im vorigen Schritt,

                 ebenso eine Zeilenoperation weniger.

                 Zusammen $(n-2)\cdot n = (n-1)^2 - 1$ wesentliche Operationen.

usw. bis zum $(n-1)$. Schritt; das macht insgesamt für die „Triangulierung" (Umformung der
Matrix auf Dreiecksgestalt):

$$\sum_{i=2}^{n} (i^2 - 1) \quad \text{wesentliche Operationen.}$$

Mit Hilfe der Formel für die Summe der ersten n Quadratzahlen zeigt man: Diese Summe

beträgt $\dfrac{n\,(n+1)\,(2n+1)}{6} - n$.

Beim folgenden Rückeinsetzen wird praktisch nur noch in der rechten Spalte der erweiterten
Matrix gerechnet: Im n. Schritt sind eine Division sowie $n-1$ Multiplikationen notwendig,
und deren Anzahl nimmt in jedem weiteren Schritt um 1 ab, also hat man nochmal

$$n + (n-1) + (n-2) + ... + 2 + 1 \;=\; \frac{n\,(n+1)}{2} \quad \text{wesentliche Operationen.}$$

Für große n ist die Anzahl der Operationen für die Triangulierung ungefähr gleich $\dfrac{n^3}{3}$;

demgegenüber ist der Aufwand von ca. $\dfrac{n^2}{2}$ Operationen für das nachfolgende Auflösen der

Gleichungen verschwindend gering (man mache sich das für $n = 100$ einmal klar!). Außerdem
sieht man: Eine Verdopplung der Anzahl von Gleichungen / Unbekannten kostet ungefähr den
achtfachen Aufwand. Es könnte sich also gegebenenfalls lohnen, über eine Verkleinerung von
großen LGS nachzudenken.

Bei einer so großen Zahl von Operationen stellt sich ein weiteres Problem, nämlich:
Die *Rundungsfehler* können sich unangenehm bemerkbar machen.
Hierzu wieder ein kleines harmloses Beispiel:

$$0{,}1\,x + 10\,y = 2$$
$$10\,x + 0{,}1\,y = 3$$

Dieses 2×2-System hat die exakten Lösungen $x = 0{,}\overline{2980}$, $y = 0{,}\overline{1970}$.

Rechnet man mit 3-stelliger Gleitkomma-Arithmetik, so ergibt sich folgendes (überprüfen Sie
die Rechnung!):

0,1	10	2	
10	0,1	3	$+ (-10/0,1) \cdot$ Zeile 1

0,1	10	2	$: 0,1$
	-1000	-197	$: (-1000)$

1	100	20	$+ (-100) \cdot$ Zeile 2
	1	0,197	

1		0,3
	1	0,197

Damit ist $y = 0,197$ der korrekt gerundete Wert, aber $x = 0,3$ hat nur noch 2 signifikante
Stellen. Der Grund dafür liegt darin, dass beim Rückeinsetzen (3. Schritt) eine *Auslöschung*
auftritt, denn bei der Subtraktion etwa gleich großer Zahlen gehen signifikante Stellen verloren.
Der Fehler sieht in diesem Fall nicht schlimm aus, aber:

– Bei größeren Systemen kann sich der Fehler weiter aufschaukeln.

– Man kann ohne Mühe noch extremere Beispiele konstruieren, bei denen die Lösungen völlig
  falsch sind (vgl. Aufgabe 2).

Diesen Stellenverlust kann man hier einfach vermeiden,
indem man die Zeilen vertauscht, so dass das größere Element in der 1. Spalte zum Diagonal-Element wird (überprüfen Sie auch die nebenstehende Tabelle mit 3-stelliger
Rechnung!). Beide Lösungen ergeben sich jetzt auf 3 Stellen genau.

10	0,1	3
0,1	10	2

10	0,1	3
	10	1,97

1	0,01	0,3
	1	0,197

1		0,298
	1	0,197

Allgemein wird bei einem n×n-Gleichungssystem das
Gauß-Verfahren folgendermaßen modifiziert:

1. Schritt:	Bestimme in der ersten Spalte das Element mit dem größten Absolutbetrag;
	vertausche dessen Zeile in der erweiterten Matrix mit der ersten Zeile.
	Führe dann in der 1. Spalte die Elimination durch wie vorher.
2. Schritt:	In der neuen Matrix bestimme das betragsgrößte Element in der 2. Spalte
	von der Diagonalen abwärts, also aus $a_{22}, ..., a_{n2}$; vertausche dessen Zeile
	mit der 2. Zeile und eliminiere.
... i. Schritt:	Bestimme das betragsgrößte Element in der i. Rest-Spalte aus $a_{ii}, ..., a_{ni}$;
	vertausche dessen Zeile mit der i. Zeile und eliminiere.

Nach n–1 Schritten (Triangulierung) geschieht das Rückeinsetzen wie vorher.

Dieses Verfahren nennt sich *Gauß-Elimination mit Teil-Pivotsuche (Spalten-Pivotsuche)*;
die beteiligten betragsgrößten Matrixelemente heißen *Pivot-Elemente* [1].
Beispiel eines 3×3-LGS (die Pivot-Elemente sind doppelt umrandet):

2	–3	0	3
4	–5	1	7
2	–1	3	5

Tausche Zeilen 1 und 2

4	–5	1	7
2	–3	0	3
2	–1	3	5

+ (–2/4) · Zeile 1
+ (–2/4) · Zeile 1

4	–5	1	7
	–0,5	–0,5	–0,5
	1,5	2,5	1,5

(*)
Tausche Zeilen 2 und 3

4	–5	1	7
	1,5	2,5	1,5
	–0,5	–0,5	–0,5

+ (0,5/1,5) · Zeile 2

4	–5	1	7
	1,5	2,5	1,5
		1/3	0

(*)   Im 2. Schritt wird bei der Pivot-Suche die 1. Zeile nicht mehr beachtet.

Man sieht: Durch die Zeilenvertauschungen werden die Multiplikatoren für die Zeilenoperationen sämtlich kleiner gleich 1 , so dass bei den nachfolgenden Additionen keine großen Zahlen addiert werden müssen.

In der Praxis werden dadurch Rundungsfehler weitgehend vermieden; ein Allheilmittel ist die Spalten-Pivotsuche allerdings auch nicht. Dazu eine Variante unseres 2×2-Demo-Systems:

$$0,1\, x + 10\, y = 2 \qquad\qquad 10\, x + 1000\, y = 200$$
$$10\, x + 0,1\, y = 3 \quad\longrightarrow\quad 10\, x + 0,1\, y = 3$$

Die erste Zeile wurde mit dem Faktor 100 multipliziert, was offenbar die exakte Lösung nicht ändert. Eine Spalten-Pivotsuche würde im ursprünglichen (linken) System den oben genannten Zeilentausch auslösen, im modifizierten (rechten) System aber nicht. Löst man das modifizierte System mit dem Gauß-Algorithmus in 3-stelliger Arithmetik, so ergibt sich der gleiche Rundungsfehler wie im ursprünglichen System (nachrechnen!).

---

[1] engl., franz.: pivot = Zapfen; Dreh-, Angelpunkt

Zur Sicherheit kann man das *Gauß-Verfahren mit vollständiger Pivotsuche* durchführen:

Im i. Schritt (i = 1, ..., n–1) bestimmt man als Pivot-Element das betragsgrößte Element in der

$$\textit{Restmatrix} \begin{pmatrix} a_{ii} & \cdots & a_{in} \\ \vdots & & \vdots \\ a_{ni} & \cdots & a_{nn} \end{pmatrix}$$ (statt nur in der i. Restspalte); dann vertauscht man dessen Zeile

mit der i. Zeile *und* dessen Spalte mit der i. Spalte, so dass das Pivot-Element zum führenden Diagonal-Element a_{ii} der Restmatrix wird. Dann wird wie vorher in der i. Spalte eliminiert. (Zeilen- und Spaltentausch sind natürlich in der *gesamten* erweiterten Matrix auszuführen.)

Ein Zeilentausch ändert am Gleichungssystem gar nichts, ein Spaltentausch bewirkt jedoch eine Vertauschung der Unbekannten. Über die Spaltentausch-Operationen muss man also Protokoll führen!

Als Beispiel nehmen wir das gleiche 3×3-System wie bei der Spalten-Pivotsuche. Auch hier sind die Pivot-Elemente doppelt umrandet. Um die Spaltenvertauschungen zu notieren, sind die Spalten mit den Variablen x, y, z bezeichnet.

x	y	z	
2	–3	0	3
4	**–5**	1	7
2	–1	3	5

Tausche Zeilen 1 und 2
sowie Spalten 1 und 2

y	x	z	
–5	4	1	7
–3	2	0	3
–1	2	3	5

+ (–3/5) · Zeile 1
+ (–1/5) · Zeile 1

y	x	z	
–5	4	1	7
	–0,4	–0,6	–1,2
	1,2	**2,8**	3,6

Tausche Zeilen 2 und 3
sowie Spalten 2 und 3

y	z	x	
–5	1	4	7
	2,8	1,2	3,6
	–0,6	–0,4	–1,2

+ (0,6/2,8) · Zeile 2

y	z	x	
–5	1	4	7
	2,8	1,2	3,6
		–1/7	–3/7

Die vollständige Pivotsuche ist natürlich aufwendiger als die Teilpivotsuche, insbesondere bei großen Systemen; deshalb wird man sich häufig mit der einfacheren Methode zufrieden geben.

Aufgaben:

1. Berechnen Sie die Anzahl der wesentlichen Operationen beim Gauß-Algorithmus für

   $n = 5, 10, 50, 100$. Vergleichen Sie mit der Näherung $\dfrac{n^3}{3}$.

2. Häufig kommt es vor, dass man ein LGS mit der gleichen Matrix A , aber verschiedenen rechten Seiten lösen muss. In diesem Fall kann man die Systeme simultan lösen: Man erweitert A um *mehrere* Spalten und führt die Gauß-Elimination wie üblich durch.

   a) Um wie viele wesentliche Operationen erhöht sich der Rechenaufwand, wenn man der erweiterten Matrix noch eine Spalte hinzufügt?

   b) Wie viele wesentliche Operationen braucht man, um die inverse Matrix A^{-1} zu berechnen? (Hierzu erweitert man A um die n×n-Einheitsmatrix I, also um n Spalten; nach Beenden des Gauß-Algorithmus steht links die Einheitsmatrix und rechts A^{-1} .)

3. Zwei Systeme, die sehr ähnlich aussehen:

   $$
   \begin{array}{ll}
   (1) \quad
   \begin{aligned}
   0{,}1\,x + 100\,y &= 2 \\
   10\,x + 0{,}1\,y &= 3
   \end{aligned}
   &
   (2) \quad
   \begin{aligned}
   0{,}1\,x + 10\,y &= 2 \\
   100\,x + 0{,}1\,y &= 3
   \end{aligned}
   \end{array}
   $$

   a) Bestimmen Sie die exakten Lösungen.

   b) Lösen Sie beide Systeme mit 3-stelliger Gleitkomma-Arithmetik. (Eines von ihnen liefert korrekt gerundete Lösungen, das andere einen völlig falschen Wert.)

   c) Lösen Sie das „schlechte" System mit Zeilentausch.

4. Lösen Sie das Gleichungssystem

   $$
   \begin{aligned}
   x + 2\,y - 3\,z &= -4 \\
   2\,x + 3\,y - 5\,z &= -7 \\
   4\,x - 8\,y + 5\,z &= 4
   \end{aligned}
   $$

   a) mit der einfachen Gauß-Elimination, b) mit Spaltenpivotsuche sowie c) mit vollständiger Pivotsuche. Vergleichen Sie die Rechenwege.

5.3   Die Kondition einer Matrix

In diesem Abschnitt soll das Problem der *Fehlerfortpflanzung* bei linearen Gleichungssystemen
genauer untersucht werden. Denn im Allgemeinen muss man bei praktischen Problemen davon
ausgehen, dass sowohl die Koeffizienten als auch die rechte Seite des LGS fehlerbehaftete
Größen sind, und man muss sich fragen, wie sich diese Fehler auf die Lösung auswirken.

Ein LGS $A\vec{x} = \vec{b}$ mit einer n×n-Matrix A sei gegeben, und wir nehmen an, dass es eindeutig lösbar ist. Der Einfachheit halber gehen wir jetzt davon aus, dass A fehlerfrei ist, d.h. wir
untersuchen nur die Frage:

Wie wirkt sich eine Änderung von $\vec{b}$ *auf den Lösungsvektor* $\vec{x}$ *aus?*

Genauer: Wenn sich die rechte Seite $\vec{b}$ ändert zu $\vec{b} + \Delta\vec{b}$, so erhält man eine neue Lösung
$\vec{x} + \Delta\vec{x}$, für die somit gilt: $A\,(\vec{x} + \Delta\vec{x}) \;=\; \vec{b} + \Delta\vec{b}$.
Wie groß ist $\Delta\vec{x}$ im Vergleich zu $\Delta\vec{b}$?
Wie mißt man überhaupt die „Größe" eines Vektors?

$\Delta\vec{b}$ und $\Delta\vec{x}$ sind quasi die *absoluten* Fehler von $\vec{b}$ und $\vec{x}$; der absolute Fehler ist aber
nicht immer sehr aussagekräftig. Kann man den *relativen* Fehler vernünftig messen?
Die scheinbar einfache Frage birgt eine Reihe von Fallstricken.

Zunächst zur Größe eines Vektors:
Verallgemeinert man den geometrischen Begriff der Länge eines Vektors in der Ebene oder im
Raum auf beliebige Dimensionen, so erhält man die *Euklidische Norm*

$$\|\vec{x}\|_e \;=\; \sqrt{x_1^{\,2} + \dots + x_n^{\,2}}$$

Eine andere Möglichkeit: Ein Vektor wird gemessen an seiner (betrags-) größten Komponente;
so erhält man die *Maximum-Norm*

$$\|\vec{x}\|_m \;=\; \max\{\,|x_1|\,,\,\dots\,,\,|x_n|\,\}$$

Allgemein ist eine *(Vektor-) Norm* eine Funktion, die jedem Vektor $\vec{x} \in \mathbf{R}^n$ eine reelle Zahl
$\|\vec{x}\|$ zuordnet und die folgenden Rechenregeln erfüllt:

(V1) $\|\vec{x}\| \geq 0$; $\|\vec{x}\| = 0$ $\Leftrightarrow$ $\vec{x} = \vec{0}$

(V2) $\|a\vec{x}\| \;=\; |a|\cdot\|\vec{x}\|$ für jede reelle Zahl a

(V3) $\|\vec{x} + \vec{y}\| \;\leq\; \|\vec{x}\| + \|\vec{y}\|$ („Dreiecksungleichung")

Außer den beiden genannten gibt es noch eine Vielzahl anderer Normen; wir werden im folgenden jedoch ausschließlich die Maximum-Norm verwenden.

Auch Matrizen lassen sich auf die gleiche Weise messen: Eine **Matrix-Norm** ordnet jeder $n \times n$-Matrix A eine reelle Zahl $\|A\|$ zu, die die analogen Bedingungen zu (V1) - (V3) erfüllt:

(M1) $\qquad \|A\| \geq 0 \; ; \quad \|A\| = 0 \quad \Leftrightarrow \quad A = 0$

(M2) $\qquad \|aA\| = |a| \cdot \|A\| \qquad$ für jede reelle Zahl a

(M3) $\qquad \|A + B\| \leq \|A\| + \|B\| \qquad$ („Dreiecksungleichung")

In der Regel mißt und vergleicht man die Größen von Vektoren *und* Matrizen; es ist dann wichtig, dass Vektor- und Matrixnorm zueinander passen. Genauer: Eine Vektornorm und eine Matrixnorm sind *verträglich miteinander*, wenn für alle Matrizen und Vektoren zusätzlich gilt:

(M4) $\qquad \|A\vec{x}\| \leq \|A\| \cdot \|\vec{x}\|$

(M5) $\qquad \|AB\| \leq \|A\| \cdot \|B\|$

Ist eine Vektornorm gegeben, so definiert man die *zugehörige* Matrixnorm wie folgt:

$$\|A\| = \max_{\vec{x} \neq 0} \frac{\|A\vec{x}\|}{\|\vec{x}\|}$$

Vektornorm und zugehörige Matrixnorm sind immer verträglich miteinander. Beispielsweise gehört zur Maximum-Norm für Vektoren die folgende Matrixnorm, genannt *Zeilen-Norm*:

$$\|A\| = \max_{i=1,\dots,n} \sum_{j=1}^{n} |a_{ij}|$$

In Worten: Zur Bestimmung der Zeilen-Norm einer Matrix addiert man in jeder Zeile die Beträge der Elemente und wählt unter diesen Zeilensummen die größte.

Soweit die kurze Begriffsklärung. Zur Rechtfertigung all dieser Eigenschaften wäre noch einiges zu beweisen; wir verzichten hier jedoch auf Einzelheiten.

Ist nun $\vec{b} + \Delta\vec{b}$ eine Näherung für den Vektor $\vec{b}$, so mißt die Maximum-Norm $\|\Delta\vec{b}\|$ den größten Betrag der absoluten Fehler in den Komponenten. Das sagt also über die einzelnen Fehler nicht viel aus; ist zum Beispiel $\vec{b} = \begin{pmatrix} 1 \\ 2 \\ 3 \end{pmatrix}$ und $\Delta\vec{b} = \begin{pmatrix} 0{,}1 \\ 0{,}00001 \\ 0{,}000001 \end{pmatrix}$, so ist $\|\Delta\vec{b}\| = 0{,}1$ trotz der sehr kleinen Fehler in b_2 und b_3. Auch ein Vergleich von $\|\vec{b}\|$ und $\|\Delta\vec{b}\|$ kann täuschen: Als *relativen Fehler* könnte man den Quotienten $\dfrac{\|\Delta\vec{b}\|}{\|\vec{b}\|}$ definieren. Das ist jedoch nicht zu verwechseln mit dem maximalen relativen Fehler in den Komponenten! Ein extremes Beispiel: Für $\vec{b} = \begin{pmatrix} 1000 \\ 0,2 \\ 0,01 \end{pmatrix}$ und $\Delta\vec{b} = \begin{pmatrix} 0,1 \\ 0,1 \\ 0,1 \end{pmatrix}$ ist $\|\vec{b}\| = 1000$ und $\|\Delta\vec{b}\| = 0,1$ also $\dfrac{\|\Delta\vec{b}\|}{\|\vec{b}\|} = 10^{-4}$,

was eine hohe Genauigkeit vorspiegelt, aber verschleiert, dass der Wert von b_2 praktisch unbrauchbar und b_3 völlig unsinnig ist.

Allenfalls wenn die Komponenten von $\vec{b}$ und $\Delta\vec{b}$ jeweils ungefähr die gleiche *Größenordnung* haben, sind die Maße $\|\Delta\vec{b}\|$ für den absoluten Fehler und $\dfrac{\|\Delta\vec{b}\|}{\|\vec{b}\|}$ für den relativen Fehler

brauchbar. Gleichwohl werden wir diese Fehlermaße verwenden; man sollte sich jedoch über ihre Bedeutung im klaren sein, um Mißinterpretationen zu vermeiden.

Zurück zum Gleichungssystem $A\vec{x} = \vec{b}$: Wie eingangs skizziert, sei jetzt $\Delta\vec{x}$ der aus $\Delta\vec{b}$ resultierende Fehler in der Lösung, d.h. es gelte

$$A\,(\vec{x} + \Delta\vec{x}) = \vec{b} + \Delta\vec{b}$$

Gemäß unserer Annahme ist das LGS $A\vec{x} = \vec{b}$ eindeutig lösbar, daher existiert die inverse Matrix A^{-1}, und damit folgt:

$$\vec{x} + \Delta\vec{x} = A^{-1}(\vec{b} + \Delta\vec{b}) = A^{-1}\vec{b} + A^{-1}\Delta\vec{b} = \vec{x} + A^{-1}\Delta\vec{b}$$

$$\Delta\vec{x} = A^{-1}\Delta\vec{b}$$

$$\|\Delta\vec{x}\| \le \|A^{-1}\| \cdot \|\Delta\vec{b}\| \qquad \text{wegen Regel (M4)}.$$

Ebenso folgt aus $\vec{b} = A\vec{x}$ die Ungleichung

$$\|\vec{b}\| \le \|A\| \cdot \|\vec{x}\|$$

$$\frac{1}{\|\vec{x}\|} \le \|A\| \cdot \frac{1}{\|\vec{b}\|}$$

Multipliziert man diese mit der anderen Ungleichung, so folgt:

$$\boxed{\frac{\|\Delta\vec{x}\|}{\|\vec{x}\|} \le \|A\| \cdot \|A^{-1}\| \cdot \frac{\|\Delta\vec{b}\|}{\|\vec{b}\|}} \qquad (*)$$

Damit hat man eine Abschätzung für den relativen Fehler. Der beteiligte Faktor

$k(A) = \|A\| \cdot \|A^{-1}\|$ heißt *Konditionszahl* der Matrix A. Allgemein gilt $k(A) \ge 1$ (s. Aufg. 3).

Ist $k(A)$ groß (viel größer als 1), so kann sich der Fehler in $\vec{x}$ gegenüber dem Eingabefehler in $\vec{b}$ stark vergrößern; man sagt: Das Gleichungssystem ist *schlecht konditioniert*.

Ist umgekehrt $k(A)$ klein (nahe bei 1), so heißt das System *gut konditioniert*.

Als Beispiel untersuchen wir das 2×2-Gleichungssystem aus Abschnitt 5.1, das wir dort bereits als numerisch bedenklich (schlecht konditioniert) bezeichnet haben:

$$x + y = 22,0$$

$$\frac{x}{10,5} + \frac{y}{9,0} = 2,15$$

Berechnung der Konditionszahl der Matrix:

Mit $A = \begin{pmatrix} 1 & 1 \\ \frac{1}{10,5} & \frac{1}{9,0} \end{pmatrix}$ ist $A^{-1} = \begin{pmatrix} 7 & -63 \\ -6 & 63 \end{pmatrix}$. Als Zeilen-Normen erhält man $\|A\| = 2$ und

$\|A^{-1}\| = 70$, so dass also $k(A) = 140$, was wohl eine schlechte Kondition bedeutet.

Um die obige Fehlerabschätzung (*) zu testen, setzen wir jetzt $\vec{\Delta b} = \begin{pmatrix} 0,1 \\ 0,01 \end{pmatrix}$ und lösen das

System mit der rechten Seite $\vec{b} + \vec{\Delta b}$ (zur Erinnerung: In 5.1 haben wir die Fehlerfortpflanzung mit den Fehlerschranken 0,1 für b_1 und 0,01 für b_2 untersucht).

Mit $\vec{b} = \begin{pmatrix} 22,0 \\ 2,15 \end{pmatrix}$ ergibt sich die Lösung $\vec{x} = \begin{pmatrix} 18,55 \\ 3,45 \end{pmatrix}$.

Mit $\vec{b} + \vec{\Delta b} = \begin{pmatrix} 22,1 \\ 2,16 \end{pmatrix}$ ergibt sich $\vec{x} + \vec{\Delta x} = \begin{pmatrix} 18,62 \\ 3,48 \end{pmatrix}$.

Also verursacht $\vec{\Delta b} = \begin{pmatrix} 0,1 \\ 0,01 \end{pmatrix}$ die Änderung $\vec{\Delta x} = \begin{pmatrix} 0,07 \\ 0,03 \end{pmatrix}$.

Damit ist $\dfrac{\|\vec{\Delta b}\|}{\|\vec{b}\|} = \dfrac{0,1}{22,0} \approx 0,0045$ und $\dfrac{\|\vec{\Delta x}\|}{\|\vec{x}\|} = \dfrac{0,07}{18,55} \approx 0,0038$.

Der relative Fehler in $\vec{x}$ ist also nicht größer als in $\vec{b}$. Die Abschätzung (*) ist zwar erfüllt, aber viel zu pessimistisch. Widerspricht das der schlechten Kondition von A?

Nein. Denn (*) ist eine „worst case"-Abschätzung, die für *alle* Fehler $\vec{\Delta b}$ erfüllt sein muß; die Fehlerfortpflanzung wird in vielen Fällen wesentlich geringer ausfallen. Wie erzeugt man einen möglichst großen Fehler in $\vec{x}$? Bei der Intervallrechnung ergab sich der größte Fehler, wenn man b_1 und b_2 *gegenläufig* veränderte:

Mit $\vec{\Delta b} = \begin{pmatrix} 0,1 \\ -0,01 \end{pmatrix}$, also $\vec{b} + \vec{\Delta b} = \begin{pmatrix} 22,1 \\ 2,14 \end{pmatrix}$ ergibt sich $\vec{x} + \vec{\Delta x} = \begin{pmatrix} 19,88 \\ 2,22 \end{pmatrix}$.

Somit verursacht $\vec{\Delta b}$ die Änderung $\vec{\Delta x} = \begin{pmatrix} 1,33 \\ 1,23 \end{pmatrix}$.

(Diese Werte wurden auch bei der Intervallrechnung als Fehlerschranken ermittelt.)

Damit ist $\dfrac{\|\Delta\vec{b}\|}{\|\vec{b}\|} = \dfrac{0,1}{22,0} \approx 0,0045$ wie oben, aber $\dfrac{\|\Delta\vec{x}\|}{\|\vec{x}\|} = \dfrac{1,33}{18,55} \approx 0,072$.

Der relative Fehler in $\vec{x}$ ist ca. 16-mal höher als der relative Fehler in $\vec{b}$. Die Abschätzung

$$\frac{\|\Delta\vec{x}\|}{\|\vec{x}\|} \leq k(A) \cdot \frac{\|\Delta\vec{b}\|}{\|\vec{b}\|}$$

$$0,072 \leq 140 \cdot 0,0045 = 0,63$$

ist zwar erfüllt, aber immer noch zu pessimistisch. (Andererseits muß man zugestehen, dass der

Quotient $\dfrac{\|\Delta\vec{x}\|}{\|\vec{x}\|}$ den großen relativen Fehler von $0,36$ in y nicht erkennt!)

Eine Ursache der schlechten Fehlerabschätzung liegt darin, dass die Zahlenwerte in der zweiten Gleichung eine andere Größenordnung haben als in der ersten, sie sind wesentlich kleiner. Das kann man dadurch beheben, dass man die zweite Gleichung mit 10 multipliziert: Es sei

$$B = \begin{pmatrix} 1 & 1 \\ \frac{10}{10,5} & \frac{10}{9,0} \end{pmatrix} \quad \text{und} \quad \vec{c} = \begin{pmatrix} 22,0 \\ 21,5 \end{pmatrix} \; ;$$

dann hat das System $B\vec{x} = \vec{c}$ natürlich die gleiche Lösung $\vec{x} = \begin{pmatrix} 18,55 \\ 3,45 \end{pmatrix}$.

Mit $\Delta\vec{c} = \begin{pmatrix} 0,1 \\ -0,1 \end{pmatrix}$ ergibt sich wie oben $\Delta\vec{x} = \begin{pmatrix} 1,33 \\ 1,23 \end{pmatrix}$.

Jedoch hat sich die Konditionszahl geändert:

Es ist $B^{-1} = \begin{pmatrix} 7 & -6,3 \\ -6 & 6,3 \end{pmatrix}$, $\|B\| \approx 2,06$, $\|B^{-1}\| = 13,3$, also $k(B) \approx 27,4$.

Damit erhält man $k(B) \cdot \dfrac{\|\Delta\vec{c}\|}{\|\vec{c}\|} = 27,4 \cdot 0,0045 = 0,123$, eine brauchbare Abschätzung für den

Maximalfehler $\dfrac{\|\Delta\vec{x}\|}{\|\vec{x}\|} = 0,072$ (die den großen relativen Fehler in y aber immer noch nicht

erkennt).

Eine Äquivalenzumformung des Gleichungssystems kann also durchaus zu einer anderen Konditionszahl führen; in diesem Sinne kann man $k(A)$ nicht als „absolutes" Maß für die Fehlerempfindlichkeit eines LGS ansehen. Zumindest kann man festhalten: Wenn $k(A)$ klein ist, dann verhält sich das LGS gutartig.

In der Praxis ist die Berechnung der Konditionszahl einer großen Matrix nicht so einfach, weil man im Allgemeinen die inverse Matrix nicht kennt; man kann dann bestenfalls *Abschätzungen* für $\|A^{-1}\|$ und damit für $k(A)$ finden.

Aufgaben:

1. a) Berechnen Sie die Konditionszahl für die Matrix des 2×2-Gleichungssystems aus 5.1 Aufgabe 3. (Die grafische Darstellung sowie die Intervallrechnung ließen ein gutartiges Verhalten dieses Systems erkennen.)

   b) Ebenso für die Matrix des Systems aus 5.1 Aufgabe 1; vergleichen Sie mit dem Textbeispiel.

2. Berechnen Sie $k(A)$ für $A = \begin{pmatrix} 0{,}1 & 10 \\ 10 & 0{,}1 \end{pmatrix}$.

   (Dies ist die Matrix eines Systems, das sich in 5.2 als empfindlich gegen Rundungsfehler herausstellte.) Ändert sich $k(A)$, wenn man die Zeilen vertauscht?

3. a) Zeigen Sie, dass für alle (quadratischen n×n-) Matrizen A gilt: $k(A) \geq 1$.

   b) Ändert sich die Konditionszahl einer Matrix A, wenn man A mit einer reellen Zahl $\alpha \neq 0$ multipliziert?

4. a) Im $\mathbf{R}^2$ ist der Einheitskreis die Menge der Vektoren mit der Euklidischen Norm 1, ebenso die Einheitskugel im $\mathbf{R}^3$.
   Wie sieht der „Einheitskreis" bezüglich der *Maximum-Norm* aus, welche geometrische Gestalt hat die Menge $\{ \vec{x} \in \mathbf{R}^2 \mid \|\vec{x}\|_m = 1 \}$? Wie ist es im $\mathbf{R}^3$?

   b) Beweisen Sie die Dreiecksungleichung für die Maximum-Norm!

5.4   Iterationsverfahren

Das Prinzip zum iterativen Lösen linearer Gleichungssysteme besteht darin, das LGS $A\vec{x} = \vec{b}$ in eine *Fixpunktgleichung* $\vec{x} = \phi(\vec{x})$ mit einer passenden Funktion $\phi : \mathbf{R}^n \to \mathbf{R}^n$ umzuwandeln. Ausgehend von einem Start-Vektor $\vec{x}^{(0)}$ wird dann eine Folge $\vec{x}^{(k)}$ von Vektoren berechnet durch $\vec{x}^{(k+1)} = \phi\left(\vec{x}^{(k)}\right)$, die unter gewissen Voraussetzungen gegen die Lösung konvergiert. (Die Analogie zum Lösen nichtlinearer Gleichungen ist offensichtlich; vgl. Kapitel 3.)

Die zwei geläufigsten Methoden, die sich im übrigen stark ähneln, sind das Jordan-Verfahren und das Gauß-Seidel-Verfahren. Um der Kürze willen werden wir sie jetzt an Hand eines 3×3-Systems diskutieren; sie sind ebenso für beliebige Dimensionen durchführbar.

Das System

$$
\begin{array}{rcl}
a_{11}\, x_1 + a_{12}\, x_2 + a_{13}\, x_3 &=& b_1 \\
a_{21}\, x_1 + a_{22}\, x_2 + a_{23}\, x_3 &=& b_2 \\
a_{31}\, x_1 + a_{32}\, x_2 + a_{33}\, x_3 &=& b_3
\end{array}
$$

sei eindeutig lösbar, und die Diagonal-Elemente a_{ii} seien verschieden von 0 (notfalls kann man dies durch Zeilentausch erreichen).

Die i-te Gleichung wird nun nach x_i aufgelöst, für jedes i :

$$
\begin{array}{rcl}
x_1 &=& (\qquad\quad - a_{12}\, x_2 - a_{13}\, x_3 + b_1)\,/\,a_{11} \\
x_2 &=& (- a_{21}\, x_1 \qquad\quad - a_{23}\, x_3 + b_2)\,/\,a_{22} \\
x_3 &=& (- a_{31}\, x_2 - a_{32}\, x_2 \qquad\quad + b_3)\,/\,a_{33}
\end{array}
$$

Als Startvektor für die Iteration wählt man jetzt $\vec{x}^{(0)} = \vec{0}$ oder, falls bekannt, eine bessere Näherung für die Lösung. Im k-ten Schritt berechnet man dann $\vec{x}^{(k+1)}$ aus $\vec{x}^{(k)}$ wie folgt:

(1) Beim *Jordan-Verfahren* werden die Komponenten $x_i^{(k)}$ von $\vec{x}^{(k)}$ in die rechte Seite des „aufgelösten Systems" eingesetzt:

$$
\begin{array}{rcl}
x_1^{(k+1)} &=& \left(\qquad\quad - a_{12}\, x_2^{(k)} - a_{13}\, x_3^{(k)} + b_1\right)/a_{11} \\
x_2^{(k+1)} &=& \left(- a_{21}\, x_1^{(k)} \qquad\quad - a_{23}\, x_3^{(k)} + b_2\right)/a_{22} \\
x_3^{(k+1)} &=& \left(- a_{31}\, x_1^{(k)} - a_{32}\, x_2^{(k)} \qquad\quad + b_3\right)/a_{33}
\end{array}
$$

Vektorielle Beschreibung:

$$\vec{x}^{(k+1)} = C\,\vec{x}^{(k)} + \vec{d} \quad\text{mit}\quad C = \begin{pmatrix} 0 & -\dfrac{a_{12}}{a_{11}} & -\dfrac{a_{13}}{a_{11}} \\ -\dfrac{a_{21}}{a_{22}} & 0 & -\dfrac{a_{23}}{a_{22}} \\ -\dfrac{a_{31}}{a_{33}} & -\dfrac{a_{32}}{a_{33}} & 0 \end{pmatrix} , \quad \vec{d} = \begin{pmatrix} \dfrac{b_1}{a_{11}} \\ \dfrac{b_2}{a_{22}} \\ \dfrac{b_3}{a_{33}} \end{pmatrix}$$

Die zugehörige Fixpunktgleichung lautet also $\vec{x} = C\,\vec{x} + \vec{d}$.

(2) Beim *Gauß-Seidel-Verfahren* wird $x_1^{(k+1)}$ ebenso berechnet, jedoch wird diese (vermutlich bessere) Näherung für x_1 bereits bei der Berechnung von $x_2^{(k+1)}$ benutzt, analog werden in den folgenden Komponenten die vorher berechneten $x_i^{(k+1)}$ eingesetzt. Im Ganzen:

$$x_1^{(k+1)} = \left(\qquad\qquad -a_{12}\,x_2^{(k)} - a_{13}\,x_3^{(k)} + b_1 \right)/a_{11}$$
$$x_2^{(k+1)} = \left(-a_{21}\,x_1^{(k+1)} \qquad\qquad -a_{23}\,x_3^{(k)} + b_2 \right)/a_{22}$$
$$x_3^{(k+1)} = \left(-a_{31}\,x_1^{(k+1)} - a_{32}\,x_2^{(k+1)} \qquad\qquad + b_3 \right)/a_{33}$$

(Die vektorielle Beschreibung gestaltet sich hier nicht so einfach wie oben, deswegen verzichten wir darauf.)

Erstes Beispiel:

$$\begin{aligned} 7\,x_1 - 2\,x_2 + \ \ x_3 &= \ \ 6 \\ 3\,x_1 - 8\,x_2 + 2\,x_3 &= -7 \\ -2\,x_1 + \ \ x_2 + 5\,x_3 &= 15 \end{aligned}$$

Die Lösungen sind $x_1 = 1$, $x_2 = 2$, $x_3 = 3$. Die folgenden Tabellen wurden mit Excel erstellt.

(1) Jordan-Verfahren

k	$x_1^{(k)}$	$x_2^{(k)}$	$x_3^{(k)}$
0	0	0	0
1	0,85714286	0,875	3
2	0,67857143	1,94642857	3,16785714
3	0,96071429	1,92142857	2,88214286
4	0,99438776	1,95580357	3
5	0,98737245	1,99789541	3,00659439
6	0,99845663	1,99691327	2,9953699
7	0,99977952	1,99826371	3
8	0,99950392	1,99991732	3,00025907
9	0,99993937	1,99987874	2,9998181
10	0,99999134	1,99993179	3

(2) Gauß-Seidel-Verfahren

k	$x_1^{(k)}$	$x_2^{(k)}$	$x_3^{(k)}$
0	0	0	0
1	0,85714286	1,19642857	3,10357143
2	0,75561224	1,93424745	2,91539541
3	0,99329993	1,97633632	3,00205271
4	0,99294571	1,99786782	2,99760472
5	0,99973299	1,99930105	3,00003299
6	0,99979559	1,99993159	2,99993192
7	0,99999018	1,9999793	3,00000021
8	0,99999405	1,99999782	2,99999806
9	0,99999966	1,99999939	2,99999999
10	0,99999983	1,99999993	2,99999994

Beobachtungen:

– In beiden Fällen liegt vermutlich Konvergenz vor, und zwar beim Gauß-Seidel-Verfahren schneller als beim Jordan-Verfahren.

– Das Verhalten der Folgen ist uneinheitlich (i.a. nicht monoton, aber auch nicht oszillierend).

– Merkwürdig: Bei (1) tritt in x_3 schon nach einem einzigen Schritt der exakte Wert 3 auf, der dann aber nicht beibehalten wird, sondern sich nur periodisch nach je 3 Schritten wiederholt; die Folge $x_3^{(k)}$ ist jedoch nicht periodisch. (Allerdings ist das wohl eher ein Ausnahmefall.)

Im Zweidimensionalen kann man die Vorgänge leichter geometrisch veranschaulichen, deswegen nehmen wir als zweites Beispiel ein 2×2-System:

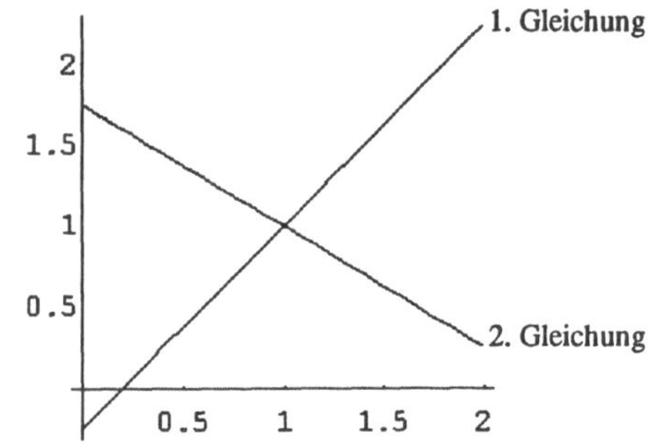

$$5\,x - 4\,y = 1$$
$$3\,x + 4\,y = 7$$

Lösungen: $x = 1$, $y = 1$.

Die Grafik zeigt die zu den Gleichungen gehörenden Geraden in der Ebene.

Die erste Gleichung wird nun nach x , die zweite nach y aufgelöst:

$$x = 0,8\,y + 0,2$$
$$y = -0,75\,x + 1,75$$

Jede Näherung $\vec{x}^{(k)} = \left(x^{(k)}, y^{(k)}\right)$ beschreibt einen Punkt P_k in der Ebene. Startpunkt P_0 ist der Nullpunkt.

(1) *Jordan-Verfahren*:

$$x^{(k+1)} = 0,8\,y^{(k)} + 0,2$$
$$y^{(k+1)} = -0,75\,x^{(k)} + 1,75$$

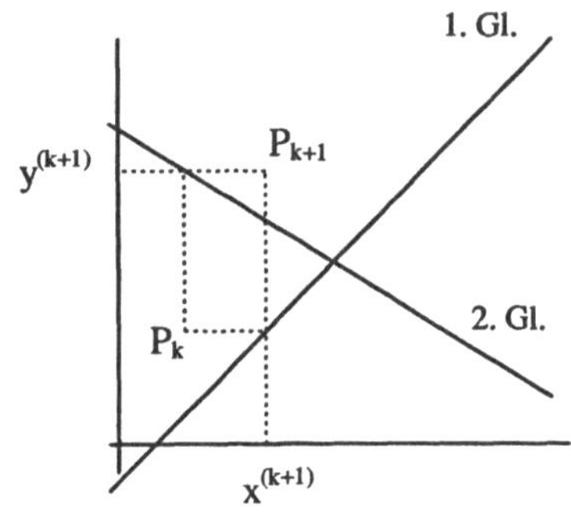

Grafische Interpretation:

Vom Punkt P_k aus gehe

– waagerecht bis zur 1. Geraden, bestimme die x-Koordinate $x^{(k+1)}$,

– senkrecht bis zur 2. Geraden, bestimme die y-Koordinate $y^{(k+1)}$.

Diese beiden Koordinaten definieren P_{k+1} .

(2) *Gauß-Seidel-Verfahren*:

$$x^{(k+1)} = 0,8\,y^{(k)} + 0,2$$
$$y^{(k+1)} = -0,75\,x^{(k+1)} + 1,75$$

Grafische Interpretation:
Vom Punkt P_k aus gehe waagerecht bis zur 1. Ge-
raden, *von da aus* senkrecht bis zur 2. Geraden.
Dieser Punkt ist P_{k+1} .

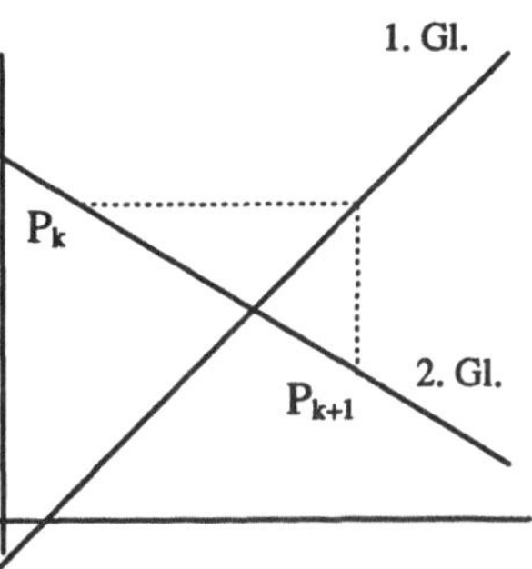

Damit liegen alle Punkte P_k bis auf den Startpunkt
auf der 2. Geraden (die Punkte auf der 1. Geraden
beschreiben jeweils nur ein Zwischen-Stadium, ge-
hören also eigentlich nicht zu den Näherungen P_k).

In beiden Fällen erhält man Spinnweb-Diagramme ähnlich wie bei den Iterationsverfahren in
Kapitel 3 . Die Grafiken zeigen je 12 Iterationsschritte:

(1)

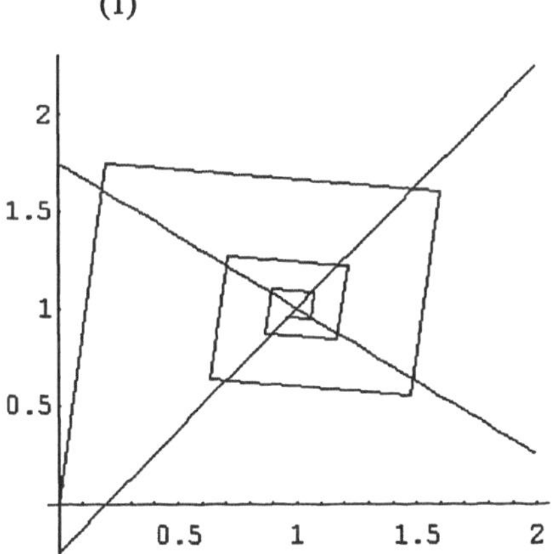

(2)

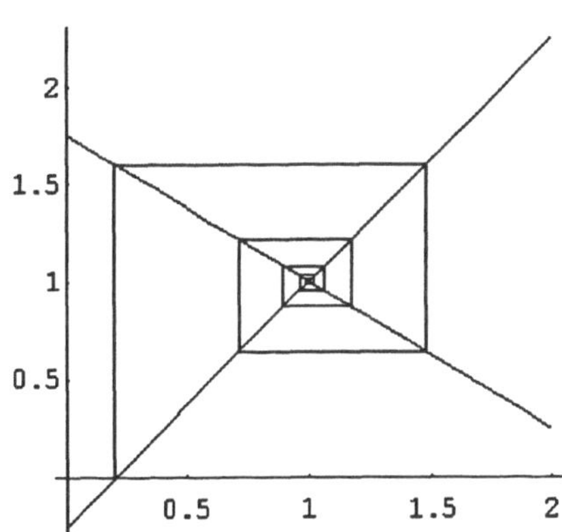

Beide Spiralen laufen auf den Schnittpunkt der Geraden zu, jedoch beim Gauß-Seidel-
Verfahren schneller als beim Jordan-Verfahren.

Grafisch ist das Gauß-Seidel Verfahren zweifellos leichter zu realisieren, denn man läuft ab-
wechselnd zwischen den Geraden hin und her. Übrigens ist der Streckenzug nicht immer spi-
ralförmig, je nach Lage der Geraden (vgl. Aufgabe 2). Außerdem ist noch zu klären, unter welchen Bedingungen die Iteration auf die Lösung zu und nicht von ihr weg läuft (was passiert
z.B., wenn man die Rollen der 1. und 2. Geraden vertauscht?).

Für eine genauere Untersuchung der Konvergenzfrage wählen wie jetzt das Jordan-Verfahren,
weil es sich leichter vektoriell darstellen läßt:

Das LGS $A\,\vec{x} = \vec{b}$ wird wie anfangs beschrieben in die Fixpunktform $\vec{x} = C\,\vec{x} + \vec{d}$ umgewandelt, wobei die Elemente von C und $\vec{d}$ berechnet werden als

$$c_{ij} = -\frac{a_{ij}}{a_{ii}} \ \text{ für } i \neq j \ , \ \ c_{ii} = 0 \ ; \qquad d_i = \frac{b_i}{a_{ii}} \ .$$

Dann ist $\phi : \mathbf{R}^n \to \mathbf{R}^n$ die Iterationsfunktion des Jordan-Verfahrens, und wenn man den Vektorraum $\mathbf{R}^n$ mit einer Norm (vgl. 5.3) zum metrischen Raum macht, so besagt der *Banachsche Fixpunktsatz* (analog zu 3.3; vgl. KÖHNEN für die Verallgemeinerung):

Die Iteration konvergiert, wenn ϕ kontrahierend ist, d.h. wenn es eine Konstante K

mit $0 \leq K < 1$ *gibt, so dass* $\ \|\phi(\vec{x}) - \phi(\vec{y})\| \ \leq \ K \cdot \|\vec{x} - \vec{y}\| \ $ *für alle* $\vec{x}, \vec{y} \in \mathbf{R}^n$.

Nun ist

$$\phi(\vec{x}) - \phi(\vec{y}) \ = \ (C\vec{x} + \vec{d}) - (C\vec{y} + \vec{d}) \ = \ C\vec{x} - C\vec{y} \ = \ C(\vec{x} - \vec{y})$$

und somit, wenn man zu der Vektor-Norm eine passende Matrix-Norm wählt:

$$\|\phi(\vec{x}) - \phi(\vec{y})\| \ = \ \|C(\vec{x} - \vec{y})\| \ \leq \ \|C\| \cdot \|\vec{x} - \vec{y}\|$$

Die Kontraktions-Bedingung ist also mit Sicherheit erfüllt, wenn $\|C\| < 1$.

Wählt man für die Vektoren die *Maximum-Norm*, so ist die zugehörige Matrix-Norm die *Zeilen-Norm* (vgl. 5.3), und dann lautet die Bedingung $\|C\| < 1$:

$$\max_{i=1,\ldots,n} \sum_{j=1}^{n} \left| c_{ij} \right| \ < \ 1$$

$$\Leftrightarrow \ \sum_{j=1}^{n} \left| c_{ij} \right| \ < \ 1 \qquad \text{für alle } i = 1, \ldots, n$$

$$\Leftrightarrow \ \sum_{\substack{j=1 \\ j \neq i}}^{n} \frac{\left| a_{ij} \right|}{\left| a_{ii} \right|} \ < \ 1 \qquad \text{für alle } i = 1, \ldots, n \qquad (\text{beachte } \ c_{ii} = 0 \ )$$

$$\Leftrightarrow \ \sum_{\substack{j=1 \\ j \neq i}}^{n} \left| a_{ij} \right| \ < \ \left| a_{ii} \right| \qquad \text{für alle } i = 1, \ldots, n$$

In Worten: In jeder Zeile der Matrix A ist das Diagonal-Element dem Betrage nach größer als die Betragssumme aller übrigen Elemente der Zeile.

Matrizen, die diese Bedingung erfüllen, heißen *diagonal-dominant*, und damit lautet der Banachsche Fixpunktsatz in diesem Falle:

Für jedes LGS $A\vec{x} = \vec{b}$ *, dessen Matrix* A *diagonal-dominant ist, konvergiert das Jordan-Verfahren gegen die (eindeutig bestimmte) Lösung.*

Bemerkenswert ist, dass in dieser hinreichenden Bedingung die rechte Seite $\vec{b}$ des LGS nicht vorkommt.

Weitere Anmerkungen:

– Bezüglich der Konvergenzgeschwindigkeit des Jordan-Verfahrens ist zu erwarten:
Je kleiner $\|C\|$ ist, desto schneller konvergiert es. Mit anderen Worten: Je „dominanter" die
Diagonale in einem LGS, desto besser. Wenn also in jeder Zeile $|a_{ii}|$ *viel* größer ist als
$\sum_{j \neq i} |a_{ij}|$, so kann das Jordan-Verfahren sinnvoll eingesetzt werden (oder auch das Gauß-
Seidel-Verfahren, denn hierfür gilt Ähnliches).

– Noch einmal: Die Eigenschaft, dass A diagonal-dominant ist, impliziert die Konvergenz
des Jordan-Verfahrens; die Bedingung ist also *hinreichend*, aber *nicht notwendig*. Es gibt
Gleichungssysteme, deren Matrix die Eigenschaft nicht hat, für die das Verfahren aber
trotzdem konvergiert. (Vgl. Aufgabe 2).

– Man könnte auch andere Normen für den $\mathbf{R^n}$ wählen (z.B. die Euklidische Norm); sie führen zu anderen, möglicherweise komplizierteren, hinreichenden Bedingungen für die Konvergenz.

Im Vergleich der beiden Verfahren schneidet Gauß-Seidel nicht immer besser ab. Es gibt LGS,
für die das Jordan-Verfahren konvergiert, das Gauß-Seidel-Verfahren aber nicht (und umgekehrt).

Es gibt noch viele andere Iterationsverfahren, die sich von diesen beiden grundsätzlich unterscheiden. Zum Beispiel wird in REICHEL/ZÖCHLING 1990, 1994 eine Methode diskutiert, die
sich auch für den Einsatz im Unterricht eignet: Die Autoren gehen aus von einem Anwen-
dungsproblem, das auf große, sogar überbestimmte LGS führt, nämlich der Computertomographie. Anhand eines vereinfachten Modells werden Gleichungssysteme spezieller Art aufgestellt, die dann mit einem einfachen, einleuchtenden Verfahren iterativ gelöst werden (u.a. mit
Hilfe eines eigens dafür entwickelten Computerprogramms).

Aufgaben

1. Wie viele wesentliche Operationen werden beim Jordan- oder Gauß-Seidel-Verfahren für
einen Iterationsschritt benötigt? Vergleichen Sie den Aufwand für fünf Schritte mit dem
Aufwand für die Gauß-Elimination in den Fällen $n = 10$ und $n = 100$.

2. Zeichnen Sie zu den folgenden 2×2-Systemen jeweils das zugehörige Geradenpaar in der
Ebene und führen Sie die beiden Iterationsverfahren graphisch durch.

$$\begin{array}{ll} \text{a)} \quad 8x - 4y = 2 & \text{b)} \quad 7x + 4y = 5 \\ \qquad 7x + 5y = 8 & \qquad 5x + 8y = 9 \end{array}$$

c) $8x + 4y = 1$
    $4x + 2y = 7$

d) $8x - 4y = 1$
    $4x + 2y = 7$

(Hinweis zu a: Die Matrix des LGS ist nicht diagonaldominant.) Fällt Ihnen bei dem einen oder anderen Beispiel etwas auf? Können Sie Ihre Beobachtungen verallgemeinern?

3. Lösen Sie das LGS

$$10x - 2y + z = 27$$
$$-x + 20y - z = 36$$
$$2x + y - 50z = -42$$

iterativ mit dem TR. Benutzen Sie ein Iterationsverfahren Ihrer Wahl.

Lösungshinweise zu den Aufgaben

Abschnitt 0.1:

1. So könnte man rechnen (berechnen Sie jeweils auch die exakten Ergebnisse und vergleichen Sie):

a) $3 \cdot 8 \text{ m} = 24 \text{ m}$, aufgerundet 25 m.

b) Mittlerer Durchmesser: $\quad d = \dfrac{1{,}20\text{m}}{\pi} \approx 0{,}40 \text{ m}$

Querschnittsfläche: $\quad F = \pi \dfrac{d^2}{4} \approx 3 \cdot \dfrac{0{,}16}{4} = 0{,}12 \text{ m}^2$

Höhe $h = 15 \text{ m}$; Volumen $V = h \cdot F = 15 \cdot 0{,}12 \text{ m}^3 = 1{,}8 \text{ m}^3$

Als Dichte könnte man z.B. annehmen: $0{,}8 \text{ g/cm}^3 = 0{,}8 \text{ t/m}^3$. Damit ergibt sich eine Masse von ca. $1{,}5 \text{ t}$; das reicht als Schätzwert vollkommen aus, wenn man bedenkt, dass viele andere Unsicherheitsfaktoren beteiligt sind: Was heißt „mittlerer Querschnitt"? Ist es eine Fichte oder eine Eiche? Ist das Holz naß oder trocken?

c) Der Radius sei r; dann ist $V = \dfrac{4\pi}{3} r^3 \approx 4 r^3$, $r \approx \sqrt[3]{\dfrac{V}{4}}$;

mit $V = 1000 \text{ dm}^3$ ist also $r \approx \sqrt[3]{250} \text{ dm} \approx 6 \text{ dm}$, etwas größer (denn $6^3 = 216$). Schätzwert: $r = 62 \text{ cm}$, also Durchmesser ca. $1{,}24 \text{ m}$.

2. a) Radius des Tanks $R = 1 \text{ m}$; Länge $L = 8 \text{ m}$. $V = \pi R^2 L = 8\pi$

Näherungen	V [Liter]	Abweichung ca.
mit der TR-Konstanten	25 132,741	
mit $\pi = 3{,}14$	25 120,000	12,7 Liter weniger
mit $\pi = 3{,}1416$	25 132,800	59 ml mehr

b) Die folgenden Werte benutzen die TR-Konstante von π.

Eine Abweichung von 1 mm im Durchmesser bewirkt eine Abweichung von $0{,}5 \text{ mm}$ im Radius.

R [m]	L [m]	V [Liter]	Abweichung ca.
1,0005	8	25 157,880	+25,14 Liter
1	8,001	25 135,883	+ 3,14 Liter
1,0005	8,001	25 161,025	+28,28 Liter
0,9995	8	25 107,615	−25,13 Liter

Beobachtungen:

- Im ersten Fall (R größer) erhält man eine wesentlich höhere Abweichung als im zweiten Fall (L größer).

- Die Abweichung im 3. Fall (R *und* L größer) ist die Summe der Abweichungen aus den beiden ersten Fällen.

– Bei Vergrößerung und Verkleinerung des Radius um den gleichen Betrag (1. und 4. Fall) ergeben sich ungefähr die *gleichen* Abweichungen, mit umgekehrtem Vorzeichen.

Warum ist das so?

3. Selber machen!

4. a) $3{,}130 \leq \pi \leq 3{,}152$, also $\pi = 3{,}141 \pm 0{,}011$

b) Sucht man die beste Näherung mit 4 Dezimalstellen (einschließlich der Vorkommastelle), so ist $3{,}141$ nicht die günstigste Wahl, denn $3{,}142$ liegt näher an π : Der auf 4 Stellen *gerundete* Wert ist besser als der nach 4 Stellen *abgeschnittene* Dezimalbruch. Der Fehler ist dabei nicht größer als eine halbe Einheit in der letzten Stelle, also hier $0{,}0005$.

Mit der Meßgenauigkeit von $\pm 0{,}5$ mm ergab sich eine Fehlerschranke von $0{,}03$. Um einen Fehler von weniger als $0{,}0005$ zu erzielen, also den Wert um zwei Stellen zu verbessern, müßte man vielleicht die Maße ebenfalls um zwei Stellen genauer, also auf $\frac{1}{100}$ mm genau angeben.

Eine fiktive Messung mit $D = 78{,}12$ mm könnte den Umfang $U = \pi D = 245{,}42$ mm ergeben. Damit erhält man für π

$$\text{maximal} \quad \frac{245{,}425}{78{,}115} = 3{,}141842 \; ,$$

$$\text{minimal} \quad \frac{245{,}415}{78{,}125} = 3{,}141312 \; , \quad \text{also} \quad \pi = 3{,}1416 \pm 0{,}0003$$

(Dass in dieser Angabe die fünfte Stelle von π „richtig" ist, darf nicht falsch gedeutet werden! Denn die Maximal-/Minimalwerte zeigen deutlich: Diese Stelle ist unsicher.)

c) Nimmt man der Einfachheit halber an, dass die Regentonne zehnmal so groß ist wie die Kaffeetasse, also $U = 2450 \pm 0{,}5$ mm und $D = 780 \pm 0{,}5$ mm, dann erhält man für π

$$\text{maximal} \quad \frac{2450{,}5}{779{,}5} = 3{,}143682 \; ,$$

$$\text{minimal} \quad \frac{2449{,}5}{780{,}5} = 3{,}138373 \; , \quad \text{also} \quad \pi = 3{,}141 \pm 0{,}003$$

Die Messung ist um eine Stelle genauer, auch das Ergebnis: Man dürfte den Wert $3{,}14$ als gesichert ansehen.

Abschnitt 0.2:

1. a) Zu (1): Für tan werden verschiedene Halbwinkelformeln angegeben, u. a. diese:

$$\tan\left(\frac{\alpha}{2}\right) = \frac{\sin(\alpha)}{1+\cos(\alpha)}$$

Damit ist:

$$\frac{1}{\tan\left(\dfrac{\alpha}{2}\right)} = \frac{1+\cos(\alpha)}{\sin(\alpha)} = \frac{1}{\sin(\alpha)}+\frac{\cos(\alpha)}{\sin(\alpha)} = \frac{1}{\sin(\alpha)}+\frac{1}{\tan(\alpha)}$$

Zu (2):

$$\sqrt{\frac{1}{\tan(\alpha)^2}+1} = \sqrt{\frac{\cos(\alpha)^2}{\sin(\alpha)^2}+1} = \sqrt{\frac{\cos(\alpha)^2+\sin(\alpha)^2}{\sin(\alpha)^2}} = \sqrt{\frac{1}{\sin(\alpha)^2}} = \frac{1}{\sin(\alpha)}$$

(letzteres gilt für $\sin(\alpha) > 0$, also zumindest für $0° < \alpha < 180°$)

b) Am ökonomischsten geht es mit einem Tabellenprogramm, deswegen wird hier skizziert, wie man eine Excel-Tabelle anlegt:

		A	B	C
Überschriften:	1	alpha	1/tan(alpha)	1/sin(alpha)
Startwerte:	2	30	=WURZEL(3)	2
Rekursionen:	3	=A2/2	=B2+C2	=WURZEL(B3^2+1)

Die Formeln in Zeile 3 werden dann in die folgenden Zeilen kopiert.

2. Zu a): Der Fußpunkt des Lotes von C auf AB sei G. Dann ist

$$\sin(\alpha) = \frac{CG}{CM} = \frac{CG}{r}$$

$$\cos(\alpha) = \frac{MG}{r}$$

Die Dreiecke AF_1D_1 und GCD_1 sind ähnlich, also gilt:

$$\frac{AF_1}{3r} = \frac{CG}{2r+MG} = \frac{r\sin(\alpha)}{2r+r\cos(\alpha)} = \frac{\sin(\alpha)}{2+\cos(\alpha)}$$

$$AF_1 = \frac{3\sin(\alpha)}{2+\cos(\alpha)}\cdot r$$

Zu b): Wir bezeichnen $\angle E_2D_2M$ mit γ. Das Dreieck D_2ME_2 ist gleichschenklig, also ist auch $\angle D_2ME_2 = \gamma$. Zeichnet man die Parallele zu AB durch E_2 als Hilfslinie, so folgt aus dem Winkelsätzen an Pa-

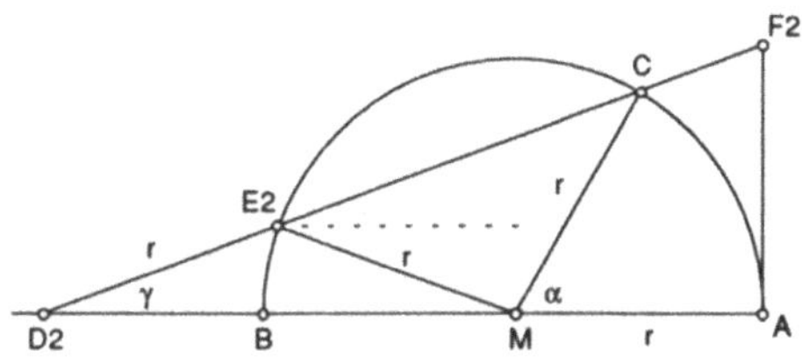

rallelen, dass $\angle CE_2M = 2\gamma$. Das Dreieck CE_2M ist ebenfalls gleichschenklig, also ist auch $\angle E_2CM = 2\gamma$; somit ist $\angle E_2MC = 180° - 4\gamma$, und daraus folgt letztlich:

$$\alpha = 180° - \angle E_2MC - \angle E_2MB = 180° - (180° - 4\gamma) - \gamma = 3\gamma \quad , \text{ also } \gamma = \frac{\alpha}{3} .$$

Nun hat die Basis des gleichschenkligen Dreiecks D_2ME_2 die Länge $D_2M = 2\,r\cos(\gamma)$, also ist $D_2A = 2\,r\cos(\gamma) + r$, und aus

$$\tan(\gamma) = \frac{AF_2}{D_2A}$$

folgt die Behauptung (beachte $\gamma = \frac{\alpha}{3}$):

$$AF_2 = D_2A \cdot \tan(\gamma) = (2\,r\cos(\gamma) + r) \cdot \tan(\gamma) = (2\sin(\gamma) + \tan(\gamma)) \cdot r$$

4. Es ist $AE = \tan(30°) = \dfrac{1}{\sqrt{3}}$.

Fällt man das Lot von E auf BF (der Fußpunkt sei G), so hat man ein rechtwinkliges Dreieck EFG mit den Katheten

$$EG = 2 \;;\; GF = 3 - \frac{1}{\sqrt{3}} .$$

Daraus folgt nach dem Satz des Pythagoras:

$$EF = \sqrt{2^2 - \left(3 - \frac{1}{\sqrt{3}}\right)^2} = \sqrt{\frac{40}{3} - 2\sqrt{3}} = 3{,}14153333871$$

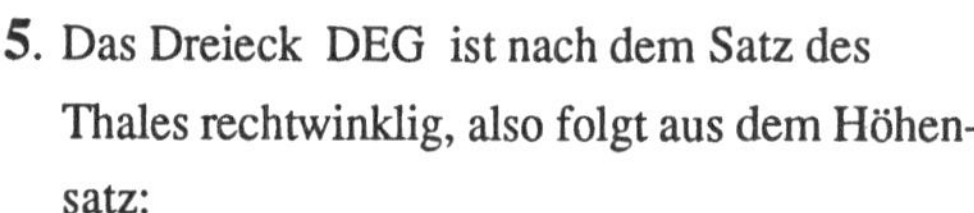

5. Das Dreieck DEG ist nach dem Satz des Thales rechtwinklig, also folgt aus dem Höhensatz:

$$EM^2 = MD \cdot MF = \frac{3}{5} \cdot \frac{1}{2} = 0{,}3$$

Ebenso gilt im Dreieck AHF:

$$MH^2 = AM \cdot MF = 1 \cdot \frac{3}{2} = 1{,}5$$

Somit ist

$$GH = GM + MH = \sqrt{0{,}3} + \sqrt{1{,}5}$$
$$= 1{,}772467...$$
$$\pi \approx GH^2 = 3{,}141640...$$

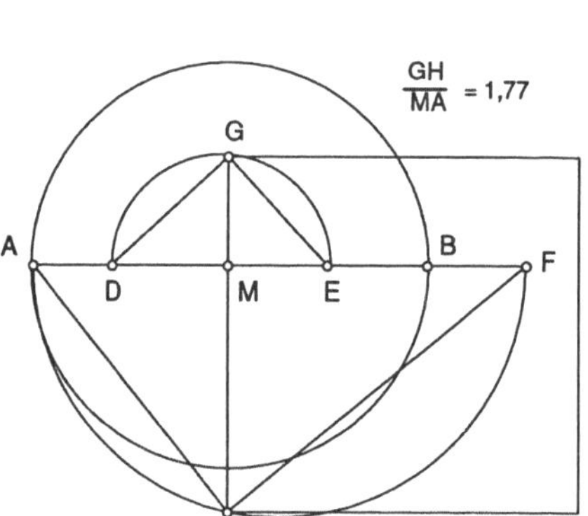

Abschnitt 0.3:

1. Es seien $\alpha = \arctan(\frac{1}{2})$ und $\beta = \arctan(\frac{1}{3})$, dann ist zu zeigen:

$$\alpha + \beta = \frac{\pi}{4}\,, \quad \text{d.h.} \quad \tan(\alpha + \beta) = 1\,.$$

Aus den Additionstheoremen für tan folgt:

$$\tan(\alpha + \beta) = \frac{\tan(\alpha) + \tan(\beta)}{1 - \tan(\alpha)\cdot\tan(\beta)} = \frac{\frac{1}{2} + \frac{1}{3}}{1 - \frac{1}{2}\cdot\frac{1}{3}} = 1$$

2. a) $\quad a_4 = \sqrt{\frac{1}{2} + \frac{1}{2}\sqrt{\frac{1}{2} + \frac{1}{2}\sqrt{\frac{1}{2} + \frac{1}{2}\sqrt{\frac{1}{2}}}}}$

Den zehnten Faktor hinzuschreiben ist offenbar ziemlich sinnlos (dies sollte nur ein kleiner Denkanstoß sein, dass die explizite Darstellung einer Folge nicht immer die beste ist).

b) Im Term für a_3 kann man a_2 wiederfinden:

$$a_3 = \sqrt{\frac{1}{2} + \frac{1}{2}\left(\sqrt{\frac{1}{2} + \frac{1}{2}\sqrt{\frac{1}{2}}}\right)} = \sqrt{\frac{1}{2} + \frac{1}{2}a_2} = \sqrt{\frac{a_2 + 1}{2}}$$

Das gilt entsprechend für die anderen Folgenglieder.

Man kann also a_n beschreiben durch die rekursive Definition

$$a_1 = \sqrt{\frac{1}{2}}\;; \quad a_{n+1} = \sqrt{\frac{a_n + 1}{2}}\;;$$

und mit einem TR, der über eine ANS-Taste (automatischer Ergebnisspeicher) verfügt,

kann man sie einfach berechnen, indem man den Startwert $\sqrt{0{,}5}$ ausrechnet, den Term $\sqrt{((\text{ANS}+1)/2)}$ eintippt und wiederholt ENTER (bzw. =) drückt.

c) Die Folgenglieder sukzessive zu multiplizieren geht zwar auch noch mit einem TR, aber komfortabler mit einem Tabellenprogramm. Hier die Skizze einer Excel-Tabelle:

		A	B	C	D
Überschriften:	1	n	a(n)	p(n)	pi ≈ 2/p(n)
Startwerte:	2	1	=WURZEL(0,5)	=B2	=2/C2
Rekursionen:	3	=A2+1	=WURZEL((B2+1)/2)	=C2*B3	=2/C3

Zeile 3 wird nach unten kopiert. Und hier das Ergebnis:

n	a(n)	p(n)	pi ≈ 2/p(n)
1	0,70710678	0,70710678	2,82842712
2	0,92387953	0,65328148	3,06146746
3	0,98078528	0,64072886	3,12144515
4	0,99518473	0,63764358	3,13654849
5	0,99879546	0,63687551	3,14033116
6	0,99969882	0,63668369	3,14127725
7	0,9999247	0,63663575	3,1415138

3. In der nebenstehenden Tabelle werden die Summanden a(i) sowie die Partialsummen s(i) aufgelistet. Die Stellen von s(i), die mit π übereinstimmen, sind hervorgehoben.

Es sieht so aus, als würde man pro Schritt 1-2 Stellen hinzu gewinnen, insgesamt bei 8 Schritten 12 Stellen, und die Zunahme setzt sich möglicherweise *linear* fort

i	a(i)	s(i)
0	3,13333333	**3,13333333333333**
1	0,00808913	**3,141**42246642247
2	0,00016492	**3,14158**739034658
3	5,0672E-06	**3,14159**245756744
4	1,8789E-07	**3,1415926**4546034
5	7,7678E-09	**3,14159265**322809
6	3,4479E-10	**3,14159265**357288
7	1,6092E-11	**3,141592653**58897
8	7,7957E-13	**3,14159265358975**

(beim Anblick der Tabelle hat man jedenfalls diesen Eindruck). Das würde bedeuten, dass man in 80 Schritten 120 Stellen gewinnt, in 800 Schritten 1200 Stellen usw.; für 100 (1000) Stellen bräuchte man also ca. 70 (ca. 700) Schritte.

Abschnitt 1.1:

1. Hier sind nicht nur allgemeine Argumente, sondern z.T. auch Modellrechnungen angebracht, etwa zu b): Wenn ein kreisrunder See einen Durchmesser von 1 km hat, dann beträgt seine Fläche

$$0,5^2 \cdot \pi = 0,785391634 \text{ km}^2 ;$$

wenn infolge großer Trockenheit der Durchmesser um 1 m sinkt, so beträgt die Fläche

$$0,4995^2 \cdot \pi = 0,7838281525 \text{ km}^2 .$$

Die Angabe $0,785 \text{ km}^2$ wäre also eigentlich schon zu genau.

In c) und d) sind auch finanzielle Aspekte zu berücksichtigen, wenn es um den Wert eines Baugrundstücks bzw. um den Kauf- oder Mietpreis einer Wohnung geht. (Das Finanzamt legt bei der steuerlichen Veranlagung von Immobilien in der Regel relativ strenge Maßstäbe an die Genauigkeit.)

2. a) Anzahl der Weizenkörner:

$$2^0 + 2^1 + 2^2 + ... + 2^{63} = 2^{64} - 1 \approx 16 \cdot 10^{18} , \quad \text{denn } 2^{10} \approx 10^3 .$$

Es fehlt die Angabe, wieviel ein Weizenkorn wiegt. Schätzung: 16 Körner wiegen 1 g. Damit wäre das Gewicht ungefähr 10^{18} g $\approx 10^{12}$ t ; das ist etwa das 1500-fache der Jahresproduktion 1990.

b) Hat die Zahl n 40 Stellen, so hat $\sqrt{n}$ 19 oder 20 Stellen. Es sind also mindestens 10^{19} Divisionen notwendig; bei 1000 Divisionen pro Sekunde macht das 10^{16} Sek. oder

$$\frac{10^{16}}{60 \cdot 60 \cdot 24 \cdot 365} \approx 3 \text{ Milliarden Jahre,}$$

vergleichbar mit dem Alter unseres Sonnensystems.

3. Ob die angegebenen Maße *vor* oder *nach* dem Verputzen gelten, macht bezüglich des *Unterschieds* der Flächen sehr wenig aus, z.B. gilt für das kleine Zimmer:

Bei 2×3m *mit* Putz: Flächen-Unterschied $2{,}02 \cdot 3{,}02 - 2 \cdot 3 \; \text{m}^2 = 0{,}1004 \; \text{m}^2$;

bei 2×3m *ohne* Putz: Flächen-Unterschied $2 \cdot 3 - 1{,}98 \cdot 2{,}98 \; \text{m}^2 = 0{,}996 \; \text{m}^2$.

In beiden Fällen beträgt also der Unterschied absolut ca. $0{,}1 \; \text{m}^2$, relativ ca. $1{,}6\%$.

Bei wachsender Zimmergröße nimmt der absolute Unterschied zu, der relative jedoch ab (s. Tabelle).

Bei einer 4-Zimmer-Wohnung (mit Küche, Diele, Bad!) kann der gesamte Unterschied $1 \; \text{m}^2$ oder mehr ausmachen, also ein nicht unerheblicher Betrag.

Größe	Flächen-Unterschied	
	absolut	relativ
2×3 m	$0{,}10 \; \text{m}^2$	1,6 %
3×4 m	$0{,}14 \; \text{m}^2$	1,2 %
5×7 m	$0{,}24 \; \text{m}^2$	0,7 %

4.

Näherung	absoluter Fehler	relativer Fehler	sign. Stellen
22/7 $= 3{,}142857...$	0,00126	$4{,}0 \cdot 10^{-4}$	3
333/106 $= 3{,}141509...$	$-8{,}3 \cdot 10^{-5}$	$-2{,}6 \cdot 10^{-5}$	4
355/113 $= 3{,}14159292...$	$2{,}7 \cdot 10^{-7}$	$8{,}5 \cdot 10^{-8}$	7
3,14	$-0{,}0016$	$-5{,}1 \cdot 10^{-4}$	3
3,1416	$7{,}3 \cdot 10^{-6}$	$2{,}3 \cdot 10^{-6}$	5

Abschnitt 1.2:

1. a) Querschnittsfläche des Metalls: $Q = \dfrac{\pi}{4} \left(d_a{}^2 - d_i{}^2 \right)$

$$\text{maximal: } Q_{max} = \frac{\pi}{4} \left(22{,}1^2 - 20{,}2^2 \right) = 63{,}122 \; \text{mm}^2$$

$$\text{minimal: } Q_{min} = \frac{\pi}{4} \left(21{,}9^2 - 20{,}4^2 \right) = 49{,}834 \; \text{mm}^2$$

Volumen: $V = L \cdot Q$; $\quad V_{max} = 305{,}5 \cdot 63{,}1 = 19277 \; \text{mm}^3 \approx 19{,}3 \; \text{cm}^3$

$\qquad\qquad\qquad\qquad\qquad V_{min} = 304{,}5 \cdot 49{,}8 = 15164 \; \text{mm}^3 \approx 15{,}2 \; \text{cm}^3$

Dichte: $D = \dfrac{M}{V}$; $\quad D_{max} = \dfrac{50{,}5}{15{,}2} = 3{,}32 \; \text{g/cm}^3$

$\qquad\qquad\qquad\qquad\qquad D_{min} = \dfrac{49{,}5}{19{,}3} = 2{,}56 \; \text{g/cm}^3$

Daraus resultiert $D = 2{,}94 \pm 0{,}38 \; \text{g/cm}^3$. (Tabelliert ist $D = 2{,}7 \; \text{g/cm}^3$ für Aluminium; dieser Wert liegt also innerhalb der obigen Schranken.)

b) Die Tabelle zeigt die relativen Fehlerschranken der Messwerte und des Ergebnisses. Es fällt auf, daß die Dichte im Vergleich zu den Messwerten einen sehr großen Fehler hat. Die Ursachen dieses Phänomens werden in Abschnitt 1.5 aufgeklärt.

Außendurchmesser	0,45 %
Innendurchmesser	0,5 %
Länge	0,16 %
Masse	1,0 %
Dichte	12,9 %

2. Volumen der Vollkugel: $V_K = \dfrac{4\pi}{3} r^3 = \dfrac{\pi}{6} D^3$ mit $D = 44{,}0 \pm 0{,}5$ mm

$$V_{K,\,max} = 46140 \text{ mm}^3 = 46{,}14 \text{ cm}^3 \;\; ; \;\; V_{K,\,min} = 43099 \text{ mm}^3 = 43{,}10 \text{ cm}^3$$

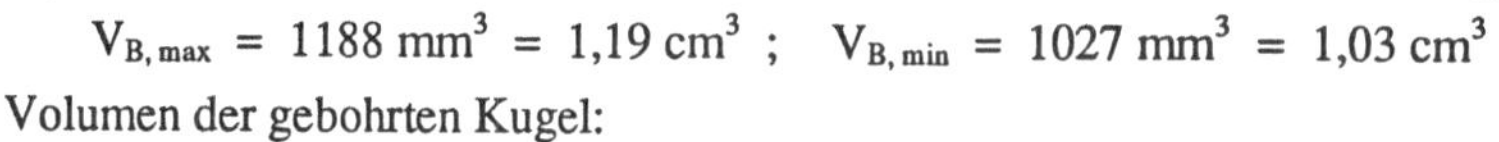

Die Bohrung ist zwar kein exakter Zylinder (s. Skizze), trotzdem darf man sie ohne großen Fehler als zylindrisch annehmen,
denn die Rechnung würde sonst unnötig kompliziert (manchmal

muß man etwas schlampig sein ...). Aus $V_B = \pi r^2 h = \dfrac{\pi}{4} d^2 h$

ergibt sich mit $d = 8{,}0 \pm 0{,}2$ mm, $h = 22{,}0 \pm 0{,}5$ mm:

$$V_{B,\,max} = 1188 \text{ mm}^3 = 1{,}19 \text{ cm}^3 \;\; ; \;\; V_{B,\,min} = 1027 \text{ mm}^3 = 1{,}03 \text{ cm}^3$$

Volumen der gebohrten Kugel:

$$V_{max} = V_{K,\,max} - V_{B,\,min} = 45{,}11 \text{ cm}^3 \;\; ; \;\; V_{min} = V_{K,\,min} - V_{B,\,max} = 41{,}91 \text{ cm}^3$$

Mit $M = 34{,}0 \pm 0{,}5$ g ergibt sich analog zu Aufg. 1 eine Dichte von $0{,}783 \pm 0{,}040$ g/cm^3 .
Das stimmt recht gut mit Tabellenwerten überein. Die relative Fehlerschranke liegt hier bei
ca. 5%, ist also längst nicht so groß wie beim Aluminiumrohr aus Aufg. 1.

*Die Zahlen in Aufg. 1 und 2 sind übrigens nicht fingiert, sondern das Rohr und die Kugel
existieren wirklich. Man kann somit eine Fülle weiterer Aufgaben konstruieren, indem man
ähnliche Messungen durchführt und sinnvolle Fehlerschranken festlegt. Das geht natürlich
auch in anderen Kontexten, vgl. die nächsten Aufgaben.*

3. a) $H = \tfrac{1}{2} g t^2$ mit $t = 2{,}6 \pm 0{,}1$ s , $g = 9{,}81$ ms^{-2} :

$\qquad H_{max} = 0{,}5 \cdot 9{,}815 \cdot 2{,}7^2 = 35{,}776 \text{ m} \approx 35{,}8 \text{ m}$;

$\qquad H_{min} = 0{,}5 \cdot 9{,}805 \cdot 2{,}52 = 30{,}641 \text{ m} \approx 30{,}6 \text{ m}$;

$\qquad$ also $H = 33{,}2 \pm 2{,}6$ m .

*Eine längst fällige Anmerkung zur Rundung: Die Höhe auf mm genau anzugeben, ist si-
cherlich übertrieben. Da man aber zunächst die Fehlerschranke noch nicht kennt, macht es
Sinn, vorsichtshalber einige Stellen mehr als unbedingt nötig anzugeben, um dann anschließend auf eine sinnvolle Genauigkeit zu runden; dabei sollte man hier möglichst die
untere Schranke ab- und die obere Schranke aufrunden.*
Als Endergebnis wäre sogar vertretbar: H = 33 ± 3 m .

b) Ein Versuch mit der Fehlerschranke $\varepsilon_t = 0{,}01$ s ergibt:

$\qquad H_{max} = 33{,}43 \text{ m}$; $H_{min} = 32{,}89 \text{ m}$; also $H = 33{,}16 \pm 0{,}27$ m .

Das ist sogar etwas mehr als die geforderte Genauigkeit. Die Fehlerschranke von H
scheint ungefähr proportional zur Fehlerschranke von t zu sein, also ist vermutlich eine
Genauigkeit der Zeitmessung von $\pm 0{,}02$ s nicht ganz ausreichend.

c) Die Schallgeschwindigkeit beträgt etwa 333 m/s , also ist bei $H = 33$ m die Laufzeit des Schalls ungefähr $0,1$ s . Zieht man diese Zeit von der gemessenen Zeit ab, so ergibt sich mit $t = 2,5 \pm 0,1$ s der Wert $H = 30,7 \pm 2,5$ m . Das ist natürlich wieder eine Näherung, denn bei $H = 30$ m beträgt die Laufzeit des Schalls eigentlich nur $0,09$ s , also $0,01$ s weniger. Bei einer Fehlerschranke von $0,1$ s fällt das aber nicht sehr ins Gewicht.

4. Geschwindigkeiten in km/h :

	v_{max}	v_{min}	v
1. Etappe	49,74	48,67	$49,20 \pm 0,54$
2. Etappe	54,34	53,66	$54,0 \pm 0,34$
Gesamtstrecke	52,61	51,79	$52,2 \pm 0,41$

Da bei der Gesamtstrecke die Zeiten und Wege addiert werden, sind hier auch die Fehlerschranken für s und t zu addieren!

5. Aus $x_1 = -\dfrac{p}{2} + \sqrt{\dfrac{p^2}{4} - q}$ ergibt sich mit $p = -10 \pm 0,1$ und $q = 3 \pm 0,3$:

$$x_{1,\,max} = \frac{10,1}{2} + \sqrt{\frac{10,1^2}{4} - 2,7} = 9,825 \;\; ; \;\; x_{1,\,min} = \frac{9,9}{2} + \sqrt{\frac{9,9^2}{4} - 3,3} = 9,555$$

$$x_1 = 9,69 \pm 0,135$$

Und $x_2 = -\dfrac{p}{2} - \sqrt{\dfrac{p^2}{4} - q}$ liefert:

$$x_{2,\,max} = \frac{10,1}{2} - \sqrt{\frac{10,1^2}{4} - 3,3} = 0,3381 \;\; ; \;\; x_{2,\,min} = \frac{9,9}{2} - \sqrt{\frac{9,9^2}{4} - 2,7} = 0,2807$$

$$x_2 = 0,309 \pm 0,029$$

(Welche Werte von p und q hier einzusetzen sind, um die Grenzen des x_2-Intervalls zu erhalten, ist nicht ganz selbstverständlich; notfalls muß man verschiedene Kombinationen der Grenzen für p und q ausprobieren.)

Die absolute Fehlerschranke ist bei x_1 deutlich größer als bei x_2 . Betrachtet man allerdings die *relativen* Fehlerschranken, so zeigt sich ein anderes Verhältnis: Bei x_1 beträgt sie $1,4$ % , bei x_2 jedoch $9,3$ % . Vergleicht man dies mit den relativen Fehlern der Eingabedaten (1 % bei p und 10 % bei q), so gilt offenbar: Für x_1 spielt der große Fehler in q keine Rolle, für x_2 ist er allerdings entscheidend. (Mehr dazu in Abschnitt 1.6.)

Abschnitt 1.3:

1. a) $x_1 = 6 + \sqrt{35} = 6 + 5,92 = 11,9$

$$x_2 = 6 - \sqrt{35} = 6 - 5,92 = 0,0800 \text{ , bzw. } x_2 = \frac{q}{x_1} = \frac{1}{11,9} = 0,0840$$

(TR-Werte: $x_1 = 11{,}9160797831$; $x_2 = 0{,}0839202169$)

b) $x_1 = 13 + \sqrt{168} = 13 + 13{,}0 = 26{,}0$

$x_2 = 13 - \sqrt{168} = 13 - 13{,}0 = 0$, bzw. $x_2 = \dfrac{q}{x_1} = \dfrac{1}{26{,}0} = 0{,}0385$

(TR-Werte: $x_1 = 25{,}9614813968$; $x_2 = 0{,}038518603185$)

Die pq-Formel für x_2 ergibt in a) eine wesentlich ungenauere und in b) sogar eine unbrauchbare Lösung.

c) Für x_1 berechnet vermutlich jeder TR den Wert -6543210 , denn $\dfrac{p^2}{4}$ ist so groß, daß die Subtraktion von $q = 2$ im Radikanden nicht mehr berücksichtigt wird. Bei x_2 mit der pq-Formel gibt es aber Unterschiede, z.B. liefert der TI-82 den Wert $-4 \cdot 10^{-7}$, der TI-92 dagegen $-3 \cdot 10^{-7}$; ein TR mit weniger als 14 Stellen Rechengenauigkeit ergibt 0 .

Mit Vieta erhält man dagegen: $x_2 = \dfrac{2}{6543210} = 3{,}0566037166 \cdot 10^{-7}$.

d) Relative Fehler bei 3-stelliger Rechnung:

	x_1	x_2 mit pq-F.	x_2 mit Vieta
zu a)	$-0{,}00135$	$0{,}047$	$0{,}00095$
zu b)	$0{,}0015$	-1	$-0{,}0005$

Bei x_1 und bei x_2 mit Vieta liegen die Fehler unterhalb des maximalen Rundungsfehlers, also sind die Ergebnisse brauchbar. Bei x_2 mit pq-Formel ist das nicht der Fall.

Anmerkung: Wenn man ein Programm zur Lösung quadratischer Gleichungen schreibt, so muss man Fälle wie in c) berücksichtigen; es ist dabei günstiger, die betragsgrößte Lösung mit der pq-Formel und die andere mit Vieta zu berechnen.

2. a) $y = \ln(x - \sqrt{x^2 - 1})$ mit 4-stelliger Rechnung:

x	x^2-1	$\sqrt{x^2-1}$	$x-\sqrt{x^2-1}$	y	y exakt	sign. St.
10	99	9,950	0,05000	$-2{,}996$	$-2{,}993228\ldots$	3
20	399	19,97	0,03000	$-3{,}507$	$-3{,}688253\ldots$	1
30	899	29,98	0,02000	$-3{,}912$	$-4{,}094066\ldots$	1

b) $x - \sqrt{x^2-1} = \dfrac{\left(x + \sqrt{x^2-1}\right)\left(x - \sqrt{x^2-1}\right)}{x + \sqrt{x^2-1}} = \dfrac{1}{x + \sqrt{x^2-1}}$

$$y = \ln(x - \sqrt{x^2-1}) = \ln\left(\dfrac{1}{x + \sqrt{x^2-1}}\right) = -\ln\left(x + \sqrt{x^2-1}\right)$$

x	x^2-1	$\sqrt{x^2-1}$	$x+\sqrt{x^2-1}$	$-\ln(...)$	y exakt	sign. St.
10	99	9,950	19,95	−2,993	−2,993228...	4
20	399	19,97	39,97	−3,688	−3,688253...	4
30	899	29,98	59,98	−4,094	−4,094066...	4

3. Die Äquivalenz der Terme zeigt man durch Ausmultiplizieren der Potenzen bzw. passendes Erweitern. Der TR-Wert ($\sqrt{2}$ mit voller Stellenzahl) ist $0,0050506339$.

Näherungen mit $\sqrt{2} \approx 1,4$: s. Tabelle
Der relative Fehler in der Näherung $1,4$ für
$\sqrt{2}$ beträgt übrigens ca. 1%.
Auffällig ist: In den Termen (1) - (4) wird der
Fehler durch die algebraischen Umformungen
noch wesentlich verschlimmert, während er in
den folgenden Termen abnimmt und in (8) sogar
geringer ist als ursprünglich bei $\sqrt{2}$.

Term	Wert	rel. Fehler
(1)	0,004096	−19 %
(2)	0,008	58 %
(3)	0	100 %
(4)	1	20000 %
(5)	0,0052327809	3,6 %
(6)	0,0051252614	1,5 %
(7)	0,0051020408	1,0 %
(8)	0,0050761421	0,5 %

Abschnitt 1.4

1. a) Tabelle für die absoluten Fehlerschranken:

Aus der Abschätzung für den 5. Schritt

$$\frac{u_{192}}{2} = 3,14145... < \pi < 3,14187... = \frac{U_{192}}{2}$$

Schritt	$U_n/2 - u_n/2$
5	$4,2 \cdot 10^{-4}$
10	$4,1 \cdot 10^{-7}$
15	$4,0 \cdot 10^{-10}$

folgt übrigens, dass mindestens die ersten vier Stellen (einschließlich der 3) für π signifikant sind, ebenso 7 Stellen im 10. und 10 Stellen im 15. Schritt. Es sieht so aus, als wenn jeweils fünf Iterationsschritte drei weitere Dezimalstellen von π bringen, so dass nach 50 Schritten π auf 31 Stellen genau bestimmt sein müsste. (Im Jahre 1615 berechnete van Ceulen 32 Nachkommastellen mit dieser Methode.)

b) Übereinstimmende Stellen: 3 (6 ; 9) nach 4 (8 ; 13) Schritten.

Genau 12 übereinstimmende Stellen kommen übrigens nicht vor (11 Stellen nach 20, aber 13 Stellen nach 21 Schritten).

Abschnitt 1.5

1. Zu Aufgabe 1.2.3:

a) Mit den Mittelwerten $t = 2,6$ und $g = 9,81$ ist $s = 33,16\,\mathrm{m}$.

Relative Fehlerschranke   für t : $\rho_t = 0,1 / 2,6 = 0,038$;

für g : $\rho_g = 0,005 / 9,81 = 0,00051$.

In dem Produkt $s = \frac{1}{2}\,g \cdot t \cdot t$ addieren sich die relativen Fehlerschranken, also ist

$\rho_s = \rho_g + 2\,\rho_t = 0{,}0765$. Die absolute Fehlerschranke für s ist daher

$\varepsilon_s = s \cdot \rho_s = 33{,}16 \cdot 0{,}0765 = 2{,}54\,m$. Das stimmt mit der Fehlerschranke aus der Intervallrechnung gut überein.

b) Für eine vorgegebene *absolute* Fehlerschranke von $\varepsilon_s = 0{,}5\,m$ muss gelten:

$\rho_s = \varepsilon_s / s = 0{,}5 / 33{,}16 = 0{,}015$. Aus $\rho_g + 2\,\rho_t = \rho_s$ folgt:

$$0{,}00051 + 2\,\rho_t = 0{,}015$$
$$2\,\rho_t \approx 0{,}014 \qquad \text{(vorsichtshalber } abgerundet)$$
$$\rho_t \approx 0{,}007$$

Also $\varepsilon_t = t \cdot \rho_t = 2{,}6 \cdot 0{,}007 = 0{,}018$. Eine Genauigkeit von $\pm 0{,}02$ Sek. ist also nicht ganz ausreichend.

Zu Aufgabe 1.2.4: Aus $v = \dfrac{s}{t}$ folgt $\rho_v = \rho_s + \rho_t$. Für die absoluten Fehlerschranken

von v gilt $\varepsilon_v = v \cdot \rho_v$. Zahlenwerte:

	Relative Fehlerschranken für:				
	Weg s	Zeit t	Geschw. v	v km/h	ε_v
1. Etappe	0,0041	0,0068	0,011	49,2	0,54
2. Etappe	0,0022	0,0041	0,0063	54,0	0,34
Gesamt	0,0029	0,0049	0,0078	52,2	0,41

Beachten Sie: Bei der Gesamtstrecke sind die absoluten Fehlerschranken ± 1 km für s bzw. ± 2 min für t zu verwenden.

2. b)
$$\left| (1-x) - \frac{1}{1+x} \right| = \left| \frac{(1-x)(1+x)}{1+x} - \frac{1}{1+x} \right| = \left| \frac{1-x^2}{1+x} - \frac{1}{1+x} \right|$$
$$= \left| \frac{-x^2}{1+x} \right| = \frac{x^2}{1+x} < 2x^2$$

Die letzte Ungleichung gilt, weil der Nenner größer als $\tfrac{1}{2}$ ist (wegen $|x| < \tfrac{1}{2}$).

3. Es ist $g = \dfrac{2s}{t^2}$. Mit $s = 0{,}85\,m$, $t = 0{,}42$ sek ergibt sich $g = 9{,}64\,m/\text{sek}^2$.

Relative Fehlerschranken: $\rho_s = 0{,}005 / 0{,}85 = 0{,}0059$
$$\rho_t = 0{,}01 / 0{,}42 = 0{,}024$$

Damit wird $\rho_g = \rho_s + 2\,\rho_t = 0{,}054$ und $\varepsilon_g = g \cdot \rho_g = 9{,}64 \cdot 0{,}054 = 0{,}52$.

Also lautet das Versuchsergebnis: $g = 9{,}64 \pm 0{,}52\,m/\text{sek}^2$.

Die relative Fehlerschranke von g beträgt ca. $5{,}4\,\%$, davon stammen 4,8 Prozentpunkte von s , nur 0,6 von t ; d.h. die Zeitmessung leistet einen Beitrag zum Gesamtfehler, der achtmal so groß ist wie von der Wegmessung. Will man also den Gesamtfehler verringern, so sollte man die Zeitmessung verbessern.

Abschnitt 1.6:

1. a) $y = f(x) = x\sqrt{x^2+5}$; $f'(x) = \dfrac{2x^2+5}{\sqrt{x^2+5}}$

x	f(x)	f'(x)	$\dfrac{x\,f'(x)}{f(x)}$
1	2,45	2,86	1,17
10	102,5	20,01	1,95

Bei $x = 10$ wächst der absolute Fehler um den Faktor 20, der relative Fehler wird jedoch nur etwa verdoppelt.

b) $y = f(x) = \exp(-x^2)$; $f'(x) = -2x\,\exp(-x^2)$

x	f(x)	f'(x)	$\dfrac{x\,f'(x)}{f(x)}$
1	0,368	–0,736	–2
3	$1,23\cdot 10^{-4}$	$-7,41\cdot 10^{-4}$	–18

Bei $x = 3$ wird (abgesehen vom Vorzeichen) der *absolute* Fehler stark verkleinert, nämlich auf ca. $\frac{1}{1000}$ des Fehlers in x ; der *relative* Fehler wird aber stark vergrößert, nämlich beinahe auf das 20-fache.

c) $y = f(x) = x^3 - 3x + 5$; $f'(x) = 3x^2 - 3$

x	f(x)	f'(x)	$\dfrac{x\,f'(x)}{f(x)}$
1	3	0	0
10	975	297	3,05

Bei $x = 1$ ist $f'(x) = 0$; das bedeutet nicht etwa, dass der Fehler aufgehoben wird, sondern dass dieses Verfahren hier nicht anwendbar ist.

2. $h = s\,\tan(\alpha)$

Mit $\dfrac{\partial h}{\partial s} = \tan(\alpha)$, $\dfrac{\partial h}{\partial \alpha} = s\cdot(1 + \tan(\alpha)^2)$ ist

$$\Delta h \approx \tan(\alpha)\cdot\Delta s + s\cdot(1 + \tan(\alpha)^2)\cdot\Delta\alpha$$

Die Fehlerschranke für α muss ins Bogenmaß umgerechnet werden:

$|\Delta\alpha| \le 0,5°$ $\Leftrightarrow$ $|\Delta\alpha| \le 0,5\cdot\pi\,/\,180 = 0,00873$ im Bogenmaß

(Mit welchem Winkelmaß der Tangens berechnet wird, ist egal.)

a) $\alpha = 55°$; $s = 210\,m$ $\Rightarrow$ $h = 210\cdot\tan(55°) = 300\,m$

$|\Delta h| \le \tan(55°)\cdot 2 + 210\cdot(1 + \tan(55°)^2)\cdot 0,00873 = 2,86 + 5,57 = 8,43$

b) $\alpha = 32°$; $s = 480\,m$ $\Rightarrow$ $h = 480\cdot\tan(32°) = 300\,m$

$|\Delta h| \le \tan(32°)\cdot 2 + 480\cdot(1 + \tan(32°)^2)\cdot 0,00873 = 1,25 + 5,83 = 7,08$

Der Einfluss der Winkelmessung auf den Gesamtfehler ist in beiden Fällen (absolut) etwa gleich groß, während der Einfluss der Entfernungsmessung mit wachsender Entfernung abnimmt.

Durch genauere Analyse der Fehlerformel könnte man die unterschiedlichen Auswirkungen der Messfehler noch präzisieren.

Frage: Wie hängen die einzelnen Fehler von der Entfernung s ab?

Die zu messende Höhe ist eine feste Größe (300m), also ist $h = s\cdot\tan(\alpha) = 300$ und somit

$$\tan(\alpha) = \frac{h}{s} = \frac{300}{s}$$

Der Beitrag der s-Messung beträgt also (bei fester Fehlerschranke für s , $\varepsilon_s = 2$):

$$\varepsilon_1 = \tan(\alpha) \cdot \varepsilon_s = \frac{300}{s} \cdot 2 = \frac{600}{s}$$

Man sieht sofort, dass ε_1 mit wachsendem s abnimmt.

Der Beitrag der α-Messung beträgt (mit festem $\varepsilon_\alpha = 0{,}00837$):

$$\varepsilon_2 = s \cdot (1 + \tan(\alpha)^2) \cdot \varepsilon_\alpha = s \cdot (1 + \frac{h^2}{s^2}) \cdot \varepsilon_\alpha = (s + \frac{300^2}{s}) \cdot 0{,}00837$$

Diese Funktion ist minimal bei $s = 300$, also
$\alpha = 45°$ (vgl. den Graphen; auch durch Differen-
zieren leicht zu bestätigen).

Es zeigt sich, dass die gesamte Fehlerschranke
$\varepsilon = \varepsilon_1 + \varepsilon_2$ ungefähr bei $s = 400$ ein Minimum
hat, d.h. in dieser Entfernung könnte man am be-
sten messen. (Das gilt natürlich nur unter der
Voraussetzung konstanter Fehlerschranken für s
und α, also allenfalls in einem begrenzten Bereich.)

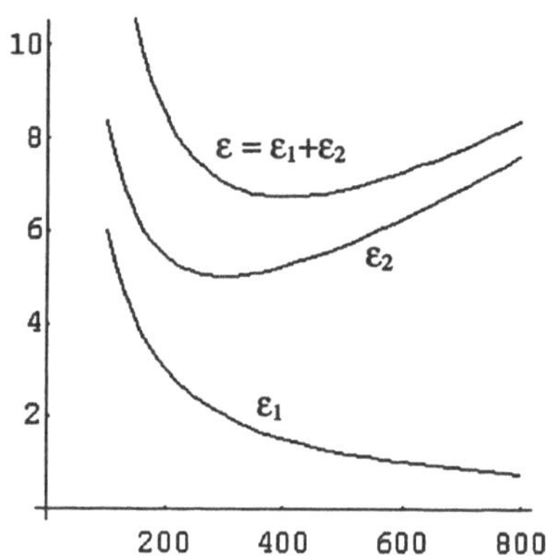

3.
$$x_1 = f(p,q) = -\frac{p}{2} + \sqrt{\frac{p^2}{4} - q}$$

$$\frac{\partial f}{\partial p} = -\frac{1}{2} + \frac{p}{2\sqrt{p^2 - 4q}} \quad ; \quad \frac{\partial f}{\partial q} = -\frac{1}{\sqrt{p^2 - 4q}}$$

$$|\Delta x_1| \leq \left| -\frac{1}{2} + \frac{p}{2\sqrt{p^2 - 4q}} \right| \varepsilon_p + \frac{1}{\sqrt{p^2 - 4q}} \varepsilon_q$$

Mit $p = -10$, $\varepsilon_p = 0{,}1$ und $q = 3$, $\varepsilon_q = 0{,}3$ ergibt sich $x_1 = 9{,}6904$ und
$$|\Delta x_1| \leq 0{,}1033 + 0{,}0320 = 0{,}1353 \,;$$
diese Fehlerschranke stammt zu $76\,\%$ von p und zu $24\,\%$ von q. Ein großer Fehler in
q spielt hier also keine große Rolle.

Die relative Fehlerschranke ist: $0{,}1353 \,/\, 9{,}6904 = 0{,}0129 \approx 1{,}3\,\%$

Für $x_2 = -\dfrac{p}{2} - \sqrt{\dfrac{p^2}{4} - q}$ gilt analog:

$$|\Delta x_2| \leq \left| -\frac{1}{2} - \frac{p}{2\sqrt{p^2 - 4q}} \right| \varepsilon_p + \frac{1}{\sqrt{p^2 - 4q}} \varepsilon_q$$

Einsetzen der Zahlenwerte ergibt $x_2 = 0{,}3096$ und
$$|\Delta x_2| \leq 0{,}0033 + 0{,}0320 = 0{,}0353 \,;$$
diese Fehlerschranke stammt nur noch zu $9\,\%$ von p, aber jetzt zu $91\,\%$ von q.
Die relative Fehlerschranke beträgt $0{,}0353 \,/\, 0{,}3096 = 0{,}1140 \approx 11\,\%$.

4. a) T ist der Berührpunkt des Lichtstrahls FL mit
der Erdoberfläche; der Radius MT steht senkrecht auf FL. Im rechtwinkligen Dreieck MTL
gilt dann nach Pythagoras:

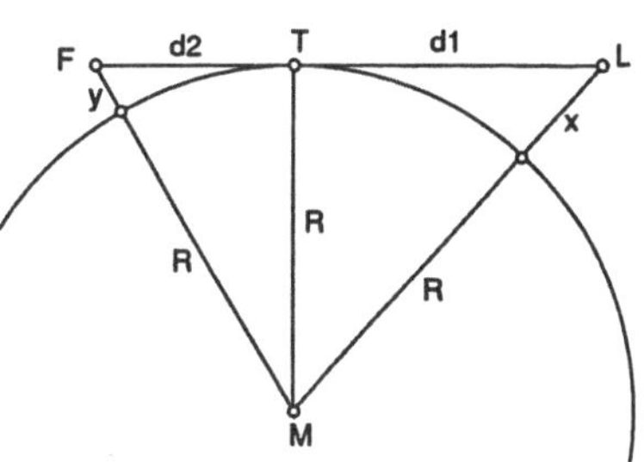

$$(R + x)^2 = R^2 + d_1^2$$

Auflösen nach d_1 ergibt:

$$d_1 = \sqrt{(2R + x)x}$$

Nun ist x sehr klein gegenüber dem Erdradius,

also ist $2R + x \approx 2R$ mit einem Fehler, den man vernachlässigen kann (auf einem 8-
stelligen TR würde er sich erst in der letzten Stelle auswirken). Also ist

$$d_1 = \sqrt{2R\,x}$$

Mit den gleichen Überlegungen im Dreieck MTF folgt $d_2 = \sqrt{2R\,y}$ und damit:

$$d = d_1 + d_2 = \sqrt{2R\,x} + \sqrt{2R\,y} = \sqrt{2R}\,(\sqrt{x} + \sqrt{y})$$

Auflösen dieser Gleichung nach R liefert die behauptete Formel für R.

*Die Näherung $2R+x \approx 2R$ ist ein Musterbeispiel dafür, dass die Beachtung der Grö-
ßenverhältnisse einen wesentlichen Beitrag zur Problemlösung leisten kann. Eine algebraische Auflösung ohne diese Vereinfachung wäre erheblich schwieriger.*

Setzt man $x = 49\,\text{m}$, $y = 9\,\text{m}$ und $d = 35,7\,\text{km}$ ein, so erhält man $R = 6372,45\,\text{km}$.

b) $$R = f(d, x, y) = \frac{d^2}{2(\sqrt{x} + \sqrt{y})^2}$$

$$\frac{\partial f}{\partial d} = \frac{d}{(\sqrt{x} + \sqrt{y})^2} \quad ; \quad \frac{\partial f}{\partial x} = \frac{-d^2}{2\sqrt{x}(\sqrt{x} + \sqrt{y})^3} \quad ; \quad \frac{\partial f}{\partial y} = \frac{-d^2}{2\sqrt{y}(\sqrt{x} + \sqrt{y})^3}$$

Mit den absoluten Fehlerschranken $\varepsilon_d = 50\,\text{m}$, $\varepsilon_x = \varepsilon_y = 0,05\,\text{m}$ berechnet man aus der
allgemeinen Fehlerformel die Schranke

$$|\Delta R| \leq \frac{d}{(\sqrt{x} + \sqrt{y})^2} \cdot \varepsilon_d + \frac{d^2}{2\sqrt{x}(\sqrt{x} + \sqrt{y})^3} \cdot \varepsilon_x + \frac{d^2}{2\sqrt{y}(\sqrt{x} + \sqrt{y})^3} \cdot \varepsilon_y \approx 33\,\text{km}.$$

Abschnitt 2.1

1. Zur Kontrolle: Wertetabelle, Graph für

$$p(x) = x^5 + x^4 - 5x^3 - 2x^2 + 6x + 1$$
$$p'(x) = 5x^4 + 4x^3 - 15x^2 - 4x + 6$$

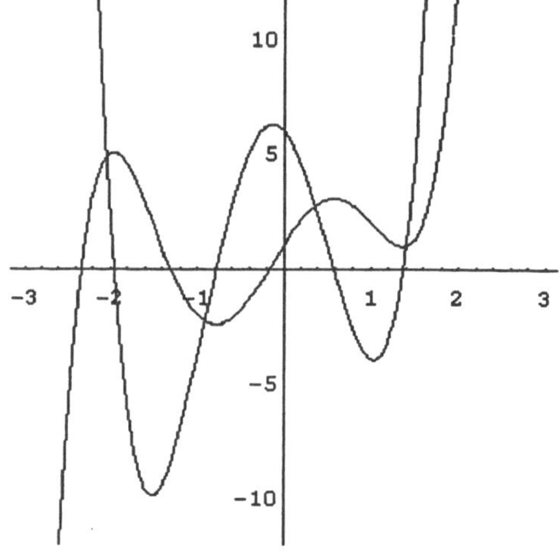

x	p(x)	p'(x)
-3	-62	180
-2	5	2
-1	-2	-4
0	1	6
1	2	-4
2	13	50
3	190	372

2. Die Ergebnisse dürfen natürlich mit dem TR überprüft werden!

3. a) $2^{10} \approx 10^3$, also $2^{1000} = (2^{10})^{100} \approx (10^3)^{100} = 10^{300}$

(da $2^{10} > 10^3$, sind es vermutlich etwas mehr als 301 Stellen)

$99^{77} \approx 100^{77} = 10^{154}$ (154 Stellen oder weniger, da $99 < 100$)

$$7^{777} = (7^2)^{388} \cdot 7 \approx 50^{388} = \frac{100^{388}}{2^{388}} \approx \frac{10^{776}}{10^{117}} = 10^{659} \quad \text{(ca. 660 Stellen)}$$

$$500^{500} = \frac{100^{500}}{2^{500}} \approx \frac{10^{1500}}{10^{150}} = 10^{1350} \quad \text{(ca. 1350 Stellen)}$$

b) Für eine Zahl $a > 0$ ist $\log(a) + 1$ die Anzahl der Dezimalstellen (vor dem Komma), wobei log der Zehnerlogarithmus ist. Eine Potenz a^n hat daher die Stellenzahl:

$$\log(a^n) + 1 = n \cdot \log(a) + 1$$

Die Überschlagsrechnungen waren also relativ genau.

Potenz	Stellenzahl
2^{1000}	302
99^{77}	154
7^{777}	657
500^{500}	1350

c) Ob das möglich ist, hängt von der Gleitkomma-Arithmetik des TR ab. (Z.B. gestattet der TI-85 Zehnerexponenten bis 999, daher meistert er alle Potenzen bis auf die letzte.)

4. a)
$$77 = 2 \cdot 38 + 1$$
$$38 = 2 \cdot 19 + 0$$
$$19 = 2 \cdot 9 + 1$$
$$9 = 2 \cdot 4 + 1$$
$$4 = 2 \cdot 2 + 0$$
$$2 = 2 \cdot 1 + 0$$
$$1 = 2 \cdot 0 + 1$$

$$77 = 1001101_{(2)}$$

b)
$$x^{77} = (x^{38})^2 \cdot x$$
$$x^{38} = (x^{19})^2$$
$$x^{19} = (x^9)^2 \cdot x$$
$$x^9 = (x^4)^2 \cdot x$$
$$x^4 = (x^2)^2$$
$$x^2 = (x)^2$$

9 Multiplikationen

c) Jede Zeile der 2er-Entwicklung (bis auf die letzte!) entspricht einer Zeile des Potenzalgo-
rithmus; beim Potenzieren wird in jedem Schritt quadriert und genau dann zusätzlich mit
x multipliziert, wenn der Exponent dieses Schrittes ungerade ist, d.h. wenn in der entsprechenden Zeile der 2er-Entwicklung die Ziffer 1 steht.

Die letzte Zeile der 2er-Entwicklung lautet in jedem Falle $1 = 2 \cdot 0 + 1$; dem entspricht
aber *keine* Multiplikation beim Potenzieren. Zählt man also die Multiplikationen, so darf
man diese letzte Zeile und die 1 darin nicht berücksichtigen, daher gilt:

$$\text{Anzahl der Multiplikationen} = \text{Stellenzahl} + \text{Anzahl der Einsen} - 2$$

d) $1024 = 2^{10}$ hätte 1 Stellen im 2er-System, also haben Zahlen $n \le 1000$ höchstens 10
Stellen. Nun ist die Zahl mit 10 Einsen, $11111\ 11111_{(2)} = 1023$, zu groß. Gibt es Zahlen
≤ 1000 mit 9 Einsen? Ja, nämlich:

$$
\begin{aligned}
10111\ 11111_{(2)} &= 1023 - 256 = 767 \\
11011\ 11111_{(2)} &= 1023 - 128 = 895 \\
11101\ 11111_{(2)} &= 1023 - 64 = 959 \\
11110\ 11111_{(2)} &= 1023 - 32 = 991
\end{aligned}
$$

Für diese Exponenten braucht man jeweils 17 Multiplikationen.

Abschnitt 2.2:

1. Etwa so: Beispiel: $\sqrt{12345678} \approx ?$

– Teile die Ziffern von rechts nach links in Zweiergruppen auf.   12|34|56|78

– Ziehe aus der höchsten Zweiergruppe die Wurzel (Schätzwert). $\sqrt{12} \approx 3,5$

– Für jede weitere Zweiergruppe schiebe das Komma um eine Stelle   <u>3500</u>
nach rechts.

Entsprechend für kleine Zahlen:

    0,00|05|87|3   (Zweiergruppen vom Komma aus nach rechts abteilen!)

    $\sqrt{5} \approx 2,2$

    $\sqrt{0,0005873} \approx 0,022$ (Komma nach links verschieben,

                             eine Stelle für jede Zweiergruppe)

Die Schätzwerte der Wurzeln für Radikanden zwischen 1 und 100 lassen sich mit etwas
Übung auf 2 Dezimalen genau bestimmen. Leitfragen:

– Zwischen welchen Quadratzahlen liegt der Radikand?

– Liegt er näher zur oberen oder zur unteren Quadratzahl? Wie verhalten sich diese Ab-
stände zueinander?

Bei Zahlen im Gleitkommadarstellung:

– Wurzel aus der Mantisse ziehen,

– Exponenten halbieren (ggfs. vorher den
Exponenten gerade machen).

$$
\begin{aligned}
\sqrt{2,7 \cdot 10^{18}} &\approx 1,6 \cdot 10^{9} \\
\sqrt{7,64 \cdot 10^{29}} &= \sqrt{76,4 \cdot 10^{28}} \approx 8,8 \cdot 10^{14} \\
\sqrt{3,2 \cdot 10^{-7}} &= \sqrt{32 \cdot 10^{-8}} \approx 5,7 \cdot 10^{-4}
\end{aligned}
$$

2. a) Es ist $\dfrac{a+b}{2} = r$ (Radius des Halbkreises).

Nach dem Euklidischen Höhensatz ist $h^2 = ab$,

also $h = \sqrt{ab}$. Da h senkrecht auf dem

Durchmesser AB steht, ist h der Abstand von

C zu AB, also $h \le CM = r$, d.h.

$$\sqrt{ab} \le \frac{a+b}{2}.$$

Gleichheit ($h = r$) gilt genau dann, wenn F und M zusammenfallen, also wenn $a = b$.

b)
$$\sqrt{ab} \le \frac{a+b}{2} \quad \Leftrightarrow \quad 2\sqrt{ab} \le a+b$$

$$\Leftrightarrow \quad 4\,ab \le (a+b)^2 \qquad \text{(beachte } a, b > 0)$$
$$\Leftrightarrow \quad 4\,ab \le a^2 + 2ab + b^2$$
$$\Leftrightarrow \quad 0 \le a^2 - 2ab + b^2$$
$$\Leftrightarrow \quad 0 \le (a-b)^2$$

Die letzte Aussage ist richtig. Ebenso folgt: Gleichheit gilt genau dann, wenn $a - b = 0$.

3. a) Die Folgen konvergieren zwar für *jeden* Startwert $x_0 > 0$. Aber die Folge (1) benötigt die meiste Zeit, um sich in die Nähe der Wurzel (zum Startwert von (2)) zu schleichen, während die Folge (2) in der Hälfte dieser Zeit schon alles erledigt hat.

n	x_n (1)	x_n (2)
0	8000	90,0000000000000
1	4000,5	89,4444444444444
2	2001,249875	89,4427191166322
3	1002,623688	89,4427190999916
4	505,3013769	89,4427190999916
5	260,5667563	
6	145,6345306	
7	100,2832789	
8	90,02864797	
9	89,44462579	
10	89,44271912	
11	89,44271910	

b) Der Graph und die Wertetabelle von $f(a) - \sqrt{a}$ über dem Intervall $[1; 10]$ zeigen deutlich, dass der betragsgrößte Wert bei $x = 1$ liegt. (Weitere Untersuchungen, etwa mit analytischen Mitteln, würden keine weiteren Einsichten bringen.)

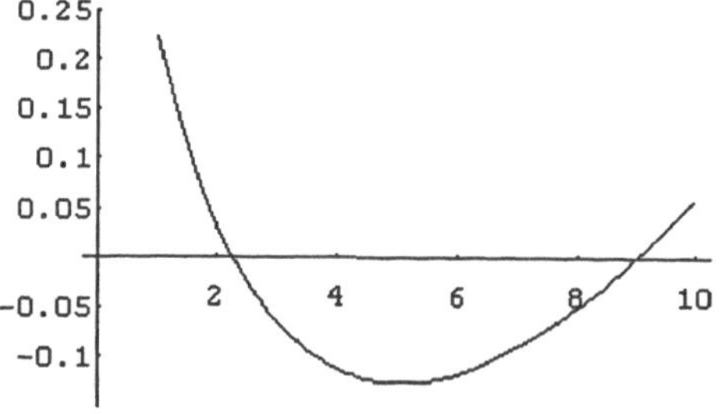

a	$f(a) - \sqrt{a}$
1	0,222222
2	0,030231
3	-0,06538
4	-0,11111
5	-0,12496
6	-0,11616
7	-0,0902
8	-0,05065
9	0
10	0,059945

c) Der Effekt ist ähnlich wie in a), nur nicht ganz so drastisch: Mit $x_0 = 7$ braucht man 6 Schritte für 12 Stellen der Wurzel, mit $x_0 = f(7) = \dfrac{23}{9}$ nur 3 Schritte.

4. Die Folgen verhalten sich ziemlich sprunghaft, keine Anzeichen von Konvergenz: Sobald ein Folgenglied in die Nähe von 0 kommt, wird der nächste Wert groß, dann läuft die Folge wieder auf 0 zu. (Als Beispiel ein Diagramm der Folge mit $a = -2$, $x_0 = -1$.)

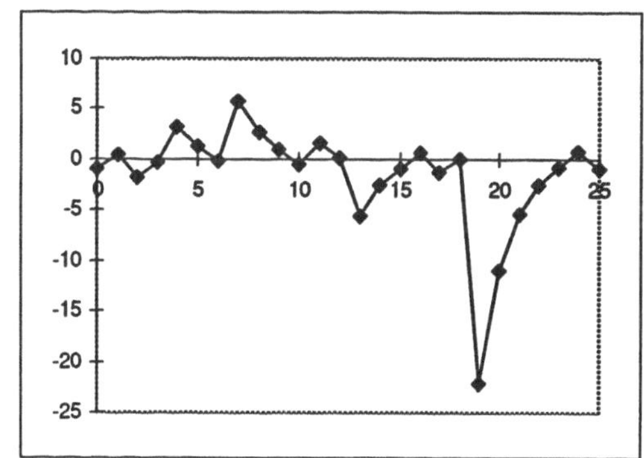

5. Alle drei Folgen streben offenbar gegen den gleichen Grenzwert, nämlich

$$\sqrt[3]{2} = 1{,}25992105 .$$

n	Folge (1)	Folge (2)	Folge (3)
0	2	2	2
1	1,25	1,5	1
2	1,265	1,2962963	1,41421356
3	1,25741212	1,26093222	1,18920712
4	1,26118303	1,25992186	1,29683955
5	1,25929195	1,25992105	1,24185781
6	1,26023607	1,25992105	1,26905096
7	1,25976366	1,25992105	1,25538076
8	1,25999978	1,25992105	1,26219735
9	1,25988169	1,25992105	1,25878444
10	1,25994073	1,25992105	1,26048974

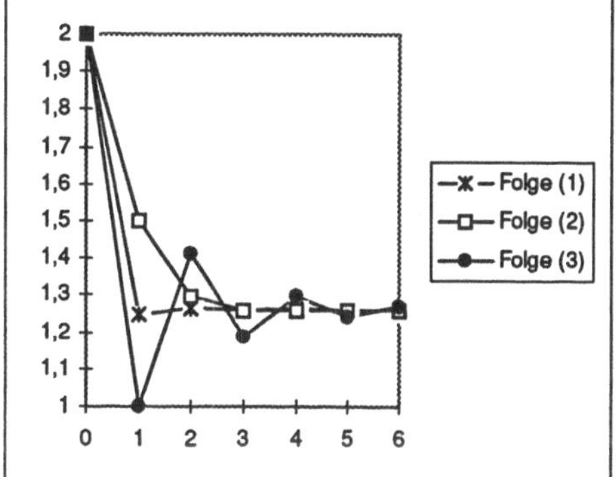

– Folge (1) kommt dem Grenzwert schnell nahe, konvergiert dann aber nicht so schnell wie (2).

– (2) konvergiert zweifellos am schnellsten: Nach 5 Schritten sind bereits 9 Stellen stabil, während bei (1) nach 10 Schritten erst 4 Stellen stabil sind. (3) ist deutlich noch schlechter.

– (2) verläuft monoton, während die beiden anderen oszillieren.

Um Missverständnissen vorzubeugen: Bewiesen ist damit noch nichts. Der Nachweis der Konvergenz ist nicht ganz einfach, zumindest mit elementaren Abschätzungen und Konvergenzkriterien; erst die Theorie der Iterationsverfahren bringt Abhilfe (vgl. 3.4 Aufgabe 3). Was man allerdings für alle drei Folgen leicht zeigen kann, ist:

Wenn (x_n) konvergiert und wenn der Grenzwert $x > 0$ ist, dann ist $x = \sqrt[3]{a}$.
Zum Beispiel bei Folge (1):

Ist $\lim\limits_{n\to\infty} x_n = x \neq 0$, dann folgt aus der Rekursionsvorschrift $x_{n+1} = \dfrac{1}{2}\left(x_n + \dfrac{a}{x_n^{\,2}}\right)$ durch

Grenzübergang auf beiden Seiten der Gleichung:

$$x = \dfrac{1}{2}\left(x + \dfrac{a}{x^2}\right)$$

Auflösen nach x ergibt $x = \sqrt[3]{a}$.

Abschnitt 2.3:

1. Bei der folgenden Rechnung ist es nützlich, die Zwischenwerte $s(\alpha)$ im Speicher des TR abzulegen.

Startwerte: $s(36°) = \dfrac{\sqrt{5}-1}{2} = 0{,}618033988750$

$s(60°) = 1$; Halbwinkelformel: $s(30°) = \sqrt{2-\sqrt{3}} = 0{,}517638090205$

Differenzenformel und „Pythagoras":

$$s(6°) = s(36°{-}30°) = \dfrac{1}{2}\left(s(36°)\cdot\sqrt{1-s(30°)^2} - s(30°)\sqrt{1-s(36°)^2}\right)$$

$$= 0{,}104671912486$$

Mehrfache Anwendung der Halbwinkelformel:

$$s(3°) = \sqrt{2-\sqrt{4-s(6°)^2}} = 0{,}052353896616$$

$$s(1{,}5°) = 0{,}026179191143$$

$$s(0{,}75°) = 0{,}013089875935$$

Schranken für $s(1°)$: obere $\dfrac{4}{3}\cdot s(0{,}75°) = 0{,}017453167914$

untere $\dfrac{2}{3}\cdot s(1{,}5°) = 0{,}017452794095$

Die Differenz ist $3{,}7\cdot 10^{-7}$. Der maximale (absolute) Rundungsfehler beträgt eine halbe Einheit der letzten Stelle, also bei 3-stelliger Rechnung im 60-System:

$$0{,}5 \cdot 60^{-3} \approx 2{,}3 \cdot 10^{-6}$$

Die maximale Genauigkeit, die man mit Ptolemäus' Methode erreichen kann, ist also noch um etwa eine Zehnerpotenz besser.

2. a) Methode: – Multipliziere mit 60 ,

– notiere den ganzzahligen Anteil,

– subtrahiere diesen.

Wiederhole das, so oft wie nötig.

Damit ist $\dfrac{\sqrt{5}-1}{2} = 37^{\text{p}}\ 4'\ 55''\ 20'''\ 29''''\ 39'''''$

b) Maximaler Rundungsfehler: $0{,}5 \cdot 60^{-6} \approx 1{,}1 \cdot 10^{-11}$. Das ist etwa doppelt so viel wie der maximale Rundungsfehler bei 11 Nachkommastellen dezimal; ein TR, der mit 12 oder mehr Stellen rechnet, dürfte also diese Entwicklung bewältigen.

3. a) Es ist $\lim\limits_{x \to 0} \dfrac{\sin(x)}{x} = 1$, also wird f durch $f(0) = 1$ stetig ergänzt. (Zum Beweis vgl. 2.4 Aufgabe 3.) Damit ist f auch differenzierbar in 0.

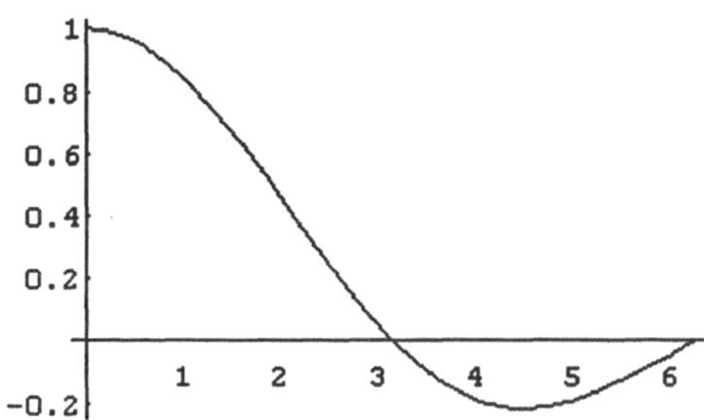

b) Zu zeigen: $f'(x) < 0$ für $0 < x < \pi$

$$f'(x) = \frac{x\cos(x) - \sin(x)}{x^2} \quad \text{für } x \neq 0$$

$$f'(x) < 0 \quad \Leftrightarrow \quad x\cos(x) - \sin(x) < 0$$
$$\Leftrightarrow \quad x\cos(x) < \sin(x)$$
$$\Leftrightarrow \quad \begin{cases} x < \tan(x) & , \text{ falls } \cos(x) > 0 \\ x > \tan(x) & , \text{ falls } \cos(x) < 0 \\ 0 < \sin(x) & , \text{ falls } \cos(x) = 0 \end{cases}$$

Für $0 < x < \dfrac{\pi}{2}$ ist $\cos(x) > 0$; hier gilt $x < \tan(x)$ (vgl. 2.4 Aufgabe 3).

Für $x = \dfrac{\pi}{2}$ ist $\cos(x) = 0$ und $\sin(x) = 1 > 0$.

Für $\dfrac{\pi}{2} < x < \pi$ ist $\cos(x) < 0$; hier ist $\tan(x) < 0$, also auch $x > \tan(x)$.

c) Das gesuchte lokale Minimum ist die kleinste positive Nullstelle von f':

$$f'(x) = 0 \quad \Leftrightarrow \quad x\cos(x) - \sin(x) = 0$$
$$\Leftrightarrow \quad x = \tan(x)$$

Diese Gleichung ist algebraisch nicht lösbar. Der Graph zeigt, dass $\tan(x)$ die Hauptdiagonale $y = x$ ungefähr bei 4,5 schneidet. Ein paar Versuche mit dem TR grenzen die Lösung ein:

$$4{,}49 < x < 4{,}5$$

Der Solver des TI-85 bringt die Lösung mit 14 Stellen: $x = 4{,}493409...$ (Siehe auch Kapitel 3!)

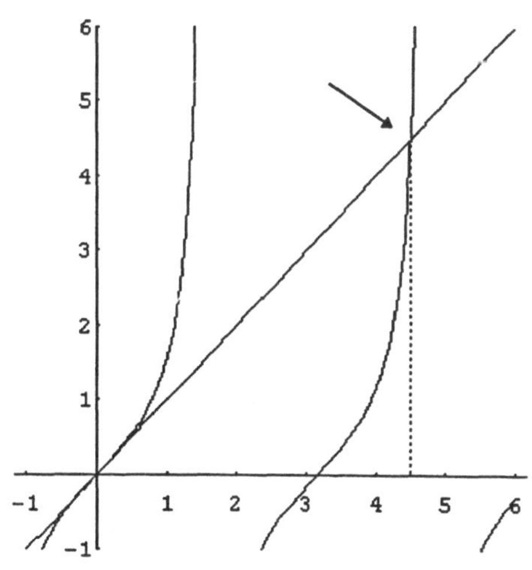

Abschnitt 2.4

1. $\sin(0{,}7) = 0{,}644217687238$ (TR)

Die Tabelle rechts zeigt exemplarisch das Verfahren für den Fall a) (Schranke 0,1).

Zum Vergleich der Näherungen:

x_i	$s_i \approx \sin(x)$
0,7	0,64490297
0,35	0,34331876
0,175	0,17432879
0,0875	0,0875

	Schranke	Schritte	Näherung	abs. Fehler
a)	0,1	3	0,64490297	$6{,}8 \cdot 10^{-4}$
b)	0,01	7	0,64422036	$2{,}7 \cdot 10^{-6}$
c)	0,001	10	0,64421773	$4{,}2 \cdot 10^{-8}$

2. a) $\cos(0{,}5) = 0{,}87758\ldots$ (TR)

$\approx 0{,}878$ (3-stellig)

Der absolute Fehler des mit Halbieren/Verdoppeln berechneten Näherungswerts beträgt also ungefähr das 100-fache des maximalen Rundungsfehlers, ein untragbar hoher Wert.

Zur Berechnung der Tabelle im einzelnen:

x_i	$c_i \approx \cos(x)$
0,5	0,840
0,25	0,960
0,125	0,990
0,0625	0,998

– Näherung $1 - x^2/2$ für $x = 0{,}0625$:

$0{,}0625^2 = 0{,}00391$

$0{,}00391 / 2 = 0{,}00196$

$= 0{,}998$

– Verdopplungsschritte $G(c) = 2\,c^2 - 1$: s. folgende Tabelle

c	c^2	$2\,c^2$	$2\,c^2 - 1$
0,998	0,996	1,99	0,990
0,990	0,980	1,96	0,960
0,960	0,922	1,84	0,840

Die Hauptursache des großen Fehlers liegt wohl bei der Subtraktion $1 - 0{,}00196$ in der Näherung (Auslöschung!): Hier wird von $x^2/2$ praktisch nur die höchste Stelle berücksichtigt. Dieser Fehler wird bei den Verdopplungsschritten noch vergrößert.

b) Die Hilfsfunktion $f(x) \approx 1 - \cos(x)$ wird für kleine x durch $1 - (1 - \dfrac{x^2}{2}) = \dfrac{x^2}{2}$

approximiert (man ahnt vielleicht schon, dass hierdurch die Auslöschung vermieden wird, weil keine Subtraktion mehr vorkommt). Die entsprechende Verdopplungsfunktion ist $H(y) = 2\,y\,(2-y)$: Ist $y = f(x)$, dann ist $H(y) = f(2x)$. (Man verifiziert die angegebene Formel durch einfaches Nachrechnen.)

Mit $f(0{,}5) \approx 0{,}121$ ergibt sich $\cos(x) \approx 0{,}879$, also ein durchaus akzeptabler Wert. Die Berechnung im einzelnen:

x_i	$y_i \approx f(x)$
0,5	0,121
0,25	0,0314
0,125	0,00784
0,0625	0,00196

– Näherung $f(0{,}0625) \approx 0{,}0625^2 / 2 = 0{,}00196$ (s. a))

– Verdopplungsschritte: s. folgende Tabelle

y	2 y	2 − y	2 y (2 − y)
0,00196	0,00392	2,00	0,00784
0,00784	0,0157	1,99	0,0312
0,0312	0,0624	1,94	0,121

Noch ein hübsches Detail: Bei der Näherung wird $x^2 = 0{,}00391$ durch 2 dividiert zu 0,00196 ; beim ersten Verdopplungsschritt wird dieser Wert gleich wieder mit 2 multipliziert, mit dem Ergebnis 0,00392 ! (Inverse Operationen sind also bei beschränkter Stellenzahl nicht immer invers.) Wenn man diese überflüssigen Operationen weglässt, also in der ersten Zeile bei 2y gleich den alten Wert $x^2 = 0{,}00391$ einsetzt, kommt man sogar zu einem noch genaueren Ergebnis, nämlich $f(0{,}5) = 0{,}122$ (nachrechnen!); das entspricht $\cos(x) = 0{,}878$, und dies ist der korrekte auf 3 Stellen gerundete Wert.

3. a) $AB = \sin(x)$; $MB = \cos(x)$; $OC = \tan(x)$

b) Fläche von $\triangle OMA$: $\frac{1}{2}\, MO \cdot AB = \frac{1}{2}\sin(x)$

Fläche des Sektors OMA : $\frac{1}{2}\, x$

Fläche von $\triangle OMC$: $\frac{1}{2}\, MO \cdot OC = \frac{1}{2}\tan(x)$

$\triangle OMA$, Sektor OMA und $\triangle OMC$ sind (in dieser Reihenfolge) ineinander enthalten; aus der daraus entstehenden Anordnung der Flächeninhalte folgt sofort:

$$\sin(x) < x < \tan(x)$$

c) Das Dreieck OMA ist gleichschenklig, daraus folgt für

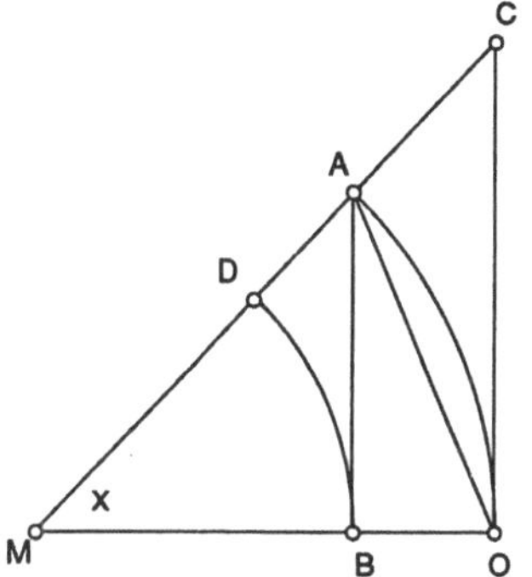

den Basiswinkel $\angle MOA = \dfrac{\pi}{2} - \dfrac{x}{2}$. Aus der Winkel-

summe im rechtwinkligen Dreieck OBA ergibt sich dann: $\angle BAO = \dfrac{x}{2}$. Nun ist

$$BO \;=\; 1 - \cos(x) \;=\; AO \cdot \sin(\tfrac{x}{2}) \qquad \text{im rechtwinkligen Dreieck OBA}$$

$$< \; AO \cdot \frac{x}{2} \qquad \text{nach b)}$$

$$< \; x \cdot \frac{x}{2} \qquad \text{da } AO < x \ (\text{Sehne} < \text{Bogen})$$

d) AB > Bogen BD folgt aus der Ungleichung $\tan(x) > x$ (vgl. b; Situation verkleinert, aber analog). Umstellen der Ungleichung c) ergibt $\cos(x) > 1 - \dfrac{x^2}{2}$; somit erhält man:

$$\sin(x) > \text{Bogen BD} = MB \cdot x = \cos(x) \cdot x > \left(1 - \frac{x^2}{2}\right) \cdot x = x - \frac{x^3}{2}$$

e) folgt leicht aus b) und d).

f) $$0 < 1 - \frac{\sin(x)}{x} < \frac{x^2}{2}$$ nach e); beachte $x > 0$

$$\Leftrightarrow \quad 0 > \frac{\sin(x)}{x} - 1 > -\frac{x^2}{2} \qquad \Leftrightarrow \quad 1 > \frac{\sin(x)}{x} > 1 - \frac{x^2}{2}$$

(Diese Ungleichung gilt übrigens auch für $x < 0$, da $\dfrac{\sin(-x)}{-x} = \dfrac{-\sin(x)}{-x} = \dfrac{\sin(x)}{x}$.)

Durch Übergang zum Grenzwert $x \to 0$ folgt

$$1 \geq \lim_{x \to 0} \frac{\sin(x)}{x} \geq 1 \quad , \quad \text{also} \quad \lim_{x \to 0} \frac{\sin(x)}{x} = 1 .$$

4. Untersuchung der Fehlerfortpflanzung bei der Umrechnungsfunktion $f(s) = \sqrt{1 - s^2}$:

Die relevanten s-Werte liegen zwischen 0 und $\dfrac{\sqrt{2}}{2}$, denn für $x \in [0; \frac{\pi}{4}]$ ist

$$s = \sin(x) \in [0; \frac{\sqrt{2}}{2}] .$$

Der *absolute* Fehler ändert sich um den Faktor $f'(s) = \dfrac{-s}{\sqrt{1 - s^2}}$.

Der *relative* Fehler ändert sich um den Faktor $\dfrac{s\, f'(s)}{f(s)} = \dfrac{-s^2}{1 - s^2}$.

Beide Faktoren verhalten sich in dem o.a. Intervall
sehr gutartig: Ihre Beträge sind immer ≤ 1 (vgl. die
Graphen; Preisfrage: Welcher Graph gehört zu welchem Term?). Die Fehler werden daher in jedem
Fall *kleiner* (vom Vorzeichen abgesehen). Für kleine s wird der relative Fehler sogar *stark* verkleinert.

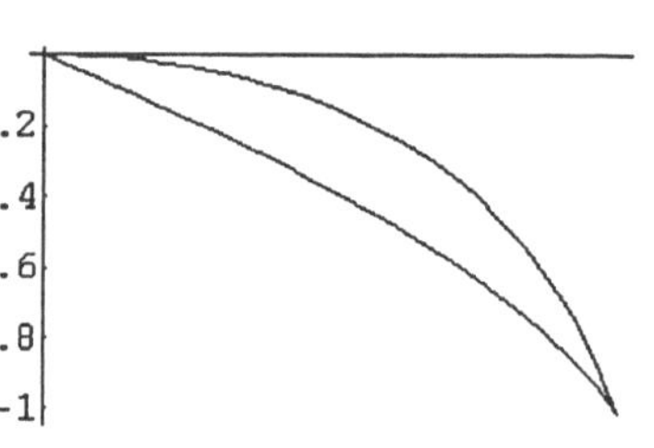

5. a) Verdopplungfunktion für $\tan$:

$$\tan(2x) = \frac{\sin(2x)}{\cos(2x)} = \frac{2\sin(x)\cos(x)}{\cos(x)^2 - \sin(x)^2} = \frac{2\tan(x)}{1 - \tan(x)^2}$$

(Beim letzten Schritt wurde durch $\cos(x)^2$ gekürzt.) Also ist die gesuchte Funktion:

$$F(t) = \frac{2t}{1 - t^2}$$

Eine einfache Näherung für kleine x ist $\tan(x) \approx x$. Eine bessere Näherung ist:

$$\tan(x) = \frac{\sin(x)}{\cos(x)} \approx \frac{x - \dfrac{x^3}{6}}{1 - \dfrac{x^2}{2}} \approx \left(x - \frac{x^3}{6}\right)\left(1 + \frac{x^2}{2}\right) = x + \frac{x^3}{2} - \frac{x^3}{6} - \frac{x^5}{12} \approx x + \frac{x^3}{3}$$

Die Tabelle berechnet $\tan(0{,}6)$ mit der besseren Näherung für $x < 0{,}1$. Das Ergebnis hat immerhin fünf signifikante Stellen.

x	$t \approx \tan(x)$	abs. Fehler
0,6	0,68413310	-3,7E-06
0,3	0,30933487	-1,4E-06
0,15	0,15113457	-6,5E-07
0,075	0,07514063	-3,2E-07

b) Fehleranalyse der Verdopplungsfunktion F:

Faktor für den absoluten Fehler: $\quad F'(t) = \dfrac{2\,(t^2+1)}{(1-t^2)^2} \approx 2 \quad$ für kleine t

Faktor für den relativen Fehler: $\quad \dfrac{t\,F'(t)}{F(t)} = \dfrac{1+t^2}{1-t^2} \approx 1 \quad$ für kleine t

Das bedeutet: Bei den ersten Verdopplungsschritten (für kleine t) wird ähnlich wie bei der Sinusfunktion der absolute Fehler etwa verdoppelt (siehe auch die obige Tabelle), der relative bleibt etwa gleich.

Für $t \approx 1$ muss man jedoch vorsichtig sein, da wachsen die Fehler ins Unermessliche.

Das kommt jedoch nur dann vor, wenn der Start-Winkel $x \approx \dfrac{\pi}{2}$ beträgt (und zwar beim letzten Schritt); dies kann man mit der Umrechnung $\tan(\dfrac{\pi}{2}-x) = \dfrac{1}{\tan(x)}$ vermeiden.

6. Fehlerfortpflanzung von $f(s) = \dfrac{s}{\sqrt{1-s^2}}$:

$$f'(s) = \dfrac{1}{\left(\sqrt{1-s^2}\right)^3} \quad ; \quad \dfrac{s\,f'(s)}{f(s)} = \dfrac{1}{1-s^2}$$

Für kleine s (das entspricht kleinen Winkeln) sind beide Faktoren ungefähr 1, die Umrechnung ist also ungefährlich. Für $s \approx 1$ werden die Faktoren allerdings sehr groß: Z.B. ergibt sich bei $x = 1{,}4$ (das entspricht ca. $80°$) der Wert $s = \sin(1{,}4) = 0{,}985\ldots$ und damit $\dfrac{1}{1-s^2} \approx 35$; der relative Fehler würde also um diesen Faktor vergrößert.

Abschnitt 2.5:

1. a) $\sin(3) = 3 - \dfrac{3^3}{6} + \dfrac{3^5}{120} - \dfrac{3^7}{5040} + \dfrac{3^9}{362880} = 0{,}1453125$

Diesen Term kann man gerade noch direkt mit dem TR auswerten.

Fehlerabschätzung: $\quad |\,R_{10}\,| \leq \dfrac{3^{11}}{11!} = 0{,}004438$, d.h. 2 Stellen der Näherung sind signifikant.

b) Es soll gelten: $|R_n| \leq 5 \cdot 10^{-9}$.

Ausgehend von dem obigen Wert kann man die Fehlerschran-

ken $|R_n| \leq \dfrac{3^{n+1}}{(n+1)!}$ rekursiv berechnen (s. Tabelle). Die Be-

dingung ist erfüllt für $n \geq 20$; man muss also 10 Summanden

berechnen. (Es sind dann sogar 9 Stellen signifikant.)

n	Fehlerschranke
10	0,00444
12	0,000256
14	1,10E-05
16	3,63E-07
18	9,60E-09
20	2,05E-10

c) Für $x = \pi - 3$ ergeben sich die Fehlerschranken laut neben-
stehender Tabelle. Es reichen also 3 Summanden für die gleiche Genauigkeit wie in b); mit dem nächsten Summanden wären schon fast 13 Stellen signifikant.

n	Fehlerschranke
2	0,00047
4	4,74E-07
6	2,30E-10
8	6,30E-14

2. a) In dem halben gleichseitigen Dreieck ADC ist ein

rechter Winkel bei D und ein Winkel von $30° = \dfrac{\pi}{6}$ bei

C . Nach Pythagoras berechnet man $h = \dfrac{\sqrt{3}}{2}a$; daraus

folgt nach Definition des Tangens $\tan(\dfrac{\pi}{6}) = \dfrac{1}{\sqrt{3}}$, also

$\arctan(\dfrac{1}{\sqrt{3}}) = \dfrac{\pi}{6}$.

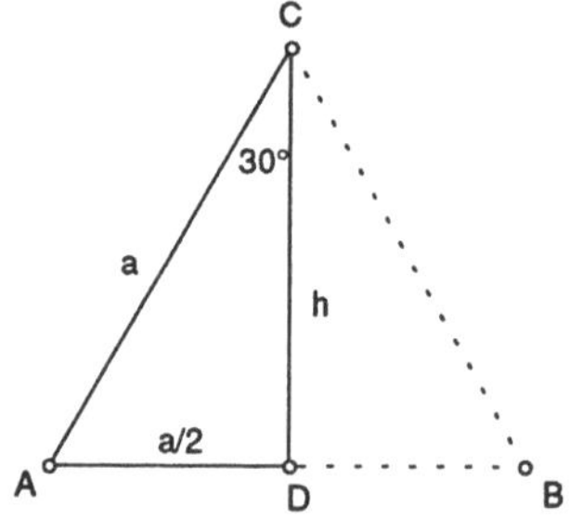

b) $\pi \approx 3{,}156\ldots$ mit 2 signifikanten Stellen. (Nicht viel, aber immerhin besser als die entsprechende Näherung aus $\pi/4 = \arctan(1)$, nämlich $3{,}339\ldots$!)

c) Der n-te Summand der Reihe $1 - \dfrac{1}{3 \cdot 3} + \dfrac{1}{3^2 \cdot 5} - \dfrac{1}{3^3 \cdot 7} + - \ldots$ ist $a_n = \pm \dfrac{1}{3^{n-1} \cdot (2n-1)}$.

Ist s der Grenzwert der Reihe, so ist $\dfrac{\pi}{6} = \dfrac{1}{\sqrt{3}} s$, also $\pi = 2\sqrt{3}\, s$. Die n-te Partial-

summe s_n liefert die Näherung $\tilde{\pi} = 2\sqrt{3}\, s_n$. Wenn $\tilde{\pi}$ auf insgesamt 72 Stellen genau
sein soll, dann muss gelten:

$$|\tilde{\pi} - \pi| < 0{,}5 \cdot 10^{-71}$$

$$2\sqrt{3}\,|s_n - s| < 0{,}5 \cdot 10^{-71}$$

$$|s_n - s| < 0{,}14 \cdot 10^{-71} = 1{,}4 \cdot 10^{-72}$$

Wegen $|s_n - s| \leq |a_n|$ ist dies erfüllt, wenn gilt:

$$|a_n| = \dfrac{1}{3^{n-1} \cdot (2n-1)} < 1{,}4 \cdot 10^{-72}$$

$$3^{n-1} \cdot (2n-1) > 0{,}7 \cdot 10^{72}$$

Ein paar Versuche mit dem TR zeigen, dass dies etwa ab $n = 150$ erfüllt ist, denn $3^{149} \cdot 299 \approx 3,6 \cdot 10^{73}$. Um einen Schätzwert zu erhalten, könnte man auch die Ungleichung vereinfachen zu $3^n > 10^{72}$ und dann logarithmieren:

$$n \cdot \log(3) > 72 \quad ; \quad n > \frac{72}{\log(3)} \approx 151$$

Sharp musste also ca. 150 Summanden berechnen und addieren.

3. a) Partialsummen für die beiden arctan-Reihen s. Tabelle. Weiter braucht man nicht zu rechnen, auch bei der ersten Reihe wird sich nicht mehr viel än-

n	s_n für arctan(1/5)	s_n für arctan(1/239)
1	0,2	0,004184100418
2	0,197333333333	0,004184076002
3	0,197397333333	id.
4	0,197395504762	
5	0,197395561651	

dern. (Der Vorteil gegenüber Aufg. 2 ist deutlich zu erkennen.) Aus diesen Werten ergibt sich die Näherung $\pi \approx 3,1415926824$ mit 8 signifikanten Stellen.

b) Mit $a_n = \dfrac{0,2^{2n+1}}{2n+1}$ erhält man analog zu Aufg. 2c die Bedingung

$$\frac{0,2^{2n+1}}{2n+1} = \frac{1}{5^{2n+1} \cdot (2n+1)} < 0,5 \cdot 10^{-100}$$

$$5^{2n+1} \cdot (2n+1) > 2 \cdot 10^{100}$$

Auch hier kann man mit dem TR probieren oder die Ungleichung logarithmieren und vereinfachen; man stellt fest: Sie gilt für $n \geq 70$, also hatte Machin ca. 70 Summanden zu berechnen.

Die zweite Reihe konvergiert sehr schnell wegen des sehr kleinen x, dieses Korrekturglied bringt also wenig zusätzlichen Aufwand zur π-Berechnung. Übrigens hatte Machin schon nach ca. 50 Summanden den Rekord von Sharp eingestellt, mit einem Drittel des Rechenaufwandes.

Abschnitt 2.6

1. a) Die Restgliedabschätzung für $x = 1$ ergibt

$$|R_n| \leq \frac{\exp(\xi)}{(n+1)!} \quad \text{für ein } \xi \in [0;\, 1]$$

$$< \frac{3}{(n+1)!} \quad,$$

wenn man von der groben Abschätzung $\exp(\xi) \leq e < 3$ ausgeht. Für insgesamt 6 Stellen Genauigkeit (bei 1 Vorkommastelle) muss demnach gelten:

$$\frac{3}{(n+1)!} < 0,5 \cdot 10^{-5} \quad, \text{ also } (n+1)! > 6 \cdot 10^{5}.$$

Das ist für $n \geq 8$ erfüllt; man braucht also 9 Summanden. Ergebnis:

$$e \approx 2{,}71827876984$$

Kontrolle: $e = 2{,}71828182846\ldots$; es sind tatsächlich 6 Stellen der Näherung signifikant, obwohl die Ziffern der 6. Stelle (7 bzw. 8) nicht übereinstimmen. Jedoch beträgt der absolute Fehler $-3 \cdot 10^{-6}$, also weniger als 5 Einheiten der folgenden Stelle.

b, c) Die Summanden a_n wurden rekursiv berechnet:

$$a_0 = 1 \; ; \; a_n = a_{n-1} \cdot 2 / n$$

(Die Zwischenergebnisse werden hier nicht aufgeführt.)

Aus $\exp(2)$ resultiert

$$\exp(-2) = \frac{1}{7{,}40} = 0{,}135$$

Kontrolle: $\exp(-2) = 0{,}135335\ldots$
Die zweite Näherung ist also deutlich besser.

n	Summan- den a_n	Partialsummen	
		für exp(−2)	für exp(2)
0	1	1	1
1	2	−1	3
2	2	1	5
3	1,33	−0,33	6,33
4	0,665	0,335	7,00
5	0,266	0,069	7,27
6	0,0887	0,158	7,36
7	0,0253	0,133	7,39
8	0,00633	0,139	7,40
9	0,00141	0,138	7,40
10	0,000282	0,138	

2. a) $\quad b_n - a_n = \left(1 + \dfrac{x}{n}\right)^{n+1} - \left(1 + \dfrac{x}{n}\right)^{n} = \left(1 + \dfrac{x}{n}\right)^{n} \cdot \dfrac{x}{n} = a_n \cdot \dfrac{x}{n} < \exp(x) \cdot \dfrac{x}{n}$

Daraus folgt $\dfrac{b_n - a_n}{\exp(x)} < \dfrac{x}{n}$; da a_n und b_n den Grenzwert einschließen, folgt sofort die Behauptung.

b) Die signifikanten Stellen sind jeweils fett gedruckt. Bei a_n und b_n nimmt ihre Anzahl bei jedem Schritt um 1 zu, beim arithmetischen Mittel jedoch um 2 .

n	a_n	b_n	$(b_n{-}a_n)/2$
100	**2,7**04813829	**2,7**31861968	**2,718**337899
1000	**2,71**6923932	**2,71**9640856	**2,71828**2394
10000	**2,718**145927	**2,718**417741	**2,718281**834

3. a) Ergebnis: $e \approx 2{,}7166$, mit 3 signifikanten Stellen und einem relativen Fehler von $0{,}0006$. (Mit dem Taylorpolynom 3. Grades als Näherung für kleine x erhält man immerhin 2 Stellen mehr.)

x	$\approx \exp(x)$
1	2,71659352
0,5	1,64820919
0,25	1,28382600
0,125	1,13306046
0,0625	1,06445313

b) Für $x = 0{,}0625$ wird bei der Berechnung der Näherung $1 + x + x^2/2$ mit 3-stelliger Arithmetik der quadratische Term gar nicht mehr berücksichtigt. Das Ergebnis $e \approx 2{,}43$ ist noch schlechter, als wenn man sofort $x = 1$ in das Polynom einsetzt! Der Grund: Für kleine x wird bei der Addition von 1 die Information, die in x und den höheren Termen steckt, vernichtet.

x	$\approx \exp(x)$
1	2,43
0,5	1,56
0,25	1,25
0,125	0,12
0,0625	1,06

Abschnitt 3.1:

1. Ist d der Innendurchmesser, also $r = \dfrac{d}{2}$ der Radius, so beträgt

das Volumen $V = \dfrac{4\pi}{3} r^3$.

Für $V = 1000\ \text{cm}^3$ ergibt eine Überschlagsrechnung: $r \approx 6$ cm.
Eine Bestimmung auf $\pm 0{,}5$ mm genau dürfte in den meisten
Fällen ausreichen. Ergebnis (vgl. Tabelle): $d = 12{,}4$ cm

Für $V = 10$ Liter , also das zehnfache Volumen, wächst der

Radius um den Faktor $\sqrt[3]{10}$, also um etwas mehr als das Dop-

pelte. Schätzwert: $r = 13$ cm. Ergebnis: $r = 13{,}37$ cm, also

$d \approx 26{,}7$ cm.

r	V
6	904
7	1437
6,2	998,3
6,21	1003,1
6,203	999,8
13	9203
14	11494
13,3	9855
13,4	10078
13,37	10011

2. Eine Wertetabelle für ganzzahlige
x ergibt als geeignetes Intervall
z.B. $[-1;\ 3]$. Zur genaueren
Zeichnung des Graphen sollte
man noch die halbzahligen Werte
ausrechnen.

Als Schätzwerte für die zwei
weiteren Nullstellen kann man am Graphen
ablesen: $x_1 \approx -0{,}5$; $x_2 \approx 2{,}9$
Aufgrund der nebenstehenden Tabelle kann
man die Werte $x_1 = -0{,}532$, $x_2 = 2{,}879$ mit
dieser Genauigkeit als gesichert ansehen.

x	p(x)
-2	-19
-1	-3
0	1
1	-1
2	-3
3	1
4	17

x	p(x)	x	p(x)
-0,5	0,125	2,9	0,159
-0,6	-0,296	2,8	-0,568
-0,53	0,0084	2,88	0,00467
-0,54	-0,0323	2,87	-0,0708
-0,532	0,00036	2,879	-0,0037
-0,533	-0,0029		

3. a) Für $I_0 = [-2;\ 4]$ ist die Intervallmitte $m = 1$ mit $f(m) = -1$, also ist $I_1 = [1;\ 4]$. I_1
enthält nur die Nullstelle $x_2 \approx 2{,}879$, diese ist somit der Grenzwert bei der weiteren Intervallhalbierung.

Für $I_0 = [-2;\ 3]$ ist $m = 0{,}5$ mit $f(m) = 0{,}375$; also ist $I_1 = [-2;\ 0{,}5]$. I_1 enthält nur die
Nullstelle $x_1 \approx -0{,}532$; jetzt konvergiert das Verfahren gegen x_1 .

b) Wir nehmen o.B.d.A. an: I_0 enthält alle drei Nullstellen, I_1 aber nicht, und keine Nullstelle liegt am Rand oder genau in der Mitte von I_0 . Da $p(x)$ an den Rändern von I_1
verschiedene Vorzeichen hat, kann I_1 nicht *zwei* Nullstellen enthalten, sondern nur *eine*.
Da die beiden anderen Nullstellen in jedem Falle *benachbart* sind, kann I_1 nur entweder
die größte oder die kleinste Nullstelle enthalten.

4. a) Schätzwert: $x \approx \dfrac{\pi}{2}$, etwas weniger   b) Schätzwert: $x = 1$

x	sin(x)
1,5	0,9975
1,4	0,9854
1,44	0,9915
1,43	0,99010
1,429	0,98996

x	cos(x)
1,0	0,5403
1,1	0,4536
1,2	0,3624
1,15	0,4085
1,16	0,3993
1,159	0,40025

c)   Schätzwert: $x = 0,2$ d) Schätzwert: x etwas kleiner als $\dfrac{\pi}{2}$

x	cos(x)
0,2	0,9801
0,15	0,9887
0,14	0,9902
0,141	0,990076
0,142	0,989934
0,1415	0,990005
0,1416	0,989991

x	tan(x)
1,5	14,10
1,4	5,8
1,45	8,2
1,46	8,99
1,47	9,88
1,475	10,41

Anmerkungen:

- Zur Ermittlung der Schätzwerte und zur geschickten Wahl der einzelnen Schritte sollte
  man sich ein Bild vom ungefähren Verlauf der Funktion machen (spezielle Werte, Monotonie, Asymptoten etc.).
- Es kommt nicht darauf an, ob sich die *Funktionswerte* wenig oder stark ändern
  (vergleiche etwa c) und d)), sondern nur auf die geforderte Genauigkeit der Lösung x .

Abschnitt 3.2:

1. a) Zu beachten sind eventuelle Definitionslücken der Funktionen, z.B. sind ϕ_1 und ϕ_2
  nicht für $x = 0$ definiert, ebenso ϕ_4 nicht für $x \geq 3$. Diese Stellen sind aber keine Nullstellen des Polynoms. Man verifiziert die Behauptung durch algebraische Umformungen,
  z.B. gilt für $x \neq 0$:

$$x = \phi_1(x) \quad \Leftrightarrow \quad x = 3 - \frac{1}{x^2}$$

$$\Leftrightarrow \quad x^3 = 3x^2 - 1 \quad \Leftrightarrow \quad p(x) = 0$$

Beachten Sie, dass ϕ_4 eigentlich aus *zwei* Funktionen besteht (Wurzel mit dem positiven
bzw. negativen Vorzeichen), was auch zwei verschiedene Iterationsverfahren ergibt.

b) Die folgenden Graphen zeigen alle fünf Funktionen, der Übersichtlichkeit halber auf zwei
  Bilder verteilt; jedes Bild enthält auch die Hauptdiagonale $y = x$. Finden Sie heraus,
  welcher Graph zu welcher Funktion gehört!

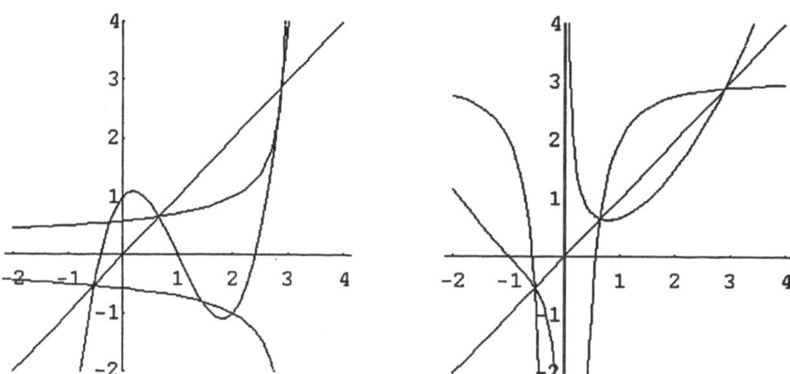

Auffällig ist, dass sich alle Funktionen auf der Hauptdiagonalen schneiden.

c) Die folgende Tabelle enthält nur die Merkmale „anziehend" oder „abstoßend" für die drei Fixpunkte.

	ϕ_1	ϕ_2	ϕ_3	ϕ_4 mit +	ϕ_4 mit −
$x^* \approx -0{,}53$	abstoßend	abstoßend	abstoßend	nicht definiert	**anziehend**
$x^{**} \approx 0{,}65$	abstoßend	**anziehend**	abstoßend	**anziehend**	nicht definiert
$x^{***} \approx 2{,}88$	**anziehend**	abstoßend	abstoßend	abstoßend	nicht definiert

Welchen Fixpunkt man erreicht, ist also entscheidend von der Wahl der Iterationsfunktion abhängig. Auffallend ist: ϕ_3 hat zwar drei Fixpunkte, aber alle sind abstoßend; es gibt also auch Funktionen, die zum Lösen von Gleichungen völlig ungeeignet sind.

2. a) Die Folge konvergiert oszillierend gegen den Grenzwert $x^* \approx 1{,}4017$.

b) Die Folge divergiert, und zwar oszilliert sie zwischen den Häufungspunkten 0 und 10 .

c) $\phi(x) = \sqrt{-\ln\!\left(\dfrac{x}{10}\right)}$ ist die Umkehrfunktion von $\psi(x) = 10\,\exp(-x^2)$.

3. a) Wiederholte Anwendung der Quadratwurzel liefert irgendwann den Wert 1 im Display des TR, und zwar für beliebige positive Startwerte.

b) Bei wiederholter Anwendung von tan verhalten sich die Folgen recht seltsam: Manchmal springen sie „unberechenbar"; wenn allerdings ein sehr kleiner Wert erreicht wird, bleiben die Werte für längere Zeit klein, werden aber langsam von 0 weggestoßen; bei größeren Werten wird die

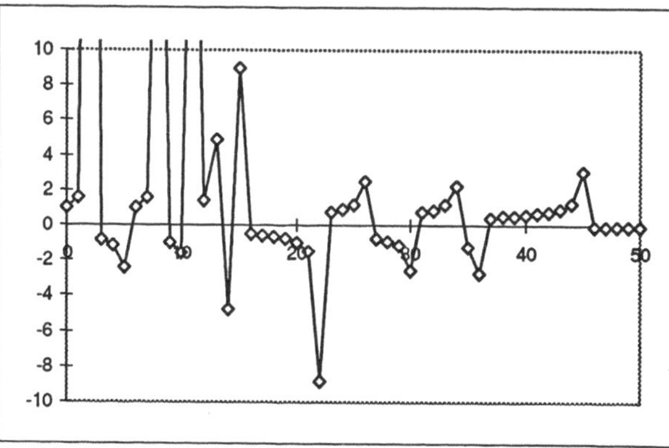

Folge dann wieder sprunghaft. Das Gleiche wiederholt sich dann in unregelmäßigen Abständen. (Diagramm mit $x_0 = 1$)

c) Jeder Ast der Tangens-Funktion schneidet die Hauptdiagonale genau einmal. Die kleinste positive Lösung von $x = \tan(x)$ beträgt ungefähr 4,5 (genauer: $x* = 4{,}493409457909$; vgl. 2.3 Aufgabe 3c). Dieser Fixpunkt verhält sich aber extrem abstoßend: Selbst wenn man mit der sehr guten Näherung $x_0 = 4{,}4934$ startet, ist man nach wenigen Schritten wieder ganz woanders, und die Folge verhält sich wie in b) beschrieben. So geht es also nicht. Allerdings kann man die *Umkehrfunktion* iterieren: Der gesuchte Fixpunkt $x*$ liegt auf dem ersten Nebenast von tan , und dessen Umkehrfunktion ist $\arctan(x) + \pi$. Man löst also die Gleichung $x = \arctan(x) + \pi$ durch Iteration, etwa mit dem Startwert $x_0 = 5$. Jetzt liegt schnelle Konvergenz vor: Nach 7 Schritten sind 10 Stellen stabil (Tabelle).

n	xn
0	5
1	4,514993421
2	4,494423374
3	4,493457295
4	4,493411715
5	4,493409564
6	4,493409463
7	4,493409458
8	4,493409458

4. Beispiel: $\phi(x) = \dfrac{1}{x-1}$; ϕ ist für $x = 1$ nicht definiert.

Verboten ist zunächst $x_0 = 1$, aber auch jeder „Vorgänger" von 1 , d.h. jeder Startwert x_0 , dessen Folge irgendwann den Wert $x_n = 1$ erreicht, denn dann ist x_{n+1} nicht definiert.

Diese x_n kann man mit Hilfe der Umkehrfunktion $\phi^{-1}(x) = \dfrac{1}{x} + 1$ der Reihe nach wie folgt berechnen:

$$x_1 = \phi(x_0) = 1 \quad \Leftrightarrow \quad x_0 = \phi^{-1}(x_1) = \phi^{-1}(1) = 2$$

$$x_2 = \phi(x_1) = 1 \quad \Leftrightarrow \quad x_1 = \phi^{-1}(x_2) \quad \Leftrightarrow \quad x_0 = \phi^{-1}(\phi^{-1}(x_2)) = \phi^{-1}(2) = \frac{3}{2}$$

usw.; allgemein ist

$$x_n = \phi^n(x_0) = 1 \quad \Leftrightarrow \quad x_0 = \phi^{-n}(x_n) = \phi^{-n}(1)$$

(der Exponent bedeutet hier die n-fache Anwendung der Funktion). Man erhält also alle verbotenen Startwerte, indem man die Umkehrfunktion ϕ^{-1} wiederholt auf die Definitionslücke 1 anwendet. Das ergibt die Folge:

$$1, 2, \frac{3}{2}, \frac{5}{3}, \frac{8}{5}, \frac{13}{8}, \; ... \quad \text{(Zähler und Nenner sind je zwei benachbarte Fibonacci-Zahlen)}$$

Im anderen Fall $\phi(x) = \dfrac{1}{x} + 1$ ist 0 und jeder Vorgänger der 0 verboten;

mit $\phi^{-1}(x) = \dfrac{1}{x-1}$ ergibt sich entsprechend $-1, -\dfrac{1}{2}, -\dfrac{2}{3}, -\dfrac{3}{5}, -\dfrac{5}{8}, ...$ als Menge der verbotenen Startwerte.

Abschnitt 3.3:

1. a) Zunächst sei $x_0 > 1$. Dann gilt für alle $n \geq 0$:

$$(1) \qquad x_{n+1} = \sqrt{x_n} < x_n$$

$$(2) \qquad x_n > 1 \;\Rightarrow\; \sqrt{x_n} = x_{n+1} > 1$$

Also ist die Folge monoton fallend und nach unten beschränkt durch 1, somit konvergiert sie gegen einen Grenzwert $x^* \geq 1$. Wegen der Stetigkeit der Wurzel gilt:

$$\lim_{n \to \infty} x_{n+1} = \lim_{n \to \infty} \sqrt{x_n} = \sqrt{\lim_{n \to \infty} x_n}\, , \quad \text{also} \quad x^* = \sqrt{x^*}$$

Die einzige positive Lösung dieser Gleichung ist $x^* = 1$.

Im Fall $0 < x_0 < 1$ schließt man analog (monoton wachsende Folgen).

b) Für $\phi(x) = \sqrt{x}$ ist $\phi'(x) = \dfrac{1}{2\sqrt{x}}$ für alle $x > 0$.

Zu $I_1 = [0; 1]$: ϕ ist nicht auf dem ganzen Intervall differenzierbar, also ist die hinreichende Bedingung so nicht anwendbar. Dass $\phi'(x) > 1$ für $0 < x < 0{,}25$, ist jedoch ein Hinweis darauf, dass die Kontraktionsbedingung nicht erfüllt ist (vgl. auch Aufgabe 4). In der Tat ist $\phi(0{,}01) = 0{,}1$ und $\phi(0{,}04) = 0{,}2$, also:
$$|\,\phi(0{,}01) - \phi(0{,}04)\,| > [\,0{,}01 - 0{,}04\,|$$
Somit ist ϕ nicht kontrahierend auf I_1.

Zu $I_2 = [0{,}25; 1]$: Die hinreichende Bedingung ist nicht anwendbar, denn $\phi'(0{,}25) = 1$. Dennoch könnte ϕ kontrahierend auf I_2 sein. Nach dem Mittelwertsatz gilt auch für alle $x. y \in I_2$ mit $x < y$:
$$\frac{\phi(x) - \phi(y)}{x - y} = \phi'(\xi) < 1 \qquad (\text{mit } x < \xi < y\,)$$

Aber am linken Intervallrand ist die Ableitung *gleich* 1; wegen der Stetigkeit von ϕ' kann $\phi'(\xi)$ und mithin auch der Differenzenquotient dem Wert 1 beliebig nahekommen, d.h. es gibt keine Konstante K mit $\dfrac{\phi(x) - \phi(y)}{x - y} \leq K < 1$, d.h. ϕ ist nicht kontrahierend auf I_2.

Zu $I_3 = [0{,}5; 2]$: Hier ist $\phi'(0{,}5) \approx 0{,}707$; da ϕ' monoton fallend und positiv ist, gilt $|\phi'(x)| \leq \phi'(0{,}5) < 1$ für alle $x \in I_3$. Außerdem ist
$$\phi(0{,}5) \approx 0{,}707 \in I_3\, , \quad \phi(2) \approx 1{,}4142 \in I_3\, ;$$
wegen der Monotonie von ϕ ist $\phi(0{,}5) < \phi(x) < \phi(2)$ für alle $x \in I_3$, somit $\phi(I_3) \subseteq I_3$. ϕ ist nach der hinreichenden Bedingung kontrahierend auf I_3.

Zu $I_4 = [1; 10]$: Ebenso. Dass der Fixpunkt ein Randpunkt des Intervalls ist, spielt keine Rolle.

Zu $I_5 = [2; 10]$: Es ist $\phi(2) \approx 1{,}4142 \notin I_5$, also ist die Inklusionsbedingung verletzt.

2. a) Einige Versuche zeigen: Vermutlich konvergieren die Folgen für alle $x_0 \geq 0$ gegen $x^* = 2{,}618\ldots$, und zwar monoton fallend für $x_0 > x^*$ und monoton wachsend für $x_0 < x^*$. Der explizite Nachweis analog zu Aufgabe 1a ist jedoch etwas schwieriger.

(1) Wenn eine Folge konvergiert mit dem Grenzwert x^* , dann ist $x^* = \sqrt{x^*} + 1$; daraus folgt für x^* die Gleichung $x^{*2} - 3x^* + 1 = 0$ mit der positiven Lösung

$$x^* = \frac{3 + \sqrt{5}}{2} \, .$$

(2) Untersuchung auf Monotonie: Es sei $x_n > x^*$ für ein $n \in \mathbf{N}$. Dann gilt:

$$x_{n+1} < x_n \quad \Leftrightarrow \quad \sqrt{x_n} + 1 < x_n \quad \Leftrightarrow \quad \sqrt{x_n} < x_n - 1$$

$$\Leftrightarrow \quad x_n < x_n^2 - 2x_n + 1 \quad \Leftrightarrow \quad 0 < x_n^2 - 3x_n + 1 \quad \Leftrightarrow \quad x_n > x^*$$

Das ist laut Voraussetzung erfüllt. Um zu zeigen, dass die Folge *insgesamt* monoton ist, muss aber noch gezeigt werden, dass diese Voraussetzung auch für alle weiteren Folgenglieder erfüllt ist, also: $x_n > x^*$ für alle $n \in \mathbf{N}$.

(3) Behauptung: $x_n > x^* \;\Rightarrow\; x_{n+1} > x^*$

Beweis: Es sei $x_n > x^*$. Dann ist

$$x_{n+1} > x^* \quad \Leftrightarrow \quad \sqrt{x_n} + 1 > x^* = \frac{3 + \sqrt{5}}{2}$$

$$\Leftrightarrow \quad 2\sqrt{x_n} + 2 > 3 + \sqrt{5}$$

$$\Leftrightarrow \quad 2\sqrt{x_n} > 1 + \sqrt{5}$$

$$\Leftrightarrow \quad 4x_n > 6 + 2\sqrt{5} \quad \Leftrightarrow \quad x_n > \frac{3 + \sqrt{5}}{2} = x^*$$

Das ist laut Voraussetzung erfüllt.

Also ist die Folge für jeden Startwert $x_0 > x^*$ monoton fallend und (nach (3)) beschränkt, demnach konvergent. Für Startwerte $0 \leq x_0 \leq x^*$ schließt man ebenso (mit umgekehrten Ungleichungen).

Anmerkung: Die Rechnungen wurden zu diesem Beispiel so detailliert ausgeführt, um zu demonstrieren, dass der explizite Konvergenznachweis (ohne den Banachschen Fixpunktsatz) selbst in einfachen Fällen relativ aufwendig werden kann. Bei komplexeren Iterationsfunktionen wird der Aufwand unangemessen hoch.

b) Hier ist $\phi'(x) = \dfrac{1}{2\sqrt{x}}$ wie in Aufgabe 1, also ist ϕ nicht kontrahierend auf I_1 und I_2 (siehe oben). Für I_3, I_4, I_5 ist die Ableitungsbedingung erfüllt, es bleibt die Inklusionsbedingung zu prüfen. Wegen der Monotonie von ϕ kann man sich auf die Intervallränder beschränken. Dabei zeigt sich: Nur I_4 und I_5 erfüllen die Bedingung, I_3 nicht.

3. a) Grob gesagt bedeutet die Stetigkeit, dass kleine Änderungen von x nicht zu große Änderungen der Funktionswerte hervorrufen. Das ist für kontrahierende Abbildungen erfüllt, denn jede Änderung des x-Werts bewirkt eine *noch kleinere* Änderung des Funktionswerts. Im einzelnen:

$\phi : I \to \mathbf{R}$ sei kontrahierend auf I. $K < 1$ sei die zugehörige Kontraktions-Konstante. Es ist zu zeigen: Für ein beliebiges $x_0 \in I$ ist ϕ stetig in x_0.

Dazu sei $\varepsilon > 0$ beliebig. Setzt man $\delta = \varepsilon$, so gilt für alle $x \in I$ mit $|x - x_0| < \delta$:

$$| \phi(x) - \phi(x_0) | \ \le \ K \cdot |x - x_0| \ < \ |x - x_0| \ < \ \delta \ = \ \varepsilon$$

b) Ja. Denn man kann eine stetige Funktion mit einem beliebigen Faktor $c > 0$ strecken oder stauchen, ohne dass sie ihre Eigenschaft verliert. Wenn also eine Funktion ϕ die

Eigenschaft $| \phi(x) - \phi(y) | \le K \cdot |x - y|$ erfüllt, multipliziere man sie mit $c = \dfrac{1}{K+1}$;

dadurch wird sie kontrahierend, also stetig. Anschließend dividiert man wieder durch c, und sie bleibt stetig.

Technisch ist der Beweis einfach: Man hat in a) nur $\delta = \dfrac{\varepsilon}{K}$ zu setzen.

c) Das würde bedeuten, dass der Differenzenquotient $\dfrac{\phi(x) - \phi(y)}{x - y}$, also die Sekantensteigung von ϕ, für beliebige $x, y \in I$ beschränkt bleibt. Es gibt aber stetige Funktionen, die beliebig steil verlaufen, auch auf beschränkten abgeschlossenen Intervallen. Typisches Beispiel ist die Wurzelfunktion $\phi(x) = \sqrt{x}$ auf $I = [0; 1]$; sie ist in 0 nicht differenzierbar, und für $x \to 0$ wächst die Ableitung $\phi'(x)$ unbegrenzt, der Differenzenquotient also auch:

Setzt man $y = 0$, so ist $\dfrac{\phi(x) - \phi(0)}{x - 0} = \dfrac{\sqrt{x}}{x} = \dfrac{1}{\sqrt{x}}$; für jedes $K > 0$ gibt es ein x, so

dass $\dfrac{1}{\sqrt{x}} > K$ ist, mithin $| \phi(x) - \phi(0) | > K \cdot |x - 0|$.

4. Wegen der Stetigkeit von ϕ' gibt es eine Umgebung U von x_0, so dass $|\phi'(x)| > 1$ für alle $x \in U$. Wählt man $x, y \in U$ beliebig, so gilt nach dem Mittelwertsatz:

$$\phi(x) - \phi(y) \ = \ \phi'(\xi) \cdot (x - y) \quad \text{für ein } \xi \in [x; y] \subseteq U,$$

also: $| \phi(x) - \phi(y) | \ = \ |\phi'(\xi)| \cdot |x - y| \ > \ |x - y|$

Abschnitt 3.4:

1. Es ist $\phi'(x) = \dfrac{1}{2}\left(1 - \dfrac{a}{x^2}\right)$ (vgl. den Graphen mit

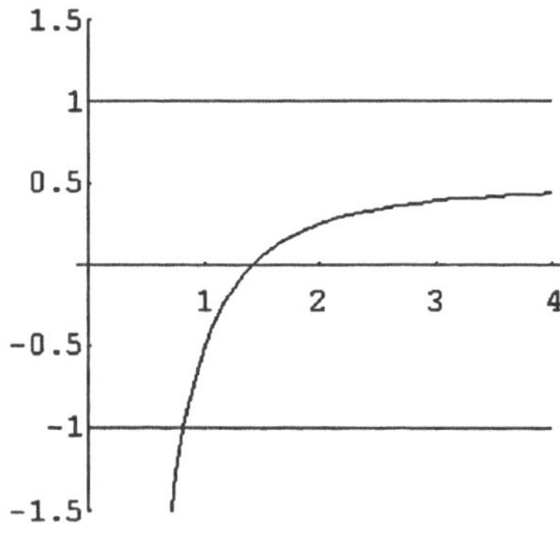

$a = 2$). ϕ' hat eine Nullstelle bei $x = \sqrt{a}$; unterhalb dieser Stelle ist ϕ' negativ, oberhalb positiv. ϕ ist daher monoton fallend bis zum Tiefpunkt $\sqrt{a}$, dann monoton steigend.

Für welche x gilt $|\phi'(x)| < 1$? Offenbar ist $\phi'(x) < 0{,}5$ für alle $x > 0$, und

$$\phi'(x) > -1 \quad \Leftrightarrow \quad 1 - \frac{a}{x^2} > -2$$

$$\Leftrightarrow \quad 3 > \frac{a}{x^2} \quad \Leftrightarrow \quad x > \sqrt{\frac{a}{3}}$$

Jedes Intervall $I = [c; d]$ mit einem unteren Rand $c > \sqrt{\dfrac{a}{3}}$ erfüllt also die Ableitungsbedingung.

Um die Inklusionsbedingung zu erfüllen, kann man den oberen Rand d wegen des flachen Anstiegs von ϕ im Prinzip beliebig groß wählen; d darf nur nicht zu klein sein, damit $\phi(c)$ nicht herausfällt. Beispiel für $a = 2$: $I = [1; 10]$ mit $\phi(I) = [\sqrt{2}\,; 5{,}1]$.

2. a) $\quad \phi(x) = \dfrac{-q}{x + p}$; $\quad \phi'(x) = \dfrac{q}{(x + p)^2}$

Also ist $\phi'(x_1) = \dfrac{q}{(x_1 + p)^2}$; nach dem Wurzelsatz von Vieta ist $x_1 + x_2 = -p$ und

$x_1 \cdot x_2 = q$, demnach ist $\quad \phi'(x_1) = \dfrac{q}{x_2^{\,2}} = \dfrac{x_1}{x_2}$; ebenso folgt $\phi'(x_2) = \dfrac{x_2}{x_1}$.

Ist nun x_1 die Lösung mit dem größeren Betrag, so folgt direkt:

$$|\phi'(x_1)| = \frac{|x_1|}{|x_2|} > 1 \;, \text{ d.h. } x_1 \text{ ist abstoßend;}$$

$$|\phi'(x_2)| = \frac{|x_2|}{|x_1|} < 1 \;, \text{ d.h. } x_2 \text{ ist anziehend.}$$

Die Konvergenz gegen x_2 ist monoton, wenn die Wurzeln das gleiche Vorzeichen haben, andernfalls oszillierend.

b) $\quad \psi(x) = -\dfrac{q}{x} - p$, $\quad \psi'(x) = \dfrac{q}{x^2}$; wie oben folgt $\psi'(x_1) = \dfrac{x_2}{x_1}$ und $\psi'(x_2) = \dfrac{x_1}{x_2}$.

Hier ist also die Lage genau umgekehrt: x_1 ist anziehend, x_2 abstoßend.

c) $\phi(x) = \dfrac{-1}{x-3}$; $\psi(x) = -\dfrac{1}{x} + 3$

(welcher Graph gehört zu welcher Funktion?)

d) Die Symmetrie der Graphen (ϕ gespiegelt an der Hauptdiagonalen ergibt ψ) legt nahe, dass ψ die Umkehrfunktion von ϕ ist. In der Tat gilt:

$$\psi(\phi(x)) = \psi(\frac{-q}{x+p}) = -\frac{q}{\frac{-q}{x+p}} - p$$

$$= (x + p) - p = x$$

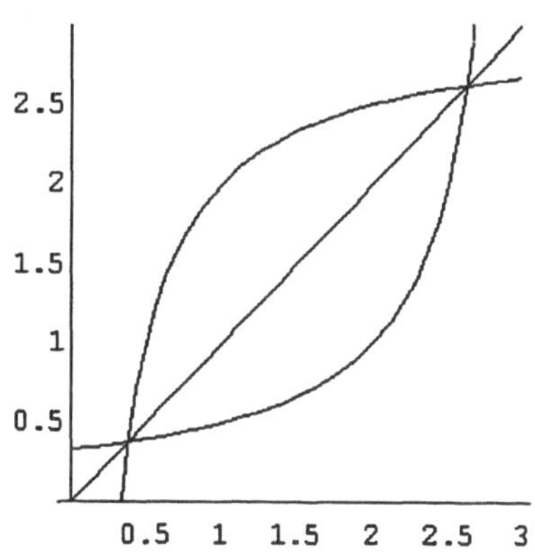

3. Zu (1): $\phi(x) = \dfrac{1}{2}\left(x + \dfrac{2}{x^2}\right)$; $\phi'(x) = \dfrac{1}{2} - \dfrac{2}{x^3}$

Untersuchung der Bedingung $|\phi'(x)| < 1$:

Für $x > 0$ ist offenbar $\phi'(x) < \dfrac{1}{2}$. Zudem gilt

$$\phi'(x) > -1 \quad \Leftrightarrow \quad x > \sqrt[3]{\frac{4}{3}} = 1,10064$$

(Zwischenrechnungen werden hier und im folgenden ausgelassen).

Wähle z.B. $I = [1,12 ; 3]$.

Bestimmung von $\phi(I)$: ϕ hat ein lokales Minimum bei $x = \sqrt[3]{4}$; links bzw. rechts von diesem Minimum ist ϕ monoton fallend bzw. steigend. Also ist $\phi(\sqrt[3]{4}) = 1,19...$ der minimale Funktionswert auf I , und der maximale Wert liegt entweder am linken oder am rechten Rand des Intervalls:

$\phi(1,12) = 1,35...$; $\phi(3) = 1,61...$

Daraus folgt: $\phi(I) = [\phi(\sqrt[3]{4}); \phi(3)] = [1,19...; 1,61...] \subseteq I$.

Somit ist I ein Kontraktionsintervall. Da $2 \in I$, ist die Folge mit $x_0 = 2$ konvergent.

Zu (2): $\phi(x) = \dfrac{1}{3}\left(2x + \dfrac{2}{x^2}\right)$

$$\phi'(x) = \dfrac{2}{3}\left(1 - \dfrac{2}{x^3}\right)$$

Offenbar ist $\phi'(x) < \dfrac{2}{3}$ für alle $x > 0$; außerdem gilt: $\phi'(x) > -1 \Leftrightarrow x > \sqrt[3]{0,8}$.

Für $I = [1; 3]$ ist somit die Ableitungsbedingung erfüllt.

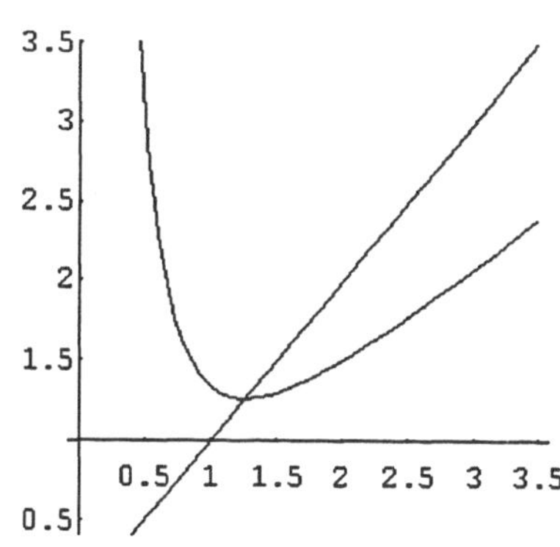

Zur Bestimmung von $\phi(I)$: Ähnlich wie in (1) hat ϕ einen Tiefpunkt in I (die Nullstelle der Ableitung), nämlich den Fixpunkt $\sqrt[3]{2}$, also ist $\phi(\sqrt[3]{2}) = \sqrt[3]{2}$ der minimale Funktionswert. Der maximale Wert liegt an einem der Randpunkte:

$$\phi(1) = \frac{4}{3} \; ; \; \phi(3) = \frac{56}{27} = 2,07... \; ; \; \text{also ist } \phi(I) = [\sqrt[3]{2} ; 2,07...] \subseteq I \, .$$

Wie in (1) folgt daraus die Konvergenz für $x_0 = 2$.

Zu (3): $\phi(x) = \sqrt{\dfrac{2}{x}} \; ; \; \phi'(x = -\dfrac{1}{\sqrt{2x^3}}$

Die Ableitung ist negativ, also muss nur untersucht werden:

$$\phi'(x) > -1 \; \Leftrightarrow \; x > \sqrt[3]{0,5} \approx 0,79$$

Für $I = [1 ; 2]$ ist also $|\phi'(x)| < 1$, und es gilt

$$\phi(I) = [\phi(2) ; \phi(1)] = [1 ; 1,41...] \subseteq I \, ,$$

also ist ϕ kontrahierend auf I .

Zum Vergleich der Konvergenzgeschwindigkeiten:

Je kleiner $|\phi'(x^*)|$ ist, desto besser ist die Konvergenz. Nun ist mit $x^* = \sqrt[3]{2}$:

     (1) $\phi'(x^*) = -0,5$;   (2) $\phi'(x^*) = 0$;   (3) $\phi'(x^*) = -0,5$.

Verfahren (2) konvergiert sehr schnell, was auch seinerzeit in Abschnitt 2.2 Aufgabe 5 beobachtet wurde. Allerdings hatten wir dort gesehen, dass (1) wesentlich schneller als (3) konvergiert. Wie sich jetzt zeigt, ist das aber nicht der Fall: Beide Verfahren haben im Prinzip das *gleiche* Konvergenzverhalten; (1) war scheinbar schneller, weil die Folge nach dem 1. Schritt schon viel näher am Grenzwert war als (3).

4.   a) $\phi(x) = 3 - \dfrac{1}{x^2}$; anziehender Fixpunkt ist $x^{***} \approx 2,88$.

Die Ableitung $\phi'(x) = \dfrac{2}{x^3}$ ist positiv für $x > 0$, d.h. ϕ ist monoton wachsend.

$$\phi'(x) < 1 \; \Leftrightarrow \; x > \sqrt[3]{2} \; \approx 1,26$$

Für $I = [2; 4]$ gilt wegen der Monotonie: $\phi(I) = [\phi(2); \phi(4)] = [2,7...; 2,9...] \subseteq I$

b) $\phi(x) = \dfrac{x^3 + 1}{3x}$; anziehender Fixpunkt ist $x^{**} \approx 0,65$.

$\phi'(x) = \dfrac{2x^3 - 1}{3x^2} < 0$ für $0 < x < \sqrt[3]{0,5} \approx 0,79$; also ist ϕ in diesem Bereich monoton

fallend. Die Bedingung $\phi'(x) > -1$ führt hier auf die Ungleichung

$$2x^3 + 3x^2 - 1 > 0 \, ;$$

glücklicherweise hat dieses Polynom die Nullstelle $x = 0,5$, und die Ungleichung ist für

$x > 0,5$ erfüllt. Für das Intervall $I = [0,6; 0,8]$ folgt aus der Monotonie:

$$\phi(I) = [\phi(0,8); \phi(0,6)] = [0,63..; 0,67...] \subseteq I$$

c) $\phi(x) = \sqrt{\dfrac{1}{3-x}}$; $x^{**} \approx 0,65$ ist anziehender Fixpunkt.

$\phi'(x) = \dfrac{1}{2\sqrt{(3-x)^3}}$ ist positiv für $0 \leq x < 3$, also ist ϕ in diesem Bereich monoton wachsend.

$$\phi'(x) < 1 \quad \Leftrightarrow \quad x < 3 - \sqrt[3]{0,25} \approx 2,37$$

Für $I = [0; 2]$ gilt wegen der Monotonie: $\phi(I) = [\phi(0); \phi(2)] = [0,57..; 1] \subseteq I$

d) Für $\phi(x) = -\sqrt{\dfrac{1}{3-x}}$ geht man ebenso vor (anziehender Fixpunkt ist $x^* \approx -0,53$).

5. a) Beispiele: $c = 0,2$ und $0,5$ $\qquad\qquad\qquad$ $c = -0,1$ und $-0,2$

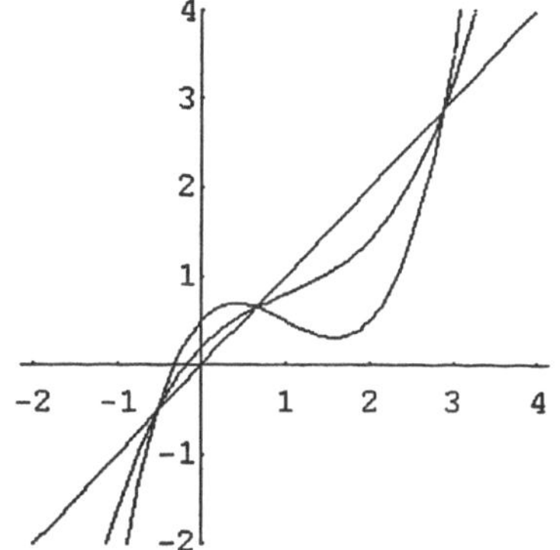 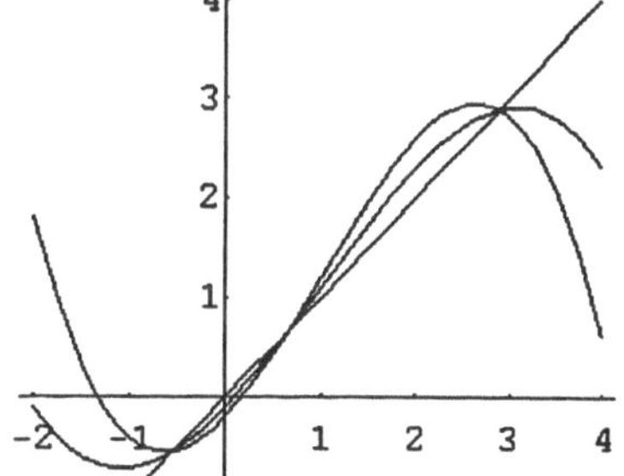

Bezüglich des mittleren Fixpunkts scheint der optimale Wert für c zwischen 0,2 und 0,5 zu liegen.

Für den rechten Fixpunkt scheint $c = -0,1$ günstig zu sein, für den linken der Wert $c = -0,2$.

b) Wenn der Näherungswert $x_0 = 0,65$ für den Fixpunkt bekannt ist, so kann man c so bestimmen, so dass $\phi_c'(0,65) = 0$ ist. Mit $\phi_c'(x) = 1 + c \cdot f'(x) = 1 + c \cdot (3x^2 - 6x)$ erhält man daraus die Gleichung

$$1 + c\,(3 \cdot 0,65^2 - 6 \cdot 0,65) = 0 \,.$$

Auflösen nach c ergibt $c \approx 0{,}38$. Damit ist $\phi_c'(x) \approx 0$ in der Umgebung von x_0 (vgl. Bild), also kann man hier eine gute Konvergenz erwarten. Die Tabelle bestätigt dies!

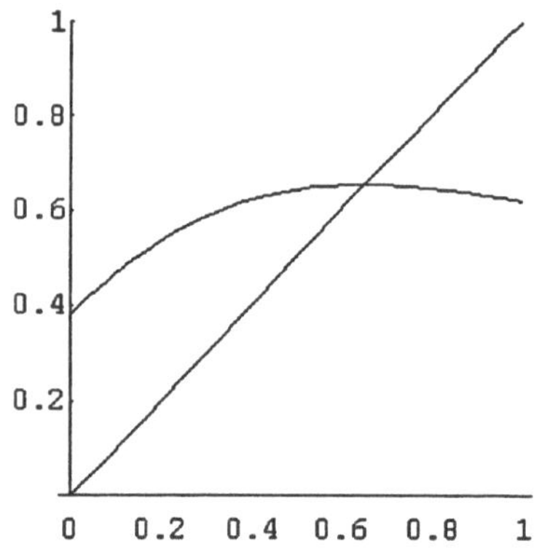

n	x_n
0	0,5
1	0,6425
2	0,652687520938
3	0,652703684859
4	0,652703644566
5	0,652703644666
6	id.

Abschnitt 3.5

1. a) $f(x) = x^k - a$; $f'(x) = k\,x^{k-1}$. Die Iterationsfunktion für das Newton-Verfahren lautet:

$$\phi(x) = x - \frac{x^k - a}{k\,x^{k-1}} = \frac{1}{k}\left((k-1)\,x + \frac{a}{x^{k-1}}\right)$$

b) $\phi(x) = \dfrac{1}{4}\left(3\,x + \dfrac{7}{x^3}\right)$

n	x_n	x_n
0	2	1
1	1,71875	2,5
2	1,63372967	1,987
3	1,6266234	1,71332168
4	1,62657656	1,63294485
5	1,62657656	1,62661372
6	1,62657656	1,62657656

Startwert $x_0 = 2 > \sqrt[4]{7}$: Monoton fallend

Startwert $x_0 = 1 < \sqrt[4]{7}$: Im ersten Schritt springt die Folge auf die andere Seite des Fixpunkts und konvergiert dann ebenfalls monoton fallend.

c) Es ist $\phi'(x) = \dfrac{k-1}{k}\left(1 - \dfrac{a}{x^k}\right)$.

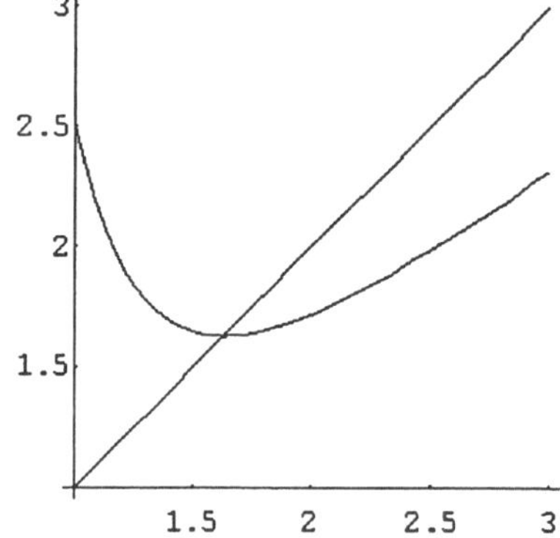

ϕ hat einen Tiefpunkt bei $x^* = \sqrt[k]{a}$; denn x^* ist die einzige Nullstelle von ϕ', und es gilt $\phi'(x) < 0$ für $x < x^*$ sowie $\phi'(x) > 0$ für $x > x^*$. Daraus folgt:

$\phi(x) > x^*$ für alle $x > 0$, $x \neq x^*$.

Für alle Startwerte $x_0 > 0$, $x_0 \neq x^*$ ist daher $x_1 > x^*$ und auch $x_n > x^*$ für alle $n > 0$.

Rechts vom Fixpunkt x^* wächst ϕ streng monoton, allerdings *langsam*, denn $0 < \phi'(x) < \dfrac{k-1}{k} < 1$ für $x > x^*$; aus dem Mittelwertsatz folgt dann:

$$\phi(x) - \phi(x^*) \;=\; \phi'(\xi) \cdot (x - x^*) \qquad \text{für ein } \xi \in [x; x^*]$$
$$\phi(x) - \; x^* \;\; < \;\; x - x^*$$
$$\phi(x) \qquad\quad < \;\; x$$

Ist also $x_n > x^*$, dann gilt $x_{n+1} = \phi(x_n) < x_n$.

Insgesamt ist damit für alle $x_0 > 0$ die Folge x_n monoton fallend (evtl. bis auf x_0) und beschränkt, also konvergent.

d) Offenbar ist $\phi'(x) < \dfrac{k-1}{k} < 1$ für alle $x > 0$. Man rechnet aus:

$$\phi'(x) \;>\; -1 \quad\Leftrightarrow\quad \sqrt[k]{\dfrac{k-1}{2k-1}}\; x^*$$

(im Beispiel $k = 4$ beträgt diese untere Schranke ungefähr $0{,}81 \cdot x^*$). Als linken Rand

eines Kontraktions-Intervalls $[c; d]$ wähle man ein c , so dass $\sqrt[k]{\dfrac{k-1}{2k-1}}\; x^* < c < x^*$;

der rechte Rand $d > x^*$ kann beliebig groß gewählt werden, damit die Ableitungsbedingung erfüllt ist.

Wegen der Monotonie-Eigenschaften von ϕ (s.o.) ist x^* der kleinste Wert von $\phi(I)$, und der größte Wert ist entweder $\phi(c)$ oder $\phi(d)$; wählt man d so groß, dass $\phi(c) < \phi(d)$, dann gilt: $\phi(I) = [x^*; \phi(d)] \subseteq I$ (beachte: $\phi(d) < d$).

Anmerkung: Dies ist wieder ein Beispiel dafür, dass bei einem Iterationsverfahren der Einzugsbereich eines Fixpunkts wesentlich größer sein kann als jedes Kontraktions-Intervall.

e) Das Heron-Verfahren.

f) Hier ist $\phi(x) = x\,(2 - a\,x)$, das Verfahren kon-

vergiert tatsächlich gegen $x^* = \dfrac{1}{a}$, allerdings

nicht für alle $x_0 > 0$, sondern nur für x_0 mit

$\phi(x_0) > 0$, d.h. für $0 < x_0 < \dfrac{2}{a}$.

Kontraktions-Intervalle sind alle $[c; d]$ mit

$$\dfrac{1}{2a} \;<\; c \;<\; \dfrac{1}{a} \;<\; d \;<\; \dfrac{3}{2a}\;.$$

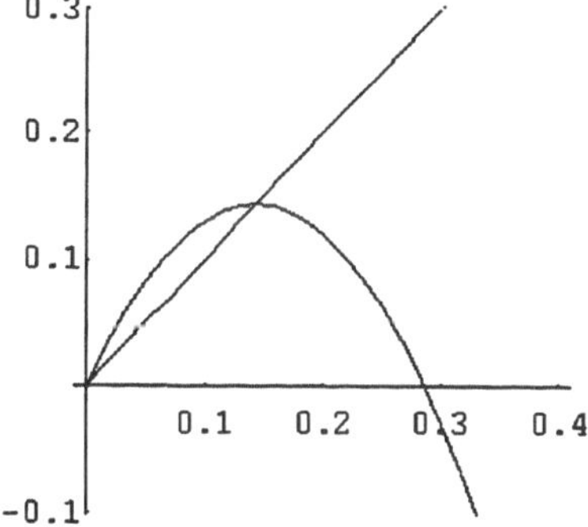

Beispiel zu 1f: $a = 7$

n	x_n
0	0,2
1	0,12
2	0,1392
3	0,14276352
4	0,1428570815
5	0,142857142857

2. a) $\psi(x) = x - \dfrac{x - \phi(x)}{1 - \phi'(x)} = \dfrac{\phi(x) - x\,\phi'(x)}{1 - \phi'(x)}$

$\psi(x)$ ist definiert, wenn $\phi(x)$ definiert ist und wenn $\phi'(x) \neq 1$.

b) $\phi(x) = 10\,\exp(-x^2)$ hat einen abstoßenden Fixpunkt $x^* \approx 1,4$. Mit

$\phi'(x) = -20x\,\exp(-x^2)$ ergibt sich:

$$\psi(x) \;=\; \frac{10\exp(-x^2)+x\cdot 20x\,\exp(-x^2)}{1-20x\,\exp(-x^2)}$$

$$=\; \frac{1+2x^2}{0,1\exp(x^2)+2x}$$

Mit $x_0 = 1,4$ ergibt sich nach 3 Schritten der Fixpunkt mit 12 Dezimalstellen. Dies zeigt noch einmal, dass man abstoßende Fixpunkte mit dem Newton-Verfahren anziehend machen kann.

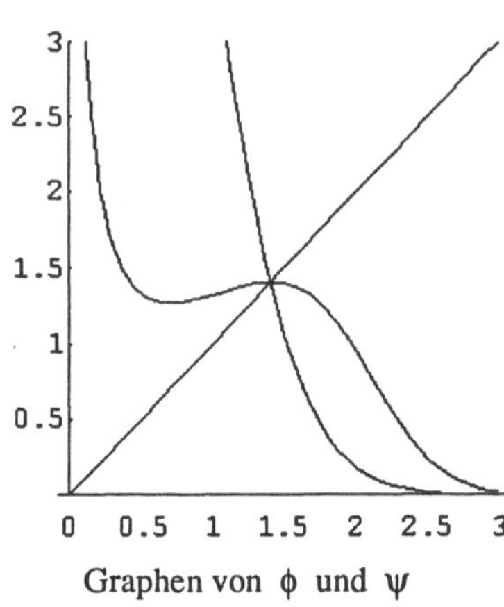

c) $\phi(x^*) \;=\; x^*$

$$\Leftrightarrow \quad \phi(x^*) - x^*\,\phi'(x^*) \;=\; x^* - x^*\,\phi'(x^*)$$

$$=\; x^*\,(1 - \phi'(x^*))$$

$$\Leftrightarrow \quad \frac{\phi(x^*) - x^*\,\phi'(x^*)}{1 - \phi'(x^*)} \;=\; x^*$$

$$\Leftrightarrow \quad \psi(x^*) \;=\; x^*$$

(nach Voraussetzung gilt: $\phi'(x^*) \neq 0$)

Für alle Nullstellen x^* von $f(x) = x - \phi(x)$ (das sind die Fixpunkte von ϕ) gilt

$f'(x^*) = 1 - \phi'(x^*) \neq 0$ nach Voraussetzung. Also ist das Newton-Verfahren konvergent.

3. $f(x) = \tan(x) - x$; $f'(x) = \tan(x)^2$

$$\phi(x) = x - \frac{\tan(x) - x}{\tan(x)^2}$$

Die kleinste positive Lösung ist $x^* \approx 4,49$. Wie der Graph von ϕ vermuten lässt, konvergiert die Iteration nur in einem sehr kleinen Bereich. Mit einem Tabellenprogramm wurde dieser *Einzugsbereich* von x^* experimentell ermittelt: Konvergenz gegen x^* liegt vor für $4,29 \leq x_0 \leq 4,71$. Außerhalb dieses Intervalls werden die Folgenglieder zumeist sehr groß, in Ausnahmefällen wird die Folge von anderen

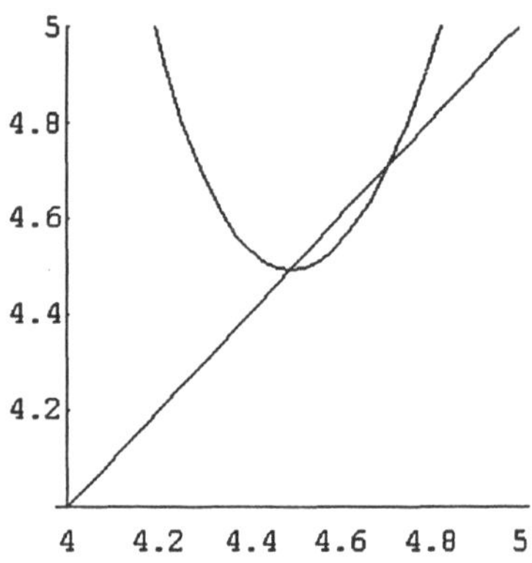

Lösungen „eingefangen": Für $x_0 = 4,72$ konvergiert sie beispielsweise gegen $20,371...$; für $x_0 = 4,73$ ist der Grenzwert $17,220...$.

Bemerkenswert ist, dass ϕ im obigen Ausschnitt wie eine Parabel aussieht, und zwar mit dem Scheitelpunkt x^* . (Siehe unten.)

Mögliche Kontraktions-Intervalle sind noch kleiner:

$$\phi'(x) \;=\; \frac{2\,(x\cdot\cos(x)-\sin(x))}{\sin(x)^2}$$

(mit dem TI-92 ermittelt). Plottet man ϕ' auf dem
TI-92, so kann man mit der Trace-Funktion den Be-
reich derjenigen x ermitteln, für die $|\phi'(x)| < 1$
gilt. Man findet: $4{,}394 \leq x \leq 4{,}603$. Ein Kontraktions-Intervall für x* hat also bestenfalls eine Länge
von nicht viel mehr als $0{,}2$.
Wie man leicht nachprüft, ist für I = [4,394; 4,603]
auch die Inklusionsbedingung erfüllt.

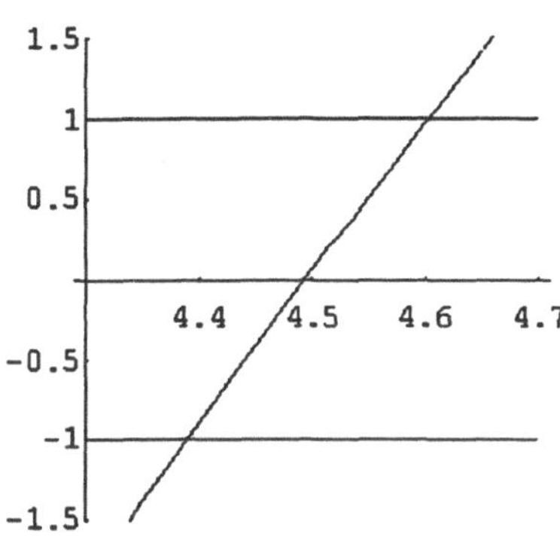

Graph von ϕ'

Eine exakte Berechnung des Bereiches mit
$|\phi'(x)| < 1$ erscheint wenig sinnvoll, denn die Gleichungen $\phi'(x) = \pm 1$ sind nicht einfach zu lösen, so
dass sich der Aufwand nicht lohnt. Aber:

Die Ableitung ist annähernd linear; das bestätigt die Beobachtung, dass ϕ einer Parabel
sehr ähnlich sieht. Man kann dies ausnutzen, um das Intervall nicht nur experimentell zu bestimmen, sondern wenigstens näherungsweise auszurechnen. Man entwickelt ϕ in ein
Taylor-Polynom 2. Grades mit Entwicklungspunkt $x_0 = 4{,}5$; Ergebnis (mit dem TI-92,
Koeffizienten gerundet):

$$\phi(x) \approx 4{,}69 \cdot (x - 4{,}5)^2 + 0{,}062 \cdot (x - 4{,}5) + 4{,}49$$

Daraus ergibt sich:

$$\phi'(x) \approx 9{,}38\,x - 42{,}2 \quad = 1 \quad \Leftrightarrow \quad x = 4{,}60$$
$$= -1 \quad \Leftrightarrow \quad x = 4{,}39$$

Also $|\phi'(x)| < 1 \quad \Leftrightarrow \quad 4{,}39 < x < 4{,}60$ (näherungsweise)

Das Ergebnis der grafischen Analyse wird somit bestätigt.

Darüber hinaus hat diese Iteration noch andere bemerkenswerte Eigenschaften:

- *ϕ hat neben x* noch einen zweiten <u>abstoßenden</u> Fixpunkt $x^{**} \approx 4{,}71$, der keine Lösung der Gleichung x = tan(x) darstellt. Dieser Fixpunkt scheint jedoch die Obergrenze des Einzugsbereiches für x* zu sein (siehe oben)!*

- *Die Gleichung x = tan(x) hat die triviale Lösung x = 0 . Gleichwohl lohnt es sich,
  auch hier die Konvergenz des Newton-Verfahrens zu untersuchen. Denn es ist
  f'(x) = 0 , also ist die hinreichende Bedingung für die Konvergenz nicht erfüllt. Trotzdem bewegen sich die Folgen monoton auf 0 zu, allerdings entsetzlich langsam, völlig
  ungewohnt für ein Newton-Verfahren. Bei der Auswertung mit Rechnern tritt hier sogar
  das Phänomen der „Pseudo-Konvergenz" auf, d.h. die Werte stabilisieren sich bei einer
  Zahl $\neq 0$, die mehr oder weniger zufällig ist und bei verschiedenen Rechnern sogar
  unterschiedlich ausfällt; z.B. ergibt der TI-85 mit $x_0 = 1$ ab dem 30. Schritt den konstanten Wert $2{,}2334{...}\cdot 10^{-7}$, aber Excel liefert mit dem gleichen Startwert ab dem 40.
  Schritt den konstanten Wert $1{,}6166{...}\cdot 10^{-8}$.*

Abschnitt 4.1

1. a)

n	RS_n	abs. Fehler	TS_n	abs. Fehler
2	$\dfrac{48}{70} = 0{,}6\overline{857142}$	$-0{,}0074$	$\dfrac{17}{24} = 0{,}708\overline{3}$	$0{,}0152$
5	$0{,}691907885716$	$-0{,}0012$	$0{,}695634920635$	$0{,}0025$

b)

n	gewichtetes Mittel	abs. Fehler
2	$\dfrac{1747}{2520} = 0{,}693253968254$	$0{,}00011$
5	$0{,}691907885716$	$0{,}000003$

c) Mit $x_k = 1 + \dfrac{k}{n}$ ergibt sich $f_k = \dfrac{1}{1+\dfrac{k}{n}} = \dfrac{n}{n+k}$ ($k = 0,\dots,n$) und daraus

$$
\begin{aligned}
TS_n &= \frac{1}{n}\cdot\left(\frac{1}{2}+\frac{n}{n+1}+\frac{n}{n+2}+\dots+\frac{n}{n+n-1}+\frac{1}{4}\right) \\
&= \frac{1}{2n}+\frac{1}{n+1}+\frac{1}{n+2}+\dots+\frac{1}{2n-1}+\frac{1}{4n} \\
&= \frac{1}{4n}+\left(\frac{1}{n+1}+\frac{1}{n+2}+\dots+\frac{1}{2n-1}+\frac{1}{2n}\right) = \frac{1}{4n}+\sum_{k=n+1}^{2n}\frac{1}{k}
\end{aligned}
$$

Für die Rechtecksummen RS_n gilt:

$$
RS_n = 2\cdot\left(\frac{1}{2n+1}+\frac{1}{2n+3}+\frac{1}{2n+5}+\dots+\frac{1}{4n-1}\right) \qquad \text{(Beweis analog)}
$$

2.

n	$4\cdot RS_n \approx \pi$	abs. F.	sign. St.
2	$3{,}16235294118$	$0{,}021$	2
5	$3{,}14492586400$	$0{,}0033$	3

n	$4\cdot TS_n \approx \pi$	abs. F.	sign. St.
2	$3{,}1$	$-0{,}042$	2
5	$3{,}13492611381$	$-0{,}0066$	2

n	$4\cdot$ gew. Mittel	abs. F.	sign. St.
2	$3{,}14156862745$	$-2{,}4\cdot10^{-5}$	5
5	$3{,}14159261394$	$-4{,}0\cdot10^{-8}$	8

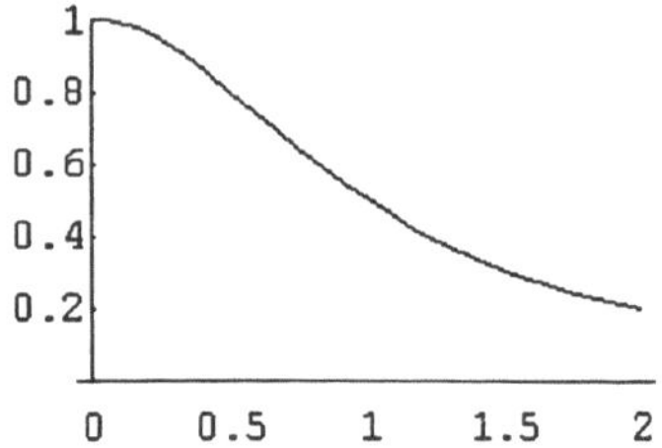

Die Beispiele zeigen wieder einmal, dass das gewichtete Mittel gegenüber den einfachen Rechteck- und Trapezsummen einen erheblichen Gewinn an Genauigkeit ergibt.

3. a) Die Funktion $f(x) = \exp(-x^2)$ fällt für wachsende x sehr stark ab, so dass der Abbrechfehler durch die endliche Intervallgrenze $b = 4$ vermutlich nicht sehr groß wird.

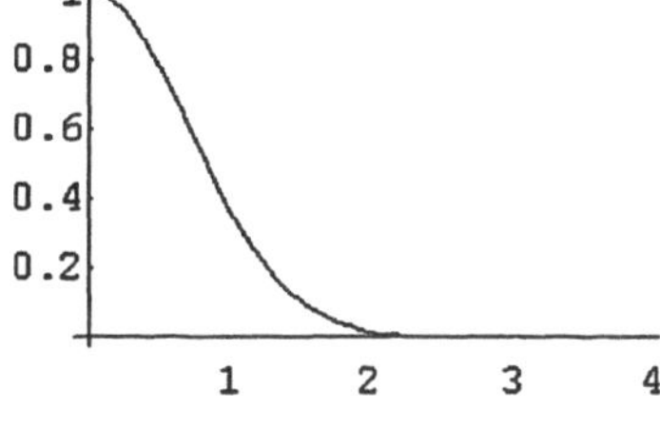

b) Wegen der Symmetrie von f zur y-Achse ist

$$\int_{-\infty}^{\infty} f = 2 \cdot \int_{0}^{\infty} f \ . \ \text{Für} \ \int_{0}^{4} f \ \text{ergibt sich:}$$

$RS_4 = 0{,}886135 \ \Rightarrow \ \pi \approx (2 \cdot RS_4)^2 = 3{,}140943$ (3 signifikante Stellen)

$TS_4 = 0{,}886318 \ \Rightarrow \ \pi \approx 3{,}142242$ (3 signifikante Stellen)

gew. Mittel: $0{,}886196 \ \Rightarrow \ \pi \approx 3{,}141375$ (4 signifikante Stellen)

Der Mittelwert bringt hier keine so große Verbesserung. Möglicherweise liegt das an der relativ groben Intervallteilung; die Funktion verhält sich in den vier Intervallteilen sehr unterschiedlich.

c) $RS_8 = 0{,}886226918219 \ \Rightarrow \ \pi \approx 3{,}1415926023$

$TS_8 = 0{,}886226896509 \ \Rightarrow \ \pi \approx 3{,}1415924484$

Eine Halbierung der Teilintervalle bringt hier also einen ganz erheblichen Gewinn an Genauigkeit; das stützt die obige Vermutung, dass die Einteilung in 4 Teilintervalle in diesem Fall noch viel zu grob ist.

Gewichtetes Mittel: $0{,}886226910983 \ \Rightarrow \ \pi \approx 3{,}14159255100$

Diese Näherung für π hat immer noch einen absoluten Fehler von -10^{-7}, ist damit nicht wesentlich genauer als die aus RS_8 und TS_8 resultierenden Werte. Dieser Fehler könnte jedoch auch vom Abbrechfehler stammen:

$$\int_{0}^{4} f \ \text{ist etwas kleiner als} \ \int_{0}^{\infty} f = \frac{\sqrt{\pi}}{2} = 0{,}88622692545 \ .$$

In der Tat erhält man mit dem TI-85 den Wert

$$\int_{0}^{4} f \ = 0{,}886226911768 \ \Rightarrow \ \pi \approx 3{,}14159255657$$

Das gewichtete Mittel hat gegenüber $\int_{0}^{4} f$ einen absoluten Fehler von $-8 \cdot 10^{-10}$; dieser

Diskretisierungsfehler ist also hier geringer als der durch die endliche obere Schranke verursachte *Abbrechfehler*.

Abschnitt 4.2

1. a) zu 4.1 Aufgabe 1: $\displaystyle\int_1^2 \frac{1}{x}\,dx \;=\; \ln(2)$

Für $f(x) = \dfrac{1}{x}$ ist $f''(x) = \dfrac{2}{x^3}$ positiv und monoton fallend auf $I = [1;\,2]$, also ist

$C = f''(1) = 2$ eine obere Schranke für $|f''|$ auf I. Damit ergeben sich für die Rechtecksummen die Schranken $0{,}021$ bei $n = 2$ sowie $0{,}0033$ bei $n = 5$, also fast das
Dreifache des tatsächlichen Fehlers.

b) Zu 4.1 Aufgabe 2: $\displaystyle\int_0^1 \frac{1}{1+x^2}\,dx \;=\; \frac{\pi}{4}$

Für $f(x) = \dfrac{1}{1+x^2}$ ist $f''(x) = \dfrac{2\,(3x^2-1)}{(1+x^2)^3}$.

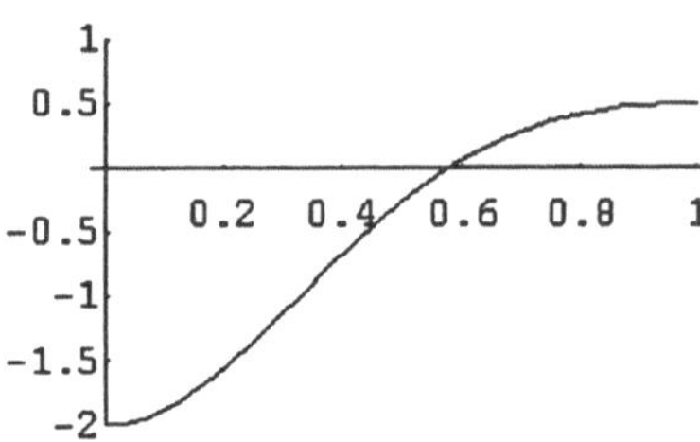

Der Graph von f'' zeigt monotones Wachstum
in $I = [0;\,1]$; genauer: f'' hat einen Tiefpunkt
bei $x = 0$ und einen Hochpunkt bei $x = 1$.

Wegen $f''(0) = -2$ und $f''(1) = 0{,}5$ ist 2 eine obere Schranke für $|f''|$ auf I. Damit
ergeben sich für die Rechtecksummen die gleichen Schranken wie in a): $0{,}021$ bei $n = 2$
sowie $0{,}0033$ bei $n = 5$, also das Vierfache des tatsächlichen Fehlers (man beachte: In
der Lösung zu 4.1 Aufgabe 2 wurde nicht der absolute Fehler bezüglich des Integrals,
sondern bezüglich π angegeben).

c) Zu 4.1 Aufgabe 3: $\displaystyle\int_0^4 \exp(-x^2)\,dx$

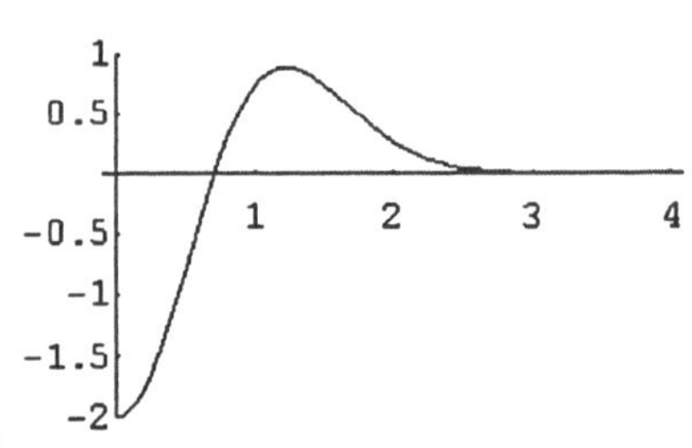

Für $f(x) = \exp(-x^2)$ ist
$$f''(x) = (4x^2 - 2)\,\exp(-x^2)\,,$$
mit einem Tiefpunkt bei $x = 0$, zugehöriger
Funktionswert $f''(0) = -2$, und einem Hochpunkt, dessen Funktionswert jedenfalls nicht über

1 hinausgeht. Für größere x geht f'' sehr schnell gegen 0 . Also ist $C = 2$ eine obere
Schranke für $|f''|$ auf $I = [0;\,4]$. Daraus ergeben sich die Fehlerschranken $0{,}33$ bei

$n = 4$ sowie $0{,}083$ bei $n = 8$. Jedoch hatten wir für $\displaystyle\int_0^4 f(x)\,dx \;=\; 0{,}886226911768$

die folgenden Näherungen berechnet:

$$RS_4 = 0{,}886135 \;;\quad \text{absoluter Fehler} \approx 0{,}0001$$
$$RS_8 = 0{,}8862269182 \;;\quad \text{abs. Fehler} \approx 7\cdot 10^{-9}$$

Die Fehlerschranke ist also um Größenordnungen schlechter als der tatsächliche Fehler!
Besonders drastisch ist der Unterschied im Fall $n = 8$.

Betrachtet man den Graphen der 2. Ableitung, so wird das Phänomen wenigstens etwas plausibel:

- f'' ist auf einem großen Teil des Intervalls fast gleich 0 , so dass hier die Abschätzung mit $|f''(x)| \leq 2$ viel zu schlecht ist.
- Außerdem gibt es in $[0; 1]$ einen Vorzeichenwechsel von f'' , so dass sich die lokalen Fehler teilweise aufheben; der Ausgleich scheint hier so perfekt zu sein, dass kaum noch ein Fehler übrigbleibt.

Fazit:

- Bei manchen Integralen ist der Satz über die Fehlerabschätzung vom praktischen Standpunkt aus gesehen nutzlos, es bleibt dann nur noch die theoretische Bedeutung (bezüglich des Konvergenzverhaltens der Rechtecksummen).
- Vorsicht vor der Exponentialfunktion, sie ist tückisch.

2. Aus $A = \int\limits_{0}^{0,5} \sqrt{1-x^2}\ dx = \dfrac{\pi}{12} - \dfrac{\sqrt{3}}{8}$ berechnet man $\pi = 12\,(A - \dfrac{\sqrt{3}}{8})$.

Ist $\tilde{A}$ eine Näherung für A , so erhält man entsprechend die Näherung $\tilde{\pi}$ für π . Geht man davon aus, dass $\dfrac{\sqrt{3}}{8}$ mit hoher Genauigkeit bekannt ist, so folgt:

$$\tilde{\pi} - \pi = 12\,(\tilde{A} - A)$$

Der absolute Fehler von $\tilde{\pi}$ soll höchstens $0{,}5 \cdot 10^{-10}$ betragen, also

$$12\,(\tilde{A} - A) < 0{,}5 \cdot 10^{-10} \quad \Rightarrow \quad \tilde{A} - A < 4{,}2 \cdot 10^{-12}$$

Die Fehlerschranke für die Rechtecksummen beträgt $\dfrac{0{,}008}{n^2}$, also muss gelten:

$$\frac{0{,}008}{n^2} < 4{,}2 \cdot 10^{-12} \quad \Leftrightarrow \quad n^2 > \frac{0{,}008}{4{,}2} \cdot 10^{12} \approx 2 \cdot 10^{9}$$

$$\Leftrightarrow \quad n > 45000 \quad \text{(gerundet)}$$

Man braucht also ca. 45000 Teilpunkte, das bedeutet für die π-Berechnung ebenso viele Funktionsauswertungen. Im Vergleich zur Archimedischen Methode (s. Abschnitte 1.3, 1.4; dort wurde die gleiche Genauigkeit nach 16 Iterationsschritten erreicht) ist das ein unverhältnismäßig hoher Aufwand.

3. Man kann sich auf die Normalparabel beschränken, da bei Streckungen in horizontaler oder vertikaler Richtung das Verhältnis der Flächen unverändert bleibt.

a) $\int\limits_{-1}^{1} x^2\ dx = \left.\dfrac{x^3}{3}\right|_{-1}^{1} = \dfrac{1^3}{3} - \dfrac{(-1)^3}{3} = \dfrac{2}{3}$

Die Fläche *unterhalb* der Parabel beträgt also $\dfrac{2}{3}$; das umbeschriebene Rechteck hat die

Fläche 2 , somit bleibt für den Parabelbogen die Fläche $\dfrac{4}{3}$, das beträgt $\dfrac{2}{3}$ der Rechteckfläche.

b)

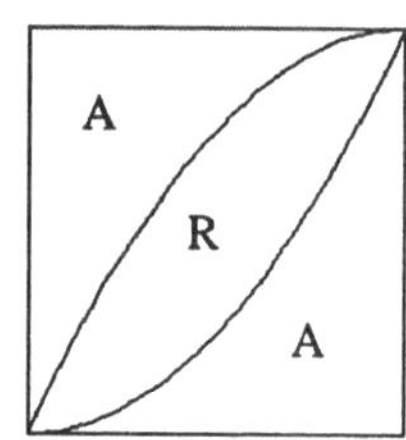 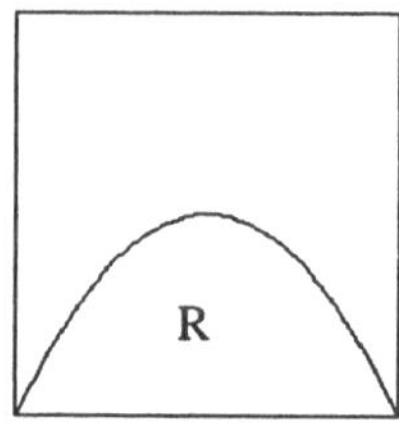 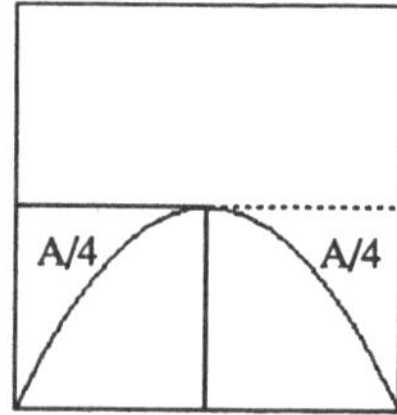

Das linke Bild zeigt die Normalparabel $f(x) = x^2$ im Einheitsquadrat sowie die punktsymmetrische Parabel $g(x) = 1 - (x{-}1)^2 = 2x - x^2$.

A sei die Fläche rechts unten, unterhalb der Normalparabel; wegen der Symmetrie ist die Fläche links oben ebenfalls A . Die blattförmige Restfläche in der Mitte beträgt dann R = 1 − 2A .

Man zieht nun diese Fläche nach unten, so dass die Unterkante auf der x-Achse liegt (Bild Mitte), d.h. man betrachtet die Fläche unterhalb des Graphen von $g(x) - f(x) = 2x - 2x^2$. Als Oberkante erkennt man eine um den Faktor 2 verkleinerte, nach unten gekrümmte Parabel. Die Fläche bleibt dabei unverändert, d.h. sie beträgt ebenfalls R . Andererseits ist in dem kleinen Quadrat (Bild rechts) die Fläche oberhalb des Parabelbogens gleich A/4 , denn beim Verkleinern um den Faktor 2 wird die Fläche geviertelt. Deshalb ist R gleich der Hälfte des Einheitsquadrats vermindert um 2·A/4 , d.h.

$$R = \frac{1-A}{2} \; .$$

Also ist $\dfrac{1-A}{2} = 1 - 2A$ und damit $A = \dfrac{1}{3}$. Die Fläche des großen Parabelbogens

(Bild links: oberhalb von x^2) beträgt demnach $\dfrac{2}{3}$ des Einheitsquadrats.

Abschnitt 4.3:

1. a) zu $\displaystyle\int_1^2 \frac{1}{x}\,dx = \ln(2)$: $f'(x) = -\dfrac{1}{x^2}$; $\dfrac{f'(2)-f'(1)}{24} = \dfrac{1}{32} = 0{,}03125$

    $n = 2 \;\Rightarrow\; h = 0{,}5 \;\Rightarrow\; RS_2 + h^2 \cdot 0{,}03125 = 0{,}693526$ (abs. Fehler 0,00038)

    $n = 5 \;\Rightarrow\; h = 0{,}2 \;\Rightarrow\; RS_5 + h^2 \cdot 0{,}03125 = 0{,}693157886$ (abs. Fehler 0,000011)

    b) zu $\displaystyle\int_0^1 \frac{1}{1+x^2}\,dx = \frac{\pi}{4}$: $f'(x) = \dfrac{-2x}{(1+x^2)^2}$; $\dfrac{f'(1)-f'(0)}{24} = -\dfrac{1}{48} = -0{,}0208$

    $n = 2 \;\Rightarrow\; h = 0{,}5 \;\Rightarrow\; RS_2 + h^2 \cdot (-0{,}0208) = 0{,}78537990$ (abs. Fehler $-1{,}8{\cdot}10^{-5}$)

    $n = 5 \;\Rightarrow\; h = 0{,}2 \;\Rightarrow\; RS_5 + h^2 \cdot (-0{,}0208) = 0{,}785398132$ (abs. Fehler $-3{\cdot}10^{-8}$)

Aus der letzten Näherung ergibt sich π mit 7 signifikanten Stellen.

c) zu $\int_{0}^{4} \exp(-x^2)\,dx \approx 0{,}886226911768$:

$$f'(x) = -2x\,\exp(-x^2) \;;\; \frac{f'(4)-f'(0)}{24} = -3{,}75\cdot 10^{-8}$$

In diesem Fall hat $RS_4 = 0{,}886135...$ einen Fehler in der Größenordnung von 10^{-4}, der Wert wird also durch das obige Korrekturglied nicht verbessert. (Dieses Integral scheint besonders widerspenstig zu sein.)

2.

n	RS_n	TS_n	Extrapolation 1	Extrapolation 2
2	0,790588235294	0,775	0,785392156863	0,785398523531
4	0,786700129598	0,782794117647	0,785398125615	
8		0,784747123623		

Aus der letzten Spalte ergibt sich $\pi \approx 3{,}1415940...$, also 6 signifikante Stellen von π.
(TS_8 liefert nur 2 signifikante Stellen.)

Weitere Schritte mit einem normalen TR zu berechnen wird zu aufwendig; das Verfahren entwickelt seine volle Wirkung erst, wenn man es programmiert bzw. mit einem Tabellenprogramm realisiert.

3. a)

$$\begin{aligned}
p(-h) &= a\,h^2 - b\,h + c = f_0 \\
p(0) &= c = f_1 \\
p(h) &= a\,h^2 + b\,h + c = f_2
\end{aligned}$$

Durch Addition bzw. Subtraktion der Gleichungen 1 und 3 erhält man sofort:

$$a = \frac{f_0 + f_2 - 2f_1}{2h^2} \;;\; b = \frac{f_2 - f_0}{2h}$$

b) Es ist $\displaystyle \int_{-h}^{h} p = \left.\frac{a}{3}x^3 + \frac{b}{2}x^2 + c\right|_{-h}^{h} = 2\frac{a}{3}h^3 + 2ch$; Einsetzen der obigen Werte für a

und c ergibt die Behauptung.

Abschnitt 5.1:

1. $x + y = 120$

$$\frac{x}{19,3} + \frac{y}{9,0} = 6,9$$

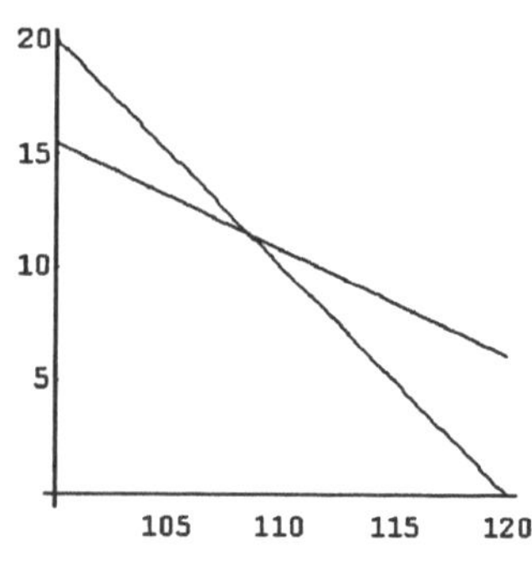

Lösungen:

$x = 108,49 \pm 0,36$ (relative Fehlerschranke 0,33%)

$y = 11,51 \pm 0,26$ (relative Fehlerschranke 2,3%)

Daraus ergibt sich ein Feingehalt von 904 ± 3 (dennoch dürfte man wohl das Schmuckstück mit „Feingehalt 900" bewerten).

Die Grafik zeigt einen nicht so spitzen Winkel zwischen den Geraden, was auf eine bessere Kondition als im Textbeispiel schließen lässt (die Zahlen bestätigen das).

2. a) x, y einsetzen und ausrechnen.

   b) Es ergeben sich die gleichen Fehlerschranken wie im Textbeispiel.

3. Lösungen $x = 1,9$; $y = 0,7$

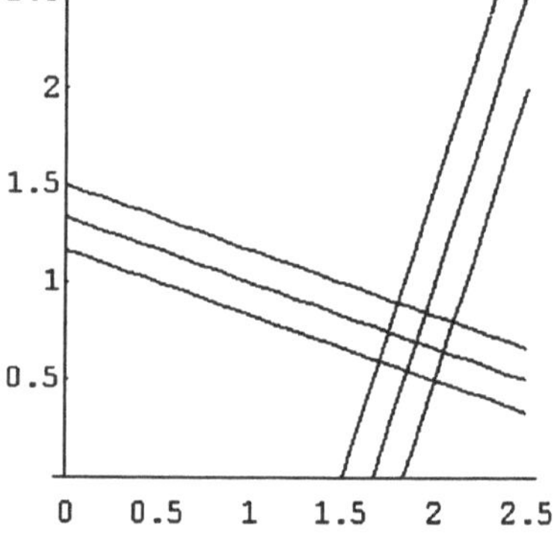

Die beiden zu den Gleichungen gehörenden Geraden stehen senkrecht aufeinander.

Der Bereich möglicher Lösungen bildet ein Quadrat. Zeichnet man den wesentlichen Ausschnitt der Grafik vergrößert, so kann man relativ genau ablesen:

$x = 1,9 \pm 0,2$; $y = 0,7 \pm 0,2$

Die Berechnung ergibt eben diese Werte.

Die absoluten Fehlerschranken sind also gleich groß (was vom Bild her plausibel ist). Der relative Fehler in y ist mit ca. 28% ziemlich groß, aber im Vergleich zu den relativen Fehlern in b_1, b_2 nicht übermäßig. Wenn y allerdings in die Nähe von 0 geschoben würde, so hätte man einen wesentlich größeren relativen Fehler (führen Sie die Rechnung z.B. mit $b_1 = 10$ durch!).

Abschnitt 5.2:

1. Die Anzahl der wesentlichen Operationen wird berechnet nach der vereinfachten Formel

$$a(n) = \frac{n(n+1)(n+2)}{3} - n$$

Die Eigenschaft, dass $a(n)$ proportional zu n^3 wächst,

n	a(n)	$n^3/3 \approx$
5	65	42
10	430	333
50	44150	41667
100	343300	333333

stimmt zumindest größenordnungsmäßig.

Für kleine n ist die Näherung $a(n) \approx \dfrac{n^3}{3}$ nicht sehr gut. Finden Sie eine bessere!

2. a) Bei der Triangulierung benötigt man pro Zeilenoperation eine Multiplikation mehr, also

insgesamt $(n-1) + (n-2) + ... + 1 = \dfrac{n(n-1)}{2}$ zusätzliche Multiplikationen. Das Rück-

einsetzen benötigt noch einmal genauso viele Operationen wie bei einer einzigen Erwei-

terungs-Spalte, also $\dfrac{n(n+1)}{2}$; das macht zusammen n^2 wesentliche Operationen mehr.

b) Wenn man $n-1$ Vektoren hinzufügt, so benötigt man $n^2 \cdot (n-1) \approx n^3$ Operationen

mehr, also insgesamt ca. $\dfrac{4n^3}{3}$, das bedeutet „nur" das Vierfache gegenüber dem Lösen

eines einzigen Gleichungssystems.

3. a) (1) $x = 0{,}\overline{29980}$; $y = 0{,}\overline{01970}$ (2) $x = 0{,}\overline{02980}$; $y = 0{,}\overline{19970}$

b) 3-stellige Gleitkommarechnung ergibt bei (1) die Lösung $x = 0{,}3$, $y = 0{,}0197$, was in
beiden Fällen korrekt auf 3 Stellen gerundet ist.

Bei (2) erhält man zwar noch $y = 0{,}2$ (richtig gerundet), aber $x = 0$ (ganz falsch).

c) Korrekt gerundete Lösungen.

4. Lösungen: $x = 2$, $y = 3$, $z = 4$.

Mit der Hand ist das System weitaus leichter ohne Pivotsuche zu lösen.

Die Pivotsuche gleich welcher Art macht also das Rechnen für uns nicht einfacher, aber für

einen Computer nicht wesentlich komplizierter, denn ihm ist es fast egal, ob er durch 2 divi-

diert oder durch $47{,}11$.

Abschnitt 5.3

1. a) Für $A = \begin{pmatrix} 3 & -1 \\ 1 & 3 \end{pmatrix}$ ist $A^{-1} = \begin{pmatrix} 0{,}3 & 0{,}1 \\ -0{,}1 & 0{,}3 \end{pmatrix}$.

Mit $\|A\| = 4$ und $\|A^{-1}\| = 0{,}4$ ist $k(A) = 1{,}6$.

b) Für $A = \begin{pmatrix} 1 & 1 \\ \frac{1}{19{,}3} & \frac{1}{9{,}0} \end{pmatrix}$ ist $A^{-1} = \begin{pmatrix} 1{,}074 & -16{,}86 \\ -0{,}874 & 16{,}86 \end{pmatrix}$.

Mit $\|A\| = 2$ und $\|A^{-1}\| \approx 17{,}9$ ist $k(A) \approx 35{,}8$, ein nicht allzu guter Wert.

Man könnte versuchen, durch eine *Skalierung* eine Verbesserung zu erreichen, indem man wie im Textbeispiel die zweite Zeile mit 10 multipliziert.

Ergebnis (nachprüfen): $k(A) \approx 3,6$!

2. Für $A = \begin{pmatrix} 0,1 & 10 \\ 10 & 0,1 \end{pmatrix}$ ist $A^{-1} = \begin{pmatrix} -0,001 & 0,100 \\ 0,100 & -0,001 \end{pmatrix}$ (Zahlen gerundet).

Also ist $k(A) = 10,1 \cdot 0,101 \approx 1,02$ nicht viel größer als 1, ein extrem guter Wert (vgl. die nächste Aufgabe).

Ein Zeilentausch in A bewirkt einen Spaltentausch in A^{-1}, dadurch ändern sich die Normen beider Matrizen nicht, somit bleibt die Konditionszahl unverändert.

3. a) Für die Einheitsmatrix I ist offenbar $\|I\| = 1$. Daraus folgt nach der Regel (M5) in 5.3:

$$1 = \|I\| = \|AA^{-1}\| \leq \|A\| \cdot \|A^{-1}\| = k(A)$$

b) Es ist $(\alpha A)^{-1} = \frac{1}{\alpha} A^{-1}$ und somit

$$\|\alpha A\| \cdot \|(\alpha A)^{-1}\| = |\alpha| \cdot \|A\| \cdot \frac{1}{|\alpha|} \cdot \|A^{-1}\| = \|A\| \cdot \|A^{-1}\| .$$

Das heißt, die Konditionszahl bleibt unverändert.

4. a) Bei einem Punkt mit Maximum-Norm 1 muss eine Koordinate gleich 1 oder -1 sein, die andere vom Betrag ≤ 1. Diese Punkte liegen auf einem Quadrat, das symmetrisch zu den Koordinatenachsen liegt und $(1, 1)$ als Ecke hat. Im $\mathbf{R}^3$ ergibt sich ein entsprechender Würfel.

b) $\|\vec{x} + \vec{y}\| = \max_{i=1,\ldots,n} |x_i + y_i| \leq \max_{i=1,\ldots,n} (|x_i| + |y_i|) \leq \max_{i=1,\ldots,n} |x_i| + \max_{i=1,\ldots,n} |y_i| = \|\vec{x}\| + \|\vec{y}\|$

Abschnitt 5.4:

1. Für einen Iterationsschritt werden pro Zeile $n-1$ Multiplikationen und eine Division benötigt, das macht bei n Zeilen n^2 wesentliche Operationen.

Zum Vergleich: Bei $n = 100$ ist der Aufwand für 5 Iterationsschritte relativ gering, selbst 10 Schritte brauchen nur ca. 30% der für die Gauß-Elimination benötigten Rechenleistung

2. a) Beide Verfahren konvergieren, obwohl die Matrix nicht diagonaldominant ist.

b) Die Spinnweb-Diagramme konvergieren zickzackförmig.

Beide Geraden haben eine negative Steigung.

c) Die Geraden sind parallel; das Gleichungssystem ist nicht lösbar. In diesem Fall divergiert die Iteration, und zwar in Gestalt von arithmetischen Folgen (geometrisch: sägezahn- bzw. treppenförmig).

d) Die Iteration ist periodisch.

Die Geraden sind spiegelsymmetrisch zueinander, wobei als Spiegelachsen Parallelen zur x- bzw. y-Achse durch ihren Schnittpunkt fungieren. Oder anders gesagt: Ihre Steigungen haben gleiche Beträge, aber unterschiedliche Vorzeichen.

3. Das LGS ist stark diagonaldominant, daher ist eine gute Konvergenz zu erwarten.

Auflösen der Gleichungen ergibt

$$x = (2y - z + 27) / 10$$
$$y = (x + z + 36) / 20$$
$$z = (2x + y + 42) / 50$$

Das Gauß-Seidel-Verfahren eignet sich am besten für die Iteration mit dem TR, weil bei jeder Neu-Berechnung von x (y, z) der alte Wert dieser Variablen überflüssig wird, also mit dem neuen Wert überschrieben werden kann.

Nach Eingabe der Startwerte 0 auf die Speicherplätze X, Y, Z hat man also in zyklischer Reihenfolge die folgenden Zeilen auszuführen (bzw. entsprechende, je nach Art des TR):

(2Y–Z+27)/10 $\boxed{\text{STO}}$ X

(X+Z+36)/20 $\boxed{\text{STO}}$ Y

(2X+Y+42)/50 $\boxed{\text{STO}}$ Z

Ergebnisse nach 3 Schritten vgl. Tabelle (auf 6 Nachkommastellen gerundet).

Lösung: $x = 3$, $y = 2$, $z = 1$.

X	Y	Z
0	0	0
2,7	1,935	0,9867
2,98833	1,988752	0,999508
2,999799	1,999965	0,999991

Anhang: Tabellenkalkulation

In diesem Abschnitt soll die Funktionsweise von Tabellenprogrammen kurz dargestellt werden,
soweit sie im Text benötigt werden. Das hier verwendete Microsoft Excel (Version 7.0 für
Windows 95) steht stellvertretend für viele andere gleichwertige Produkte; selbst mit einfachen
Programmen wie Microsoft Works kann man in diesem Rahmen vernünftig arbeiten. Natürlich
ist bei anderen Programmen die Bedienung etwas unterschiedlich; es wird jedoch wenig Mühe
machen, diese Anleitung sinngemäß anzuwenden (ähnlich wie ein Ford-Besitzer auch Opel
oder VW fahren kann). Die folgende Beschreibung soll auch nicht eine ausführliche Bedienungsanleitung ersetzen, sondern nur die Prinzipien klarmachen.

Nach dem Programmstart sieht man eine leere
Tabelle. Ihre *Zeilen* sind mit Zahlen, ihre
Spalten mit Buchstaben fortlaufend numeriert.
Jede *Zelle* der Tabelle kann somit eindeutig mit

	A	B	C	D
1				
2				
3				

einem Namen bezeichnet werden, z.B. A1 , C5 , E17 , ... (wie beim Schachbrett). Der Umfang
der Tabelle ist sehr groß, man braucht aber selten mehr als der Bildschirm fasst.

Der Inhalt einer Zelle kann bestehen aus einem *Text* , einer *Zahl* oder einer *Formel* .

Um eines dieser Objekte in eine Zelle einzutragen, muss man sie *aktivieren*. Die jeweils aktive
Zelle ist dick umrandet. Man aktiviert eine Zelle durch Mausklick oder durch Bewegen der
Markierung mit den Pfeiltasten.
- *Texte* und *Zahlen* werden einfach eingetippt; Dezimalzahlen werden mit *Komma* geschrie-
  ben (nicht mit Dezimal-*Punkt* wie beim TR);
- *Formeln* beginnen mit einem Gleichheitszeichen, danach folgt ein Term bestehend aus Zah-
  len, Namen anderer Zellen, Operationszeichen und ggfs. Funktionen.
Beenden des Eintrages geschieht jeweils durch die RETURN-Taste, bei Texten und Zahlen ge-
nügt auch das Aktivieren einer anderen Zelle.

Erstes Beispiel: *Kugelvolumen*

Eingabe:

	A	B	C
1	Radius	Volumen	
2	10	=4*3,1416/3*A2^3	
3			

Zellen A1 und B1 enthalten Texte (die
Überschriften), A2 enthält eine Zahl sowie
B2 eine Formel.

Beendet man die Eingabe der Formel in B2 , so wird der Term ausgerechnet und das Ergebnis
angezeigt. Trägt man jetzt in A2 eine andere Zahl ein, so wird der Inhalt von B2 *automatisch aktualisiert*. Die Formel in B2 enthält also den Zellnamen A2 als *Variable*, die sich
immer auf den aktuellen Inhalt dieser Zelle bezieht.

Will man für mehrere Radien gleichzeitig die Volumina berechnen, so kann man die Formel B2
in die darunterliegenden Zellen *kopieren*. Das geht so:

Der Rahmen der aktiven Zelle hat an der rechten unteren Ecke ein
kleines Quadrat (s. Skizze).

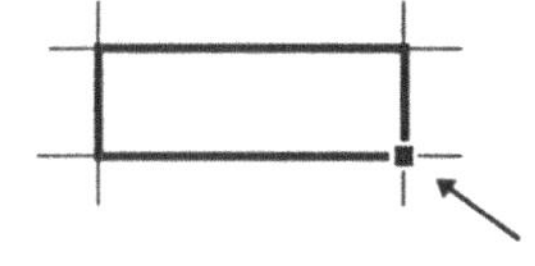

Man aktiviert B2 , zeigt mit der Maus auf dieses Quadrat und zieht
die Maus mit gedrückter linker Taste ein paar Zellen weit nach unten.

Trägt man jetzt in A3 , A4 , ... weitere Zahlen als Radien ein, so zeigen B3 , B4 , ... die zugehörigen Volumina.

Der Inhalt der aktiven Zelle wird jeweils in der *Bearbeitungszeile* (direkt über der Kopfzeile
der Tabelle) angezeigt. Aktiviert man jetzt nacheinander die Zellen B3 , B4 , ... , so sieht man
folgendes: Die Formeln sind nicht originalgetreu kopiert worden, sondern enthalten anstelle
des Zellnamens A2 die Namen A3 , A4 , ... , also immer den Namen der Zelle *links daneben*,
Beim Kopieren wurde nämlich dieser Bezug automatisch berücksichtigt.
Diese Art des Bezuges nennt man *relative Adressierung*.

Um den Inhalt einer Zelle zu ändern, kann man den aktuellen Inhalt einfach überschreiben
(empfehlenswert bei Zahlen und kurzen Texten). Wenn man eine Formel nur geringfügig ändern möchte, kann man die Zelle *editieren*; hierzu gibt es zwei Möglichkeiten:
- Aktivieren der betreffenden Zelle und Klick in die Bearbeitungszeile (direkt über der Tabellenkopfzeile); oder
- Doppelklick auf die betreffende Zelle;

dann ändert man den Inhalt (löschen, einfügen, ...) und beendet mit RETURN.

Zum Anlegen eines leeren Tabellenblatts braucht man bei Excel nur in der *Blattregister-Zeile*
(direkt unterhalb der Tabelle) auf „Tabelle2" zu klicken, der Inhalt von „Tabelle1" bleibt erhalten und kann jederzeit durch einen Mausklick wieder aktiviert werden; analog bei weiteren
Tabellenblättern, es stehen insgesamt 16 Blätter zur Verfügung. Beim Speichern werden diese
als „Arbeitsmappe" in einer einzigen Datei abgelegt.

Zweites Beispiel: Das Heron-Verfahren
(Vgl. 2.2; typisches Beispiel einer rekursiv definierten Folge)

Hier: Berechnung von $\sqrt{5}$.
Spalte A soll die Indizes n , Spalte B die Folgenglieder x_n enthalten.

	A	B	C
1	n	x(n)	
2	0	1	
3	=A2+1	=(B2+5/B2)/2	

1. Überschriften, Startwerte und Rekursionsvorschriften wie nebenstehend eintragen (Zeile 1 wurde zentriert formatiert: Zeile 1 markieren durch Klick auf die Zeilennummer, dann in der Format-Symbolleiste auf den Schaltknopf „Zentriert" klicken);

2. Zellen A3 , B3 gleichzeitig markieren (dazu die Maus mit gedrückter linker Taste von A3
   bis B3 ziehen) und wie oben beschrieben nach unten kopieren, ca. 6 Zeilen weit. Dadurch
   werden die Formeln in A3 und B3 *simultan* in die Zellen darunter kopiert.

Anmerkungen:
— Der Bezug auf die *Zelle darüber* wird beim Kopieren wieder automatisch hergestellt (die
   Formel in B4 greift auf B3 zurück usw.).
— Auch die Folge der natürlichen Zahlen wird hier rekursiv beschrieben: Immer 1 addieren!
— Bei der Berechnung der x_n in Spalte B wird nicht auf die Indizes n in Spalte A zurück-
   gegriffen. Das ist typisch für rekursiv definierte Folgen.

Varianten:
a) Excel rechnet mit 15-stelliger Gleitkomma-Arithmetik. Standardmäßig werden jedoch nur
   bis zu 10 Stellen angezeigt; ggfs. muss man dazu die Spalte B verbreitern (in der Kopfzeile
   der Tabelle mit der Maus auf den Strich zwischen A und B zeigen und etwas nach rechts
   ziehen). Um die volle Genauigkeit anzuzeigen, muss man die Spalte B entsprechend *for-
   matieren*:
   1. Spalte B markieren: Kopf der Spalte (graues Kästchen mit Buchstaben B) anklicken;
   2. im Menü „Format" dir Option „Zellen" auswählen, im Dialogfeld „Zahlen" die Kategorie
      „Zahl" und im Feld „Dezimalstellen" die Zahl 14 eintragen (damit werden immer 14
      Nachkommastellen angezeigt). Auf „OK" klicken.
   3. Falls die Spalte zu schmal ist, werden alle Ziffern mit ##... angezeigt. Dann muss die
      Spalte weiter verbreitert werden.

b) Um das Heron-Verfahren mit anderen Radikanden durchzuführen, müsste man jedesmal die
   Formel in B3 ändern (statt 5 eine andere Zahl eintragen) und erneut nach unten kopieren.
   Besser geht es, indem man den Radikanden in eine unbenutzte Zelle schreibt, etwa in E2 ,
   und diese in die Formel einträgt. Der Zellname darf jedoch beim Kopieren nicht geändert
   werden, da immer *dieselbe* Zelle gemeint ist: Hier braucht man *absolute Adressierung*.
   Man erreicht dies durch Vorstellen eines Dollarzeichens vor Spalten- und Zeilennummer:
   Formel B3 zu =(B2+\$E\$2/B2)/2 ändern und B3 nach unten kopieren; in E2 eine Zahl
   (als Radikanden) eintragen.

   Handlicher ist es, für E2 einen anderen Namen zu vereinbaren, z.B. „rad" :
   Aktiviere E2 , klicke in das Namenfeld ganz links in der Bearbeitungszeile (dort wo „E2"
   steht) und tippe rad ein; mit RETURN beenden.
   Ändere die Formel in B3 zu =(B2+rad/B2)/2 und kopiere sie nach unten.
   Diese „Variable" steht jetzt für den Wert in E2 . (Die Namen für Zellen sind frei wählbar;
   nicht erlaubt sind nur die Standard-Namen wie x1 , c5 usw.)

c) Um die Qualität der Näherungen für $\sqrt{\text{rad}}$ besser zu beurteilen, kann man in Spalte C
den absoluten Fehler ausrechnen:

In C1 den Text Fehler eintragen, in C2 diese Formel: =B2–wurzel(rad)

C2 so weit wie nötig nach unten kopieren.

Hier kommt es mehr auf die Größenordnung an, deshalb reicht eine Anzeige als 3-stellige
Gleitkommazahl mit Zehnerexponenten aus:

Spalte C markieren, im Menü „Format" die Option „Zellen" auswählen, im Dialogfeld
„Zahlen" die Kategorie „Wissenschaft" anklicken, im Feld „Dezimalstellen" die Anzahl 2
eingeben (hier ist die Anzahl der Nachkommastellen gemeint). Mit „OK" abschließen.

Zum Thema Funktionen: Es stehen alle Standardfunktionen zur Verfügung. Für trigonometrische Funktionen sind Winkel im Bogenmaß zu verwenden. Es werden durchweg deutsche Bezeichnungen gebraucht (WURZEL , FAKULTÄT , GANZZAHL usw.). Auch die Konstante π
kann als „Funktion ohne Argument" aufgerufen werden, nämlich als PI() . Z.B. kann man im
Ersten Beispiel in der Kugelvolumen-Formel die Näherung 3,1416 durch PI() ersetzen.

Drittes Beispiel: *Sinus mit Halbieren/Verdoppeln*

(Vgl. Abschnitt 2.3)

Hier: Näherung für sin(0,8)

Zelle A3 wird bis A10 kopiert.

Zelle B9 wird *nach oben* bis
B2 kopiert.

	A	s $\approx$ sin(x)	abs. Fehler
1	x		
2	0,8	↑	=B2–sin(A2)
3	=A2/2		
...			
9		=2*B10*wurzel(1–B10^2)	
10	=A9/2	=A10	↓

Zelle C2 wird (wieder nach unten) bis C10 kopiert.

Anmerkungen:

– Diese Tabelle arbeitet mit einer festen *Anzahl* von 8 Schritten, nicht mit einer festen
  Schranke für x , unterhalb der die Halbierung abgebrochen wird. (Letzteres wäre zwar
  möglich, würde aber zu viel Aufwand erfordern.)

– Will man z.B. nach 5 Schritten mit einer besseren Näherung abbrechen, so kann man in B7
  eintragen: =A7–A7^3/6
  Die Zeilen 8, 9, 10 werden dann eigentlich nicht mehr benutzt.
  Um den Urzustand wiederherzustellen, kann man Zelle B6 wieder nach B7 kopieren.

Viertes Beispiel: *Umfang regelmäßiger Polygone*

(vgl. Abschnitt 0.2) Mit der Rekursionsvorschrift

$$U_{2n} = \frac{2\,U_n\,u_n}{U_n + u_n} \quad ; \quad u_{2n} = \sqrt{u_n\,U_n}$$

und den Startwerten $U_6 = 4\sqrt{3}$, $u_6 = 6$ werden *zwei* Folgen U_n , u_n für n = 6, 12, 24, ...

definiert, die in der Rekursionvorschrift *miteinander verbunden* sind. Das ist jedoch kein grundsätzliches Problem, sondern nur eine Variante der rekursiven Berechnung: Um U_{2n} bzw. u_{2n} zu erhalten, greift man jeweils auf *zwei* benachbarte Zellen zurück.

Die Zellen A3 bis C3 werden genügend weit kopiert.

	A	B	C
1	n	U(n)	u(n)
2	6	=4*wurzel(3)	6
3	=A2*2	=2*B2*C2/(B2+C2)	=wurzel(C2*B3)

Fünftes Beispiel: *Reihen*

a) Eine einfache Reihe (als Prototyp): $\displaystyle\sum_{n=1}^{\infty} \frac{1}{n^2} = \frac{\pi^2}{6} \approx 1{,}645$

In der Spalte B werden die Summanden $a_n = \dfrac{1}{n^2}$ berechnet.

	A	B	C
1	n	a(n)	s(n)
2	1	=1/A2^2	=B2
3	=A2+1	=1/A3^2	=C2+B3

In Spalte C wird die für Reihen typische Summation rekursiv durchgeführt gemäß der Vorschrift $s_1 = a_1$; $s_n = s_{n-1} + a_n$ für $n > 1$. (Übrigens: Wenn man Zeile 3 über den Bildschirmrand hinaus bis zur Zeile 101 kopiert, so erhält man $s_{100} = 1{,}635$, eine mäßige Approximation für den Grenzwert!)

b) Eine Potenzreihe: $\exp(x) = 1 + x + \dfrac{x^2}{2} + \dfrac{x^3}{6} + \ldots = \displaystyle\sum_{n=0}^{\infty} \frac{x^n}{n!}$

Zelle E1 oder eine andere geeignete Zelle wird mit dem Namen x versehen (vgl. 2. Beispiel) und mit einer Zahl als Wert für x belegt. Die Summanden a_n werden rekursiv berechnet nach der Vorschrift:

$a_0 = 1$; $a_n = a_{n-1} \cdot \dfrac{x}{n}$ für $n > 0$

Zeile 3 wird genügend weit kopiert.

	A	B	C
1	n	a(n)	s(n)
2	0	1	=B2
3	=A2+1	=B2*x/A3	=C2+B3

c) Potenzreihe für den Arcustangens: $\arctan(x) = x - \dfrac{x^3}{3} + \dfrac{x^5}{5} - \dfrac{x^7}{7} + - \ldots$

Eine rekursive Berechnung der Summanden ist hier nicht empfehlenswert. Eine zusätzliche Schwierigkeit ergibt sich aus dem alternierenden Vorzeichen: Hierfür wird eine eigene Spalte vorgesehen. Wie in b) wird eine separate Zelle mit dem Namen x versehen und mit einem Wert für x belegt.

Beachte die Formel in Zelle A3 : Es werden nur *ungerade* Indizes n benötigt.

	A	B	C	D
1	n	Vorz.	a(n)	s(n)
2	1	1	=B2*x^A2/A2	=C2
3	=A2+2	=-B2	=B3*x^A3/A3	=D2+C3

Sechstes Beispiel: *Diagramme*

Die Folge $x_0 = 1$, $x_{n+1} = x_n^2 - c$ (vgl. 3.2) soll grafisch dargestellt werden.

Eine geeignete Zelle, z.B. D1 , wird c genannt und mit einem Wert versehen (interessant ist der folgende Bereich: $-0{,}27 < c \leq 2$).

Zeile 3 wird ca. 20 Zeilen weit nach unten kopiert.

	A	B	C
1	n	x(n)	
2	0	1	
3	=A2+1	=B2^2–c	

Zum Erstellen eines Diagramms die Spalten A und B markieren, den Schaltknopf „Diagramm-Assistent" in der oberen Symbolleiste (unterhalb der Menüzeile) anklicken, oder im Menü „Einfügen" die Option „Diagramm", „Auf dieses Blatt" auswählen. Anschließend mit der Maus ein Rechteck aufziehen und den weiteren Anweisungen folgen (5 Schritte):

Im 2. Schritt den *Diagrammtyp* auswählen (hier ist „Punkt(XY)" empfehlenswert);

im 3. Schritt ein *AutoFormat* festlegen (empfohlen: Option 2, Punkte mit Linien verbunden).

Sonst auf „Weiter" bzw. „Ende" klicken.

Ergebnis siehe rechts (es lohnt sich, mit verschiedenen Werten für c zu experimentieren!).

Anmerkungen:

– Die Skalen werden bei Änderung der Tabellenwerte automatisch angepasst (man kann aber auch feste Skalen angeben, s.u.).

– Es gibt zahlreiche Möglichkeiten, das Format des Diagramms zu ändern (Skala; Form und Farbe der Punkte oder der Striche; Hintergrund etc.): Doppelklick auf das Diagramm schaltet um zum Bearbeitungs-Modus; mit anschließendem Doppelklick auf ein Objekt (Skala, Linie, Hintergrund) wird dieses bearbeitet. Beispiel Entfernen der Linien zwischen den Punkten: Auf irgendeinen Punkt des Linienzuges doppelklicken, im Dialogfeld unter „Linien" die Option „Ohne" anklicken, mit „OK" beenden.

– Beim Erstellen des Diagramms kann man den Diagrammtyp aus einer breiten Palette wählen (außer den Linien auch Säulen-, Balken-, Kreisdiagramme, 3D-Darstellungen, etc.).

Auch *Funktionsgraphen* kann man aus einer Wertetabelle erzeugen, indem man beim Liniendiagramm die Punkt-Markierungen weglässt und den Streckenzug zu einer Kurve glättet. Beispiel:

$y = x^3 - 3x^2 + 1$ über dem Intervall $[-1; 3]$

	A	B	C
1	x	y = f(x)	
2	–1	=A2^3–3*A2^2+1	
3	=A2+0,5		

1. Tabelle gemäß obigem Muster erstellen; Zellen A3 und B2 bis zur 10. Zeile kopieren.

2. Spalten A und B markieren, Diagramm-
   Assistenten wie oben aufrufen, mit dem einzigen
   Unterschied: Im Schritt 3 („AutoFormat") die
   Option 6 (glatte Linien ohne Punkte) auswählen.
   Ergebnis siehe rechts.

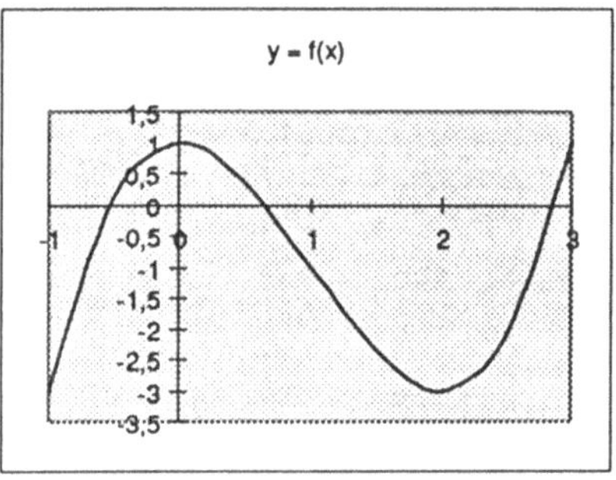

Siebtes Beispiel: *Selbstdefinierte Funktionen*

Man kann eigene Funktionen in BASIC schreiben und sie genau wie die eingebauten Standardfunktionen benutzen. Dazu wählt man im Menü
„Einfügen" die Option „Makro", „Visual-Basic-
Modul" und hat damit einen Programm-Editor
für BASIC-Prozeduren zur Verfügung.
Beispiel Rechtecksummen:
Tippt man jetzt den nebenstehenden Pro-
grammtext ein (vgl. Abschnitt 4.1), so kann
man anschließend zu einem Tabellenblatt zurückschalten (Blattregister-Zeile am unteren
Bildschirmrand) und die Rechtecksummen für
n = 2, 4, 8, ... als Näherungen des Integrals

$$\int_0^1 \sqrt{1-x^2}\, dx$$

wie in der Tabelle rechts ausrech-

nen.

```
Function RS(a,b,n)
  Dim h, x, s As Double
  Let h = (b-a)/n
  Let s = 0
  For x = a+h/2 To b Step h
    Let s = s + f(x)
  Next x
  Let RS = h * s
End Function


Function f(x)
  Let f = sqr(1-x^2)
End Function
```

	A	B	C
1	n	Rechtecksumme	
2	2	=RS(0;1;A2)	
3	=A2*2	=RS(0;1;A3)	
4	...	...	

Zur Bearbeitung des Programmtextes (etwa zur
Änderung des Integranden f) kann man jederzeit zum Visual-Basic-Modul zurückschalten:
In der Blattregister-Zeile auf „Modul 1" klicken.
Damit anschließend in der Tabelle die Änderungen wirksam werden, muss man ggfs. die Funk-
tionstaste F9 („Neu berechnen") drücken.

Anmerkungen:
- Bei der Funktions-*Definition* werden in der ersten (Function-) Zeile die Eingabevariablen
  durch *Komma* getrennt. Beim *Aufruf* der Funktion in der Tabelle werden jedoch die Einga-
  bewerte durch *Semikolon* getrennt.
- Die Syntax von Visual Basic entspricht weitestgehend dem Standard-Basic, jedenfalls soweit es hier verwendet wird.

Literatur

BAILEY, D. / BORWEIN, P. / PLOUFFE, S.: On the Rapid Computation of Various
Polylogarithmic Constants. Math. Computation **66** (1997), 903-913
(auch in BERGGREN/BORWEIN/BORWEIN)

BECKMANN, P.: A History of π.
New York 1971; The Golem Press

BERGGREN, L. / BORWEIN, P. / BORWEIN, J.: Pi - A Source Book.
New York/Berlin/Heidelberg 1997; Springer

BJÖRCK, A. / DAHLQUIST, G.: Numerische Methoden.
München/Wien 1972; R. Oldenbourg Verlag

BLANKENAGEL, J.: Numerische Mathematik im Rahmen der Schulmathematik.
Mannheim/Wien/Zürich 1985; BI

BORWEIN, J. / BORWEIN, P.: The Arithmetic-Geometric Mean and Fast Computation of
Elementary Functions. SIAM Review **26** (1984), 351-366
(auch in BERGGREN/BORWEIN/BORWEIN)

HENRICI, P.: Elemente der numerischen Analysis (2 Bände). Mannheim 1972; BI

KIELBASINSKI, A. / SCHWETLICK, H.: Numerische Lineare Algebra.
Frankfurt/M. 1988; Verlag Harri Deutsch

KLEIN, F.: Elementarmathematik vom höheren Standpunkte aus. 4. Aufl.
Berlin 1933 (Nachdruck 1968); Springer

KÖHNEN, W.: Metrische Räume.
St. Augustin 1988; Academia-Verlag

KRÄMER, W. : So lügt man mit Statistik.
Frankfurt/Main 1991; Campus Verlag

KROLL, W.: Integration numerischer Methoden in den Unterricht.
Praxis Math. **26** (1984), S. 225-234, 270-280 und 308-312

KROLL, W.: Trigonometrie entwickelt aus der Kreisberechnung nach Archimedes - ein
Unterrichtskonzept. Praxis Math. (1982), S. 1-17

KULISCH, U.: Computer, Arithmetik und Numerik. Ein Memorandum.
Überblicke Mathematik 1998, S. 19-54.

PÖPPE, CH.: Mathematische Unterhaltungen. Spektrum der Wissenschaft, Mai 1997

PTOLEMÄUS, C.: Handbuch der Astronomie. (Übers. K. Manitius; Bearb. O. Neugebauer)
Leipzig 1963; B. G. Teubner

REICHEL, H. CH. / ZÖCHLING, J.: Iteratives Lösen größerer Linearer Gleichungssysteme.
MNU **47** (1994), S. 20-25

REICHEL, H. CH. / ZÖCHLING, J.: Tausend Gleichungen – und was nun? Computertomographie
als Einstieg in ein aktuelles Thema des Mathematikunterrichts.
Did. Math. **18** (1990), S. 245-270

STOER, J.: Einführung in die Numerische Mathematik, Band I
Berlin/Heidelberg/New York 1972; Springer

WILKINSON, J.H.: Rundungsfehler. Berlin/Heidelberg/New York 1969; Springer

WITTMANN, E. CH.: Elementargeometrie und Wirklichkeit.
Braunschweig/Wiesbaden 1987; Vieweg

Register

Grundfragen des Mathematikunterrichts

von Erich Ch. Wittmann

6., neubeareitete Auflage 1981. X, 200 Seiten.
Br. DM 39,80
ISBN 3-528-58332-0

Aus dem Inhalt: Ort und Aufgabe der Mathematikdidaktik - Theorie und Praxis - Unterrichtenlernen nach dem Spiralprinzip - Teil 1: Unterrichtsmodell und intuitive Planung des Mathematikunterrichts - Teil 2: Elemente einer Theorie des Mathematikunterrichts und didaktische Prinzipien

Dieses einführende Buch behandelt auf der Basis eines einfachen Unterrichtsmodells in fachspezifischer Weise die grundlegenden allgemein-mathematischen, pädagogischen, psychologischen und schulpraktischen Perspektiven, unter denen mathematische Inhalte Im Hinblick auf den Unterricht zu sehen und zu bearbeiten sind. Es ist für individuelles Studium, als Grundlage von Seminaren und als Hilfe für die Unterrichtsplanung gedacht.

Stochastik für Einsteiger

von Norbert Henze

2., durchgesehene Auflage 1998. IX, 298 Seiten.
Br. 29,80 DM
ISBN 3-528-16894-9

Aus dem Inhalt: Einleitung - Zufallsexperimente - Ereignisse - Zufallsvariablen - Deskriptive Statistik - Wahrscheinlichkeitsräume - Elemente der Kombinatorik - Urnen- und Teilchen/ Fächermodelle - Paradoxon der ersten Kollision - Erwartungswert - Stichprobenentnahme - Bedingte Wahrscheinlichkeiten und stochastische Unabhängigkeit - Binomial- und Multinomialverteilung - Pseudozufallszahlen und Simulation - Varianz, Kovarianz und Korrelation - Wartezeitprobleme - Gesetz großer Zahlen und zentraler Grenzwertsatz - Schätz- und Testprobleme - Lösungen zu den Übungsaufgaben

Dieses Buch soll dem Leser einen Einstieg in die faszinierende Welt des Zufalls vermitteln und ihn in die Lage versetzen, z. B. über den Begriff der statistischen Signifikanz kritisch und kompetent mitreden zu können. Als Lehrbuch zwischen gymnasialem Mathematikunterricht und Universität wendet es sich unter anderem an Lehrer(innen), Studierende des Lehramtes, Studienanfänger an Universitäten, Fachhochschulen und Berufsakademien sowie Quereinsteiger aus Industrie und Wirtschaft.

Abraham-Lincoln-Str. 46
Postfach 1547
65173 Wiesbaden
Fax: (06 11) 78 78-4 00,
http://www.vieweg.de